旧城改建与文化传承

Old City Reconstruction and Cultural Inheritance

陈业伟 著

中国建筑工业出版社

图书在版编目（CIP）数据

旧城改建与文化传承 / 陈业伟著. — 北京：中国建筑
工业出版社，2012.8
　ISBN 978-7-112-14478-5

　Ⅰ.①旧…　Ⅱ.①陈…　Ⅲ.①居住区 — 改建 — 上
海市 — 文集　Ⅳ.①TU984.251-53

　中国版本图书馆CIP数据核字（2012）第147186号

　　本专著汇集了作者30年来对上海旧城居住区改建和棚户区改造由实践到理论的比较全面、系统、梳理性的研究成果。本书反映了上海旧区改建经历的若干个发展阶段，呈现出旧区改建内涵的不断深化和丰富，认识的不断提升和演进，理念的不断发展和完善。同时，也记录了30年来上海旧区改建所走过的历程和轨迹，以及发展的阶段和脉络。30篇论文涉及旧区改建、规划理念、建筑布局、历史保护与文化传承等几个方面，但其主线是旧城改建。本书对从事城市规划和旧城改建的领导者和实际工作者、广大建筑院校师生以及关心城市建设的广大读者具有一定的参考价值和实践意义。

责任编辑：吴宇江
责任设计：赵明霞
责任校对：王誉欣　陈晶晶

旧城改建与文化传承

陈业伟　著
　　＊
中国建筑工业出版社出版、发行（北京西郊百万庄）
各地新华书店、建筑书店经销
北京京点设计公司制版
北京建筑工业印刷厂印刷
　　＊
开本：787×1092 毫米　1/16　印张：18　字数：449 千字
2012 年 11 月第一版　2020 年 6 月第二次印刷
定价：**60.00** 元
ISBN 978-7-112-14478-5
　　　　（22529）

序

陈业伟先生的这本著作，汇集了作者 30 年来的 30 篇论文，内容涉及旧城改建、规划理念、历史文化、建筑布局、园林艺术等多个方面。既有理论性的探讨，又有实践性的工作总结，显示出作者理论知识的渊博、视野的宽广、文化素质和功底的深厚。意涵深入浅出，文笔清晰流畅，对于读者来说，无异于享受一次盛宴。

陈业伟先生是我大学的同窗。学校毕业后曾担任数年大学教师，后又在上海市原南市区负责城市规划及建设管理工作，由于业绩优秀受过政府表彰，1987 年起连续两届担任上海市原南市区人民政府副区长，并被选为上海市两届人大代表。陈先生始终坚持读书、学习、思考、研究，在多种工作环境下，仍然在学术上不断提高，不断取得进步，获得丰硕成果。这本论文集就是这些心血的结晶。

上海市原南市区是上海城区中密度最高、环境质量最差的地区，也是上海城市最早的发源地，上海的"根"，有丰富的历史文化积淀。如何进行改建，提高居民的居住水平，适应现实的经济技术条件是一个很大的难题，如何在改建中保护历史文化积淀，也是一个难题。陈先生在工作中通过大量调查研究，制定对策，帮助政府切实解决改建的难题中作出了重要贡献，在论文中作了总结，这些都是十分珍贵的文献，也是城市规划学科中理论联系实际的范例。

又如，文集中陈先生对上海南市"老城厢"历史文化风貌特色的分析由表及里，丝丝入扣。对历史文化地区只有在深入调查分析的基础上才能更好地保护和利用。陈先生在这方面作出了榜样。文集中对居住环境、生态绿化、土地利用等的很多论述都有独到的见解和新颖的观点。

陈业伟先生的工作态度，对人民疾苦无限关心的精神，对理论学习悉心探索，不断提高、不断创新，以及理论结合实际的方法，值得城市规划的领导者、工作者们好好地学习。

中国工程院院士
中国城市规划学会名誉理事长
中国城市规划设计研究院学术顾问
2011 年 10 月

前 言

旧 城 改 建 与 文 化 传 承

名人写《回忆录》与我辈编论文集，性质不一样。前者是对辉煌一生的回忆，后者是对学术上所走历程的回顾。

我学习和研究的学术生涯大致有以下几个方面。

一

旧区改建方面的研究。昔日，原南市区居住困难，建筑拥挤，旧住房集中，棚户密集；工厂与居住犬牙交错相互混杂，环境污染，市政设施落后，道路交通闭塞……这一系列问题，严重程度在全市各区中高居榜首。原南市区是一个改建任务繁重、财力单薄、基础甚差、发展较慢的"下只角"地区。这些都是历史上遗留下来的产物。因为，自1843年上海开埠以后，租界扩张蔓延迅速，城市建设的发展也较快；但作为上海发展之根，具有700多年历史的老城厢仍纯粹是中国人居住的区域，城市建设发展相对较慢。

但原南市优越的地理位置及众多的潜在优势和富饶的土地，蕴藏着必然会有美好未来的契机和希望。

所谓"一方土地养一方人"，作为一个城市规划工作者应有的责任感及在学术上喜"寻根溯源"和弄清其"来龙去脉"的秉性，驱使我静下心来面对现实，一头扎进原南市的旧区中，多年来结合规划的实践进行了以下几项工作：

1）深入调查和剖析旧区的现状。

2）探索和研究旧区改建的途径。

3）发掘潜在优势和独特资源，积极设想、展望和规划未来。

通过系列的原南市区旧区改建规划的实践和多年来梳理性的研究，共撰写和发表了《上海旧区住宅改造的新对策》等17篇有关旧区和棚户区改建的文章。近日在整理文章的过程中，我发现在大部分棚户区都已改建、从地图上消失的情况下，从有关文章中所列举的各种现状数据和相关文字，来反映当时旧区和棚户区的艰难情景，不失为具有"史料"的意义。

在后阶段试图用宏观调控与可持续发展的理念来研究旧区改建中的深层次问题。

从旧城改建中所出现的不少问题和矛盾，使人日益感到旧城改建不是单纯的"大拆大建"问题,而是与经济有着密切的关联。为搞清其有关的内涵,整整花了一年半时间阅读了40多本最新出版的经济类著作。重点学习和研究:结构、调整、发展、增长、环境、资源、宏观调控、可持续发展等概念,并与旧城改建联系起来思考。终于写成了《旧城改造与可持续发展》论文。之前在1997年曾发表《旧城改造要加强城市规划的宏观调控作用》一文。文章主要建议,上海中心城区各区的旧区更新改建和开发要避免雷同性、重复性,要突出互补性、个性和特色。跨区的主干道、景观轴、黄浦江、苏州河的滨水地带、旅游路线、跨区的重点区域宜整体规划和统筹实施为佳。

二

我一直对美学和艺术方面甚感兴趣。长期以来阅读了不少美学著作,尤其喜看文学、绘画、书法、戏剧、音乐、摄影、舞蹈等的欣赏和评析类的文章,以提高自己的美学欣赏水平和艺术修养,并从中汲取养料,借鉴、运用到住宅区建筑群空间布局的理论中去。因为艺术是相通的,有时看到一些国内外住宅区建筑群布局的佳作时,犹如享受一次优美的视觉盛宴,顿觉心旷神怡。在《建筑群空间布局的艺术性》和《上海居住区规划建设的新发展》两篇文章中,对国内外一些住宅区建筑群空间布局的佳作,从构图手法和形式美法则的视角对其空间组合和排列作了尝试性的分析。

《豫园》专著,是从"立意构思、空间布局、审美特征"这三个视角来赏析这座具有450多年历史的明代古典园林,并从中国传统美学和艺术的视野来诠释这座中国传统文人山水园林诗情画意的意境和自然、唯美、古意的视觉美。

在《豫园》的序言中,曾有这样一段话:"以创新务实的精神对这座具有四百五十多年历史的明代园林进行研究,拟拓展一些新的思考空间,形成一些新的概念。"我确实用心领悟到了中国古典园林一些本质性的内涵和底蕴。

1) 中国园林的完整学术名称,应是"中国传统文人山水园林"。

2) 崇尚自然、师法自然,以山水为中心的"院落"布局结构是中国园林空间布局的核心所在。

3) 中国园林的审美特征充分演绎和诠释了

(1) 婉约之美、含蓄之美、柔曲之美。

(2) 雅、静、古、幽、柔、婉、清、文、秀、媚、逸、精的神韵。

(3) 曲、藏、隔、隐的手法。

(4) 多种对比、多样统一和对立统一的和谐之美等传统布局理念和形式美法则。

4) 运用小中见大、以小观大、小中见多、以少胜多、以简胜繁的艺术技巧。

以获取小中见美、小中见静、小中见雅、小中见幽的艺术效果。从而达到在有限的土地上创造无限的空间之目的。

5) 中国园林的立意构思还刻意追求一种人生境界:

（1）融中国传统哲学、思想、道德、艺术、美学于一体的精神境界。

（2）人与自然、人与天地，全然融汇于一体的"天人合一"的天然境界。

（3）中国传统的吉祥如意瑞福的古朴的艺术氛围。

（4）充满了自然、唯美、古意的情景交融、诗情画意的意境。

三

2003 年，上海市人民政府颁布了上海市中心城区《12 片历史文化风貌保护区》，具有 700 多年历史的老城厢居然名列其中，使人兴奋不已。笔者成长和生活在这块土地上已达半个世纪，深为保护历史文化遗产的重任所激励。一种强烈的责任感和使命感在我心头涌动。经悉心研究，在 2004 年发表了《上海老城厢历史文化风貌区的保护》论文。2009 年 1 月，出版了《豫园》专著。这一"文"一"书"的发表，了却了我几十年来的夙愿——要为这片故土陈壤发掘和弘扬一点有价值的、优秀的历史文化遗存。

后来，又认识到旧城改建与文化传承有密切的关联。上海世博会是世界多元文化和文化多样性的大展示和大交流的盛会，世界各国的经验和理念充分显示，传统历史文化遗存与城市的现代化是可以并存共荣、相辅相成、相互生辉的。现代化城市的发展需要文化的支撑和提升，需要文化的滋养和驱动。现代化城市的发展必须尊重多元文化和保护文化的多样性。在广泛学习和研究的基础上，于 2010 年写成了《城市更新与文化传承》一文。

四

1984 年写的《建设 21 世纪新外滩的设想》中，建议将原南市区的新开河南路到陆家浜路沿黄浦江的滨江地带，可作为被美誉为"万国建筑博览会"的老外滩的延伸部分的设想。

当时仅从挖掘原南市的潜在优势和可开发资源的角度提出，文章就事论事，内容较粗浅，但有一定的前瞻性，看到了未来发展的可行性。随着上海改革开放速度的加快，门户广开，向着"金融、经济、贸易、航运"为中心的城市现代化建设迈进，想不到时隔 26 年的今日，当时的设想竟成为现实。这块沉睡了数十年的土地，终于被时代的脚步声和现代化建设的号角声唤醒，揭开了层层面纱，露出了庐山真面目，脱颖而出被委以重任，成为了上海外滩金融集聚带的重要组成部分。

五

20 世纪 90 年代中期，上海房地产正值大发展时期，出现了只顾经济利益，忽视环境效益、社会效益和绿地建设的倾向。笔者在《房地产开发要保障生态环境的权益》一文中，除呼吁房地产开发必须保障生态环境和重视绿地建设外，还提出了房地产开发商需要学习有关生态环境的土地优化配置、生态存在、可持续发展、可承受性开发和全面提高开发素质等五个基本理论。

20 世纪 90 年代初时，居住困难、住房紧张已成为上海的"天字第一号"大事。发表《要建立广大中低收入工薪阶层住宅建设和供应的保障制度》和《要达到"居者有其屋"的目标必须切实提高中低收入工薪阶层购买住房的支付能力》两篇文章，纯粹是为购买住房支付能力很薄弱的广大市民向社会呼吁和有关方面进言。

《上海居住区规划建设的新发展》文章，主要阐述市场经济对居住区规划建设的影响。精品有市场，平庸无出路，已成为上海新一轮居住区规划建设和房地产市场的特征，并具体提出适应时代发展和要求的居住区规划建设的开发意识和战略思考的五点内涵。

六

《人·环境·城市——城市现代化漫话》所介绍的城市都是人口规模在 5 万以下的小城市。国外早在 20 世纪 40 年代开始就有经过周密规划的小城市问世，英国伦敦郊外的哈罗新城是一个典型的实例。

现在所说的"慢城市"与这种城市的规划结构和内涵是相似的。其特征是：

1）城市规模宜人，人口适中，有更多的公共活动空间和绿地供人休闲娱乐。城市掩映在优美的绿色生态环境中。

2）优质的城市规划结构会提供一个步行、公共活动和绿化三者紧密联系的综合系统。人们上班，学生上学，母亲送儿童去幼儿园和托儿所，居民上街购物和娱乐，老年人去休闲和锻炼，都可在绿色的步行道系统中进行，汽车都是以 20km/h 的速度驾驶。而且车行系统和步行系统是相互隔离的。

3）河流、小溪、湖泊及树木、森林、山坡等自然的原生态环境都被严格保护，并组织到城市中去。

4）环境宁静、空气洁净、景色优美、生活舒适、文明礼仪、节奏舒缓、城市和谐。居住质量、环境质量、生活质量堪称逸品。

5）可提供一定的工作和就业岗位，非"卧城"，是一个在工作、居住、学习、商业、文化、娱乐、健康、休憩、交通等具有相对独立和平衡的综合体。

《高效率高质量城市环境的特征》是《人·环境·城市——城市现代化漫话》一文的扩大和深化，企图从"高效率"和"高质量"的城市环境来浅谈城市现代化的特征的一个方面。因为，城市现代化的内容非常广阔，涉及多种内涵的组成，多家学科的综合，非城市规划所能独当一面。城市规划仅是其中的一个分支。因此，此文也应属于"漫话"性质。

本论文集的内容是从发表第一篇文章的 1980 年开始到 2010 年，时间跨度正好 30 年。

论文集的第一篇文章题目是《旧城居住区改建中的一些实例剖析》，到 2010 年写的《城市更新与文化传承》文章为止，共 30 篇。其中有 1 篇是 2009 年 1 月出版的《豫园》专著的简介。再加上 2 篇采访报道的文章（附录 1、附录 2），合计 32 篇。

32 篇论文的分类如下：

1）旧区改建	17 篇
2）建筑群空间布局的艺术性	1.5 篇 [1]
3）传统历史文化风貌区的保护及文化传承	2 篇
4）中国传统文人山水园林《豫园》专著简介	1 篇
5）建设 21 世纪新外滩的设想	1 篇
6）房地产开发	3.5 篇
7）城市现代化漫话	2 篇
8）环境保护	1 篇
9）中轴线·对称	1 篇
10）采访记	2 篇

为写《豫园》专著，花了大量时间和精力，学习和研究中国传统历史文化、哲学、艺术和美学，传统建筑和园林，中国绘画理论和传统山水画方面的知识，深受其内涵丰富博大精深的精、气、神所熏陶。中国传统山水画所呈现的淡（淡泊名利）、清（清雅脱俗）、静（宁静致远）的境界，中国传统文人山水园林中的山、石、水和古树、名木、花卉所显示的传统人文精神和崇高品质，都令人肃然起敬。对进一步认识人生的价值和提升人格的境界，陶冶情操和修养，无疑有很大的启迪和裨益。

整理论文集，重温 30 年内所写的每一篇文章，深深体会到学习无止境，事业无尽头。在这悠悠的岁月里，在学习和研究时，看书是寂寞的，写作是孤独的，但要耐得住寂寞和孤独。思考、探索、论证、比较、构思、写作，虽甚辛苦，但当有所感悟时，却乐在其中。重要的是要树立淡定、执著和坚守的心态，要排除一切急功近利和浮躁的干扰。要静下心来踏踏实实有计划地做自己想做的几件事情，了却心头之愿，不枉虚度一生。

我又领会到，学习和研究一定要创新务实、与时俱进，把握时代脉动和城市节拍。21世纪是多元文化和文化多样性并存的时代。2010 年上海世博会中世界各国的展馆形象和展示内容，以及许多对城市和文化的新理念和新实践，所显示的多元文化和文化的多样性，得到了充分的诠释和演绎，使国人大开眼界，扩大了视野。真所谓是楼外有楼、天外有天。如，优秀的传统历史文化遗存与现代生活并非分离、分立乃至对立；而是可以相融并存、共生齐荣、相得益彰、互为生辉，并可形成一个和谐的整体。

总之，要不断汲取新的理念，更新知识结构，调整思维方式，去认识和解读前进中的城市不断产生的新问题和新需求，并多元化地探索解决的途径。

---

[1] 这里出现 0.5 篇，系《上海居住区规划建设新发展》文章的一分为二，前半部分属房地产开发，后半部分属住宅建筑群空间布局的分析。

目 录

旧城居住区改建中的一些实例剖析

一、 当前旧城居住区改建中的某些倾向

上海旧城区内大部分居住地区的现状特点是：人口高度集中（南市区浦西部分人口614150人，面积仅 6.94km²，人口密度达 88494 人 /km²），居住拥挤，建筑密集（图 1-1）；有的地区工厂和居住相互混杂（图 1-2），环境质量低劣，道路陈旧狭窄，交通混乱。

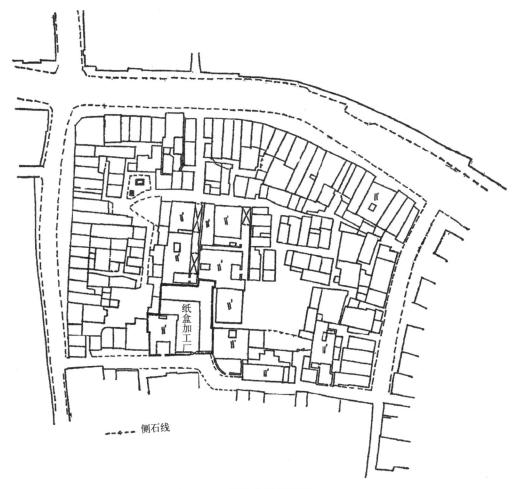

图 1-1　街坊内的建筑图

注：街坊内的建筑大部分是 1 层，少量 2 层。人口密度达 2570 人 /hm²，建筑密度达 90%。

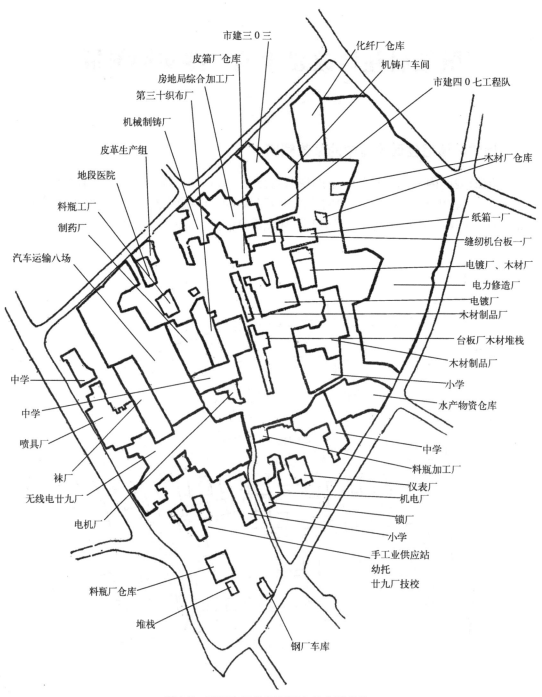

市建三〇三

皮箱厂仓库

房地局综合加工厂

第三十织布厂

机械制铸厂

皮革生产组

地段医院

料瓶工厂

制药厂

汽车运输八场

中学

中学

喷具厂

袜厂

无线电廿九厂

电机厂

料瓶厂仓库

堆栈

化纤厂仓库

机铸厂车间

市建四〇七工程队

木材厂仓库

纸箱一厂

缝纫机台板一厂

电镀厂、木材厂

电力修造厂

电镀厂

木材制品厂

台板厂木材堆栈

木材制品厂

小学

水产物资仓库

中学

料瓶加工厂

仪表厂

机电厂

锁厂

小学

手工业供应站

幼托

廿九厂技校

钢厂车库

图 1-2 工厂和居住相互混杂的典型现状

　　建筑达到如此饱和状态，以致要在建成区里拆迁、扩建、调整工业或其他用地；改造旧居住区，建设新住宅区；整顿道路系统，拓宽道路；改造各种公用设施等等，都因为用地十分紧张，大有牵一发而动全身，动弹不得之感。再加上当前国家正处于调整、改革、整顿、提高阶段，基本建设战线压缩。因此在旧居住区改建方面出现了一些问题和矛盾。

（一）　不合理地使用大量小块土地和见缝插针地乱建

如图1-3所示，4幢多层公共建筑物拥挤在一起（搪瓷器皿批发部仓库5层，手工业局修建公司综合办公大楼8层，豆制品加工厂5层，区业余工业大学6层）。建筑密度和土地利用率都达到了很高的程度。在仅0.4hm²的土地上建造了约14250m²的建筑面积。显然，规划布局的原则和群体设计的规律，在这里已毫无作用。试想，如能分散布置在其他地段，就可降低建筑密集的程度，也能使市容改观。但由于用地十分紧张，土地利用无法按城市规划合理布局或适当调整，使规划不能指导建设，建设也难尊重规划。

旧城居住区改建中另一股危害城市规划和居住环境的逆流，就是见缝插针地乱建。在已缺少绿化、空地和日照、通风不足的地段里，只要有些许空地，就硬挤进去建造（图1-4、图1-5）。这就出现比原有的建筑密度更高，居住环境质量降得更低的现象，也为今后的改建设置了新的障碍。

令人担忧的是，这两种建设现象至今仍在继续中。

（二）　忽视室内外居住环境质量

1）日本的同行们提出：要把城市建设成为一个"绿色的、理想的、有生机的城市"，成为一个"民主的城市、环境优美的城市"。要使城市能"确保市民的生活安全，创造富有人生情趣的生活空间"。这些指导思想是很耐人寻味的。尽管各国的制度、生活习惯和方式、国情及观点都有所不同，但是住宅建设中各种室内外居住环境的质量是应予以重视的。必须有一个方便、安静、

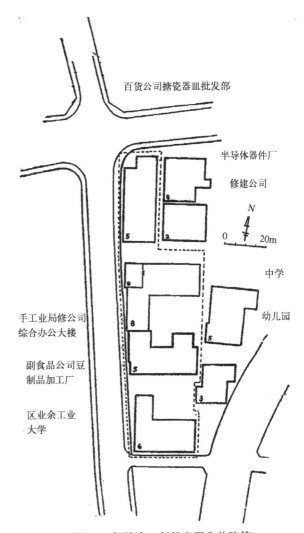

图1-3　拥挤在一起的多层公共建筑

卫生、安全、舒适和优美的居住环境及供儿童、青少年人、成年人、老年人使用的最低限度的户外活动场地和绿化空间（图1-6）。我们的工作要体现社会主义制度下对人的关怀，具体表现在为居民提供什么样的住宅类型、建筑群布局和街坊、小区规划。

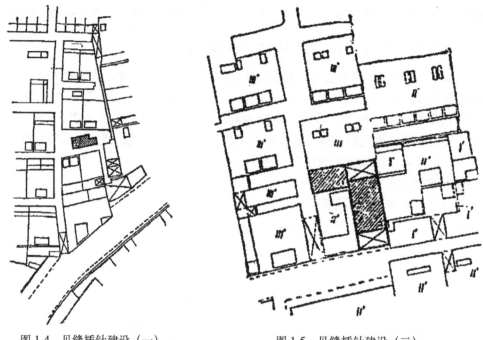

图 1-4　见缝插针建设（一）　　　　　　图 1-5　见缝插针建设（二）

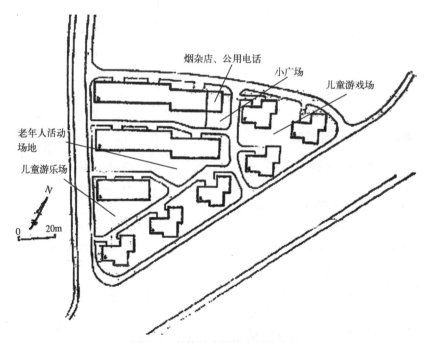

图 1-6　户外活动场地和绿化空间

可有时往往为客观现实所迫，只着眼于多增加些建筑面积，多提高密度。把综合性的规划变成了单纯的住宅建造，很多应有的内容，都被删减，甚至取消，这种只顾暂时的经济利益却导致了长期的比例失调，严重损害了人们生活的要求和居住环境的质量。

方案一和方案二（图1-7、图1-8）。仅从住宅的布局分析。方案二，住宅类型的选择和建筑群体布局组合有致。儿童游戏场和绿地等户外活动设施也相应得到配置。而方案一，条状住宅的布置平铺直叙地排列，枯燥呆板。2幢点状建筑也很孤单，缺乏有机组合。户外活动的场地及绿地也显得考虑草率。

还有一种说法是："现在只要解决有得住，要住得多，而不是住得好。"这种观点只说明了问题的一面。因为过高地强调要增加建筑面积密度，在有限的基地上容纳过多的户数，必然会长久地影响室内外的居住环境质量。形成新的建筑密集、人口拥挤缺少绿地，日照通风不良，环境不够安静、舒适的地段。

规划方案（图1-9）。在力求就地平衡及尽可能多地增加建筑面积的思想指导下，从住宅的单体设计到住宅群的规划布局，想方设法作了大胆的尝试，取得了容纳较多住户的效果。4幢6层"口"字形住宅和1幢6层的曲折条状住宅，构成一个整体。在1.5hm^{2}的用地上拥有住宅总建筑面积20204m^2，可住979户，3779人（原基地拆迁户893户，3446人）。人口密度高达3000人/hm^2，750户/hm^2。

且不谈"就地平衡"这一提法的不够完整性，仅从建筑设计到街坊规划方案来看，设计者是经过一番苦心经营，达到了原拆原建，拆建有余的目的，这无疑解了燃眉之急，有它积极的一面。但应当看到"口"字形住宅中东、南、西、北朝

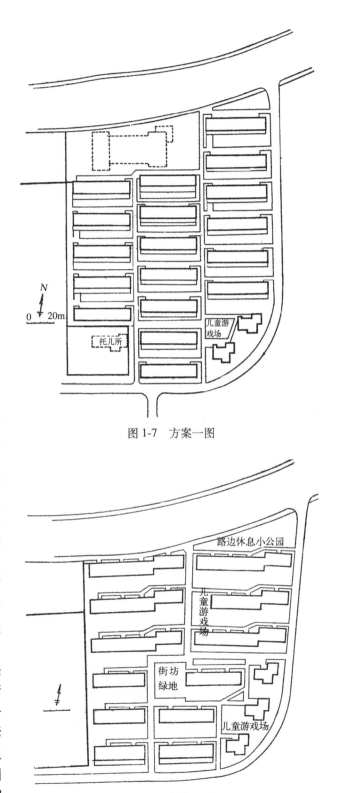

图1-7　方案一图

图1-8　方案二图

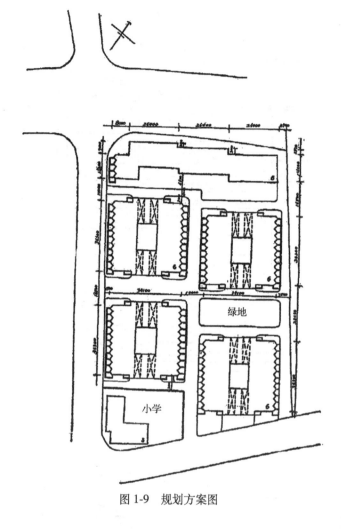

图 1-9　规划方案图

向的居室都有，使得不少住户的日照和通风条件质量欠佳。一幢"口"字形住宅住 900 多人，靠一个内天井及 4 个一开间的通道进出，估计是会十分拥挤和不够安静的。此外，住有近 4000 人的街坊，没能设置最低限度的户外活动设施等等，都是值得进一步讨论的。

总之，在住宅建设中，不仅应有数量的指标，而且还应有质量的要求。应该定质、定量。

上海在 20 世纪 60 ~ 70 年代曾建造过一些简易工房。单从造价上看是很经济的。但居住后的实践证明，居住质量是较差的。施工也粗糙，不仅屋面漏水，楼面也漏水；噪声传得远，互扰厉害；冬冷夏热，设备欠缺，条件差；外观简陋等等。居民怨声载道。当然，简易工房的产生有当时的历史条件、社会原因和主客观因素，孤立地去议论其是非也是不适宜的。但是实践中所产生的种种问题，却令人深省，应引以为戒，以免重蹈覆辙。

城市规划和建筑是一项百年大计的建设事业。是一门反映国家的、社会的、人民的时代精神、物质文明、情操素养的综合性社会科学和自然科学，是不能用纯实用主义、纯经济主义，甚至个人的喜爱和偏见来代替的。因此，对规划建筑中的问题的考虑要有科学性，要慎重，目光要深远，指导思想要明确、果断、坚定，切不可目光短浅，只图眼前利益。

2）由于旧城用地十分紧张。在旧居住区改建工作方面出现了要求不断地缩小住宅之间的间距，采用大进深的住宅类型，允许住宅东西向布置，甚至朝北户的设置可不受限制等趋向，以提高密度（建筑密度、人口密度及住宅建筑面积密度），争取在有限的拆建地段上用足土地、造足房子，越多越好，大有进行高密度竞赛的倾向。

大进深住宅对提高住宅建筑面积密度效果显著。但应在特定情况下采用，如有的基地上排 3 幢浅进深住宅（9 ~ 10m 进深）间距不够，排 2 幢，用地不经济，而布置 2 幢大进深住宅，则较合适。3 幢危房亟须改建，两个比较方案很说明问题（图 1-10、图 1-11）。方案一，按照 1：1 的间距，布置 3 幢 10m 进深的 4 层楼住宅，日照和通风条件都是较好的，但总建筑面积是 6360m²，拆建不能平衡。方案二，排 2 幢 6 层楼的 13m 大进深住宅，总建筑面积可达 7645m²，拆建有余，虽然居住的舒适程度方案一远比方案二佳，但总建筑面积方案二超过方案一。

但是从现在涌现出来的不少片面追求大进深住宅的设计平面来看，已出现光线较差的后房间、厨房和厕所（有内天井辅助采光），以及过多的朝北户。有的住宅平面的厨房或厕所竟借内走廊间接透光，甚至是暗间，这就物极必反地走向反面了。

从健康卫生学观点来分析，人和居室都是需要一定的日照量。尤其在冬季，阳光中的紫外线值仅为夏季的 1/6 时，就显得更为重要。日照可使人增加抵御疾病的能力，促进健康，又使房间明亮、温暖、杀菌、驱潮湿，并便于翻晒被褥和衣服。而无日照的朝北户，就较潮湿寒冷，衣服和被褥都是阴干的，南北相比悬殊很大。在我们目前的生活条件下，必须保证每户至少有一主要居室能有一定的日照量，以保冬暖夏凉。显然，大量地采用某些影响生活和居住质量的大进深住宅是值得商榷的。

至于用 9～10m 的浅进深住宅作规划时，密度不易提高，土地使用不经济，这是在旧居住区建设用地较紧张的情况下提出来的，这只是问题的一个方面。也应看到浅进深住宅在日照、通风、平面关系等生活和居住质量方面都比大进深住宅好。因此在住宅建设用地宽紧不同的情况下，浅进深和大进深住宅是各有优缺点的，各有所用，切忌片面绝对化。

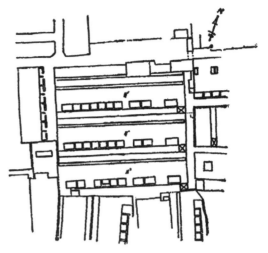

图 1-10　现状图

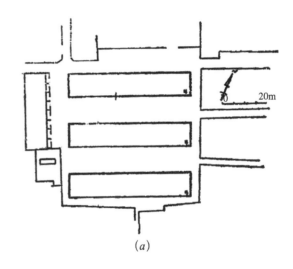

(a)

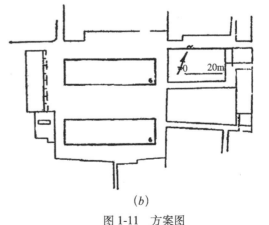

(b)

图 1-11　方案图

(a)方案一；(b)方案二

关于间距问题，目前上海采用的是1：1，在隆冬季节这已经影响到第一层的日照（上海地区冬至日正南向的竿影比是1：1.41）。如果要求间距再缩小到1：0.9或1：0.8时，则6层的住宅将危及第二层和第三层的日照要求及户外的居住环境，看来是不能用削足适履的办法来对待住宅建设和规划的。

旧城居住区内，房源紧张是表，住宅建设用地的紧张才是本。而要解决住宅建设用地紧张，不能单靠缩小间距，多用大进深住宅，东西向的住宅布局不受限制等降低生活、居住和环境质量的方法来解决。根本的办法是通过城市的总体规划，发展卫星城镇，有计划地合并工业和其他设施用地，综合利用土地（包括地下），适当发展高层建筑，用混合修建的方式来提高住宅建筑面积密度等等，以达到挖掘住宅建设用地的潜力，扩大和增加"土地源"。节约用地，合理提高些密度。从而发展了"房源"，缓和住宅建设用地紧张的局面。

二、 要重视小块地段住宅改建的规划

当前上海旧城的居住区改建的确很复杂，问题很多，需要作长期的努力，要通过全面规划，有计划地逐步改建。在近郊，可通过征地成片成块地建造新住宅。在市区，可以大规模地成片改造的地区为数很少。较多的是小块地段的改建，即所谓小改小建。因此，小块地段的改建绝不容许轻视。既不能随便见缝插针，也不能迁就现状而就事论事，而是要在条件的许可下，通过小块地段的改建带动周围的邻近地段改造。这样才能积少成多，改造一段街，一个交叉口，一个中心，一个街坊，一个小块基地，一个棚户地段，使它们逐渐地由量变到质变，逐步完成改造旧城居住区，因此要有"小中见大"的远见。下面拟对旧城居住区中小块地段的改建规划实践中的一些问题提出讨论。

1）改建现状不能局限于一点孤立考虑，应通盘研究周围的环境因素，全面规划，解决问题。

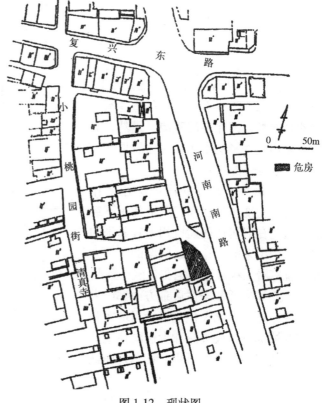

图1-12　现状图

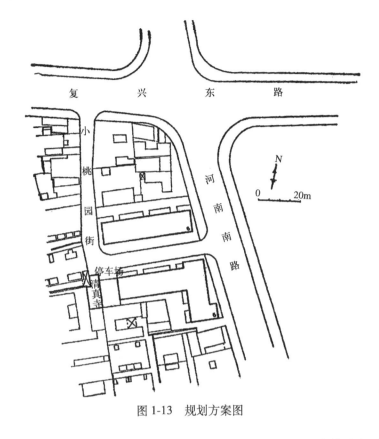

图 1-13　规划方案图

图 1-12 和图 1-13 是某清真寺附近地段的现状和规划。问题的起源是河南南路 534 号至 542 号 5 间危房，近 30 多年未大修，亟须拆除改建，房地产部门仅从拆房建房的角度出发，拟在原址新建 1 幢 4 层住宅了事。但据调查，附近清真寺常有中外伊斯兰教徒前来朝谒礼拜，活动频繁。现在进出系由复兴东路弯入小桃园街抵清真寺，道路狭小，路面差。两旁是较差的沿街商店及旧式里弄，而且无调车、停车场地，市容观瞻不良。

改建规划是以调整进出清真寺的路线，改建危房兼改善周围环境为出发点。新的规划方案中，进出清真寺路线是由河南南路弯入小桃园街，抵达清真寺，辟有停车场地和回车余地，小桃园街两旁系新建住宅，市容良好，拆迁面积 5900m²，规划的总建筑面积为 6168m²。

2) 不能就事论事仅考虑拆迁范围的改建，而不顾紧邻的余下部分——所谓"边角"、"边料"，如不加以整体规划会成为将来的"死角"，很难进一步改建或利用。

图 1-14、图 1-15 是果品公司仓库的现状和规划。拟在原址翻建 1 幢 5 层建筑物，底层作仓库，2～5 层为住宅（方案一）。显然这是从本单位需要出发的最完美的规划，无可非议。但是从总体上看，与其贴邻的右侧部分——棚户地段，今后怎么办？经过综合分析研究，采用与果品公司的项目一并解决的办法（方案二）。规划方案不仅扩大了果品仓库和住宅的面积，而且更主要的是同时"消灭"了一个已有 30 年历史的棚户地段。

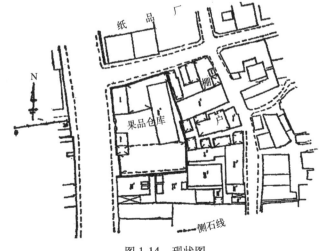

图 1-14　现状图

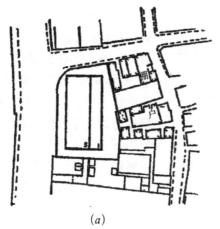

(a)

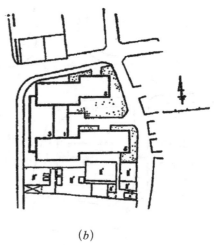

(b)

图 1-15　方案图

(a) 方案一；(b) 方案二

3）图 1-16、图 1-17 是又一种情况。建设基地原是某厂的一个车间。因该厂与其他厂合并，此基地就作为住宅建设用地。如按原基地线范围建造住宅，则留下的四周部分，今后较难布局，应当统一规划，预留未来适宜建造的部分，分期建设。统一规划的方案，将第二期建设的左侧部分布置 3 幢点状住宅。值得一提的是，第二期建设的点状建筑地段大于现状的用地。

图 1-16　现状图

这不应认为是第一期建设基地的损失，而是现在和将来，局部和整体，近期和远期统一规划的必然结果。

4）随着现代工业和科学技术的发展，已有可能把某些生产过程中有害因素和不利条件转化为无害的或影响不大的状态。因此，为了地尽其用，可将旧城居住区内某些建设地段的单一利用（仅建住宅）变为综合利用。

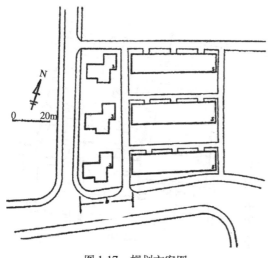

图 1-17　规划方案图

图 1-18、图 1-19 是区粮食系统的一块用地，占地 0.32hm²，现状是制面加工厂、机修车间、粮管所、代批站和小型汽车队等单位使用。规划将原基地综合利用，多功能使用，集中了原来的几个单位（都设在底层），增建了 6460m² 的住宅建筑（在第二层以上）。由此可见，设计综合建筑，多功能使用土地，是提高旧城居住区用地利用率的一种可以探讨和采用的方法，起到挖掘住宅建设用地的潜力和节约城市用地的效果。当然，应视具体条件的可否因地制宜。

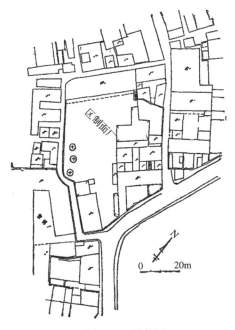

图 1-18　现状图

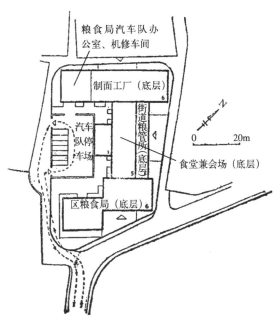

图 1-19　规划方案图

图 1-20、图 1-21 的基地原为菜场，对用地进行综合利用，通过合理规划，将前两幢住宅的出入口放在东侧，整条弄内能保持一定的安静和卫生，菜场出入口放在沿街和西侧弄内，这样就使菜场的出入口和住宅的出入口截然分开，互不干扰，前两幢住宅的底层和之间的一层连接体均辟为菜场，第二层作为菜场的办公、仓库等附属用房，这样，菜场营业时的喧哗声对第三层以上的住宅影响就较小了。

5）通过适当调整单位用地，不仅可以形成一个较完整的小块地段规划，而且也是挖掘旧城居住区住宅建设用地的途径之一（图 1-22、图 1-23）。

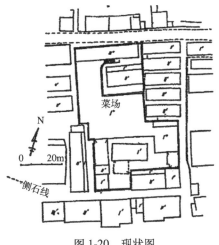

图 1-20　现状图

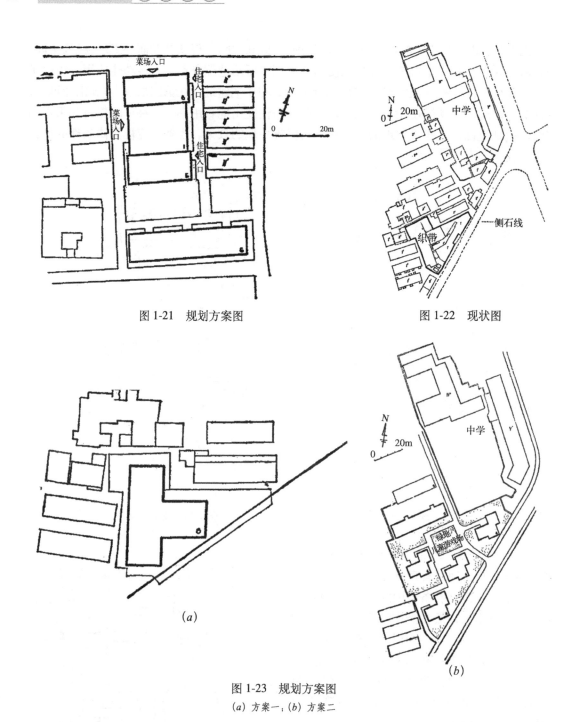

图 1-21　规划方案图　　　　　　　　　图 1-22　现状图

图 1-23　规划方案图

(a) 方案一；(b) 方案二

　　通过工业用地的调整，留下的工厂车间用地拟建住宅，在这块不规则的用地上布置 T 形住宅就会出现与周围环境很不协调的关系（方案一），也为将来贴邻地段的改建带来困难，如将改建的范围稍为扩大些，适当调整邻近单位的用地，并拆除一些现状建筑，就能构成一小块较完整的地段，进行统一规划。新规划方案（方案二）调整了右侧某中学的入口处部分用地后（补偿了中间的一长块用地，中学的用地也完整了），形成既完整又开阔的地段，4 幢点状建筑构成了一组比较生动的建筑群，丰富了街景。

　　6）改建基地的贴邻是棚户地段，应尽可能把它包括进去，加以统一规划，一并改造。

　　图 1-24 中，与改建地段相毗邻的后面就是棚户地段。统一规划的方案（图 1-25），以转角处的点状高层建设为中心和周围的 6 层住宅一起构成一个错落有致的生动活泼的建筑群。

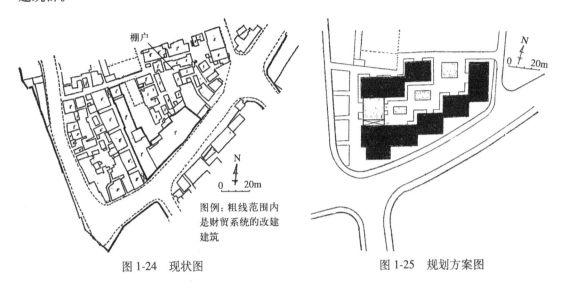

图 1-24　现状图　　　　　　　　　　　　　　图 1-25　规划方案图

　　从旧社会遗留下来的棚户已有三四十年的历史，为数不少，占上海市区人口的 1/6 左右，其基本情况概括是：房屋破旧拥挤，环境质量低劣，卫生状况很差，居住密度甚高，日照欠缺，通风不良，冬冷夏热，室外大雨屋内滴漏，台风季节积水半尺，严重影响居民为"四个现代化"出力，是旧居住区改造的重大任务。

棚户比重与发病率的关系表　　　　　　　　　表 1-1

街道	棚户建筑面积占街道建筑面积的比例（%）	等级	发病率（1/10 万人）	等级
小北门	0	1	29.30	3
露香	3.77	2	26.65	1
蓬莱	4.63	3	27.36	2
唐家湾	5.10	4	30.99	4
豫园	5.26	5	32.78	5
小东门	13.33	6	35.31	8
王家码头	17.20	7	33.0	6

续表

街道	棚户建筑面积占街道建筑面积的比例（%）	等级	发病率（1/10万人）	等级
小南门	17.48	8	38.82	11
周家渡	25.27	9	44.72	12
董家渡	26.92	10	36.54	9
陈家桥	31.40	11	33.30	7
半淞园	33.85	12	52.07	13
斜桥	38.06	13	37.71	10

最近上海南市区卫生防疫站曾对该区 18 年中（1961～1978 年）流行性脑脊髓膜炎这一急性传染病的发病情况做了研究，其中有一项分析是值得我们重视的（表 1-1）。

从统计表中可看到，棚户比重高，居住密集程度高的地区，发病率就高。棚户比重低的地区，发病率就低。

本文发表于《城市规划汇刊》1980 年第 8 期

旧城居住区改建中的一些问题研究

一、 应全面理解密度的含义和作用

（一） 密度是检验规划合理性的重要标尺

一个改建的居住地段是由多种内容组成的：住宅、服务设施、绿地、儿童活动场地、道路等等。居住地段是居民居住、生活、休憩（尤其是老年人的日常锻炼活动及冬天晒太阳、夏天纳凉）、游戏（为占居住区总人口 25％ 的儿童服务）的场所。人，除了参加工作、学习和社会交往外，以家庭为中心，住宅和其所在的居住地段为基地的日常的居住生活，亦是十分重要的组成部分。特别不能忽视的是，老年人和儿童更是极大部分时间生活在家庭和其周围的居住地段里这一事实。因此，居住地段的规划应当综合考虑，统筹安排各组成部分的功能要求及各种年龄的居民在居住和生活上的丰富多彩的内容。

有鉴于此，规划的指导思想应遵循这样三个原则：

1）创造一个安静、卫生、安全、方便、舒适的居住环境和生活环境。

2）具有一定的景观及和谐、优美的建筑群空间组合。

3）达到应有的合理的居住密度（建筑面积密度、建筑密度和人口密度）。

这三个原则是有机的统一体，反映了居住地段改建规划中质量和数量的关系，不能割裂。三者之间虽有相互制约的关系，但并无对立的关系。规划时应根据每个改建居住地段的特定现状和条件，"三管齐下"，综合研究，严密构思，反复权衡，作出能满足三个原则的质量上和数量上要求的方案。

可是在实际工作中，往往有顾此失彼的倾向。只重经济指标的多少，较忽视居住环境质量及建筑群空间组合的要求。评定一个规划方案仅视密度所反映的数字是否拥有最多的建筑面积，似乎密度高就是好方案，而且越高越好——这实在是对有关理论上的一个误解。在这种片面的指导思想下，有的改建规划，住宅的排列密密麻麻。在有限的基地上造足房屋，所谓"充分利用"土地。改建规划方案是获得了最大限度的建筑面积的效果，但也造成了过于密集的后果——形成新的建筑密集，人口拥挤，缺乏绿地和儿童活动场地；日照通风不良，环境不够安静、舒适的地段（图 2-1 ～图 2-3）。

图 2-1　规划方案一图

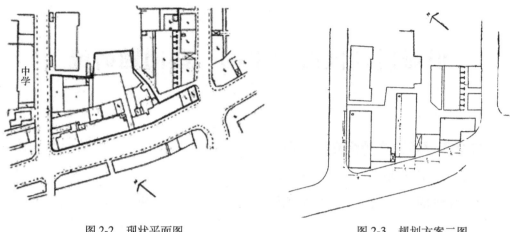

图 2-2 现状平面图　　　　　　　　图 2-3 规划方案二图

密度，的确是反映一个规划方案的经济性的指标（指方案具有多少建筑面积，能容纳多少户数）。但是，密度也是一个检验规划的合理性的重要标尺（指方案是否兼顾各个组成部分的数量上和质量上的要求，是否有一个安静、卫生、安全、方便、舒适的居住环境及优美和谐的建筑群空间组合）。而且，密度也是控制一个规划布局不过稀，不过密，使之适度、合理的卡尺。因此，只有从理论上全面理解密度的含义和作用，才能避免规划实践中的片面性和盲目性。才能有助于从深度和广度上提高对规划的科学性和整体观念的认识和理解。从而在正确的指导思想下，作出考虑问题比较全面的规划设计。

（二）　影响密度的因素是多方面的

影响拆建地段容纳建筑量多少的因素是多方面的，又是比较复杂和相互制约的。如：拆建基地的大小和形状的规整程度，基地的朝向，基地上工厂或其他单位与居住混杂的程度及可能调整的程度，拆建地段同周围未拆建的建筑或地段的关系，住宅的类型、层数、间距，居住改建地段各组成部分所占的比例，建筑群布局的空间组合手法，甚至住宅的设计和分配的标准。

下面几种不同情况的实例分析能有助于进一步了解密度的变化和各种客观因素的密切关系。

1）图 2-4 ～图 2-7 是一个棚户地段的改建规划。经过土地调整，将两所小学合并为一所，居住用地也就完整了。作 3 个比较方案：方案一街景较好，建筑群空间组合虚实交替，富有

图 2-4 现状平面图

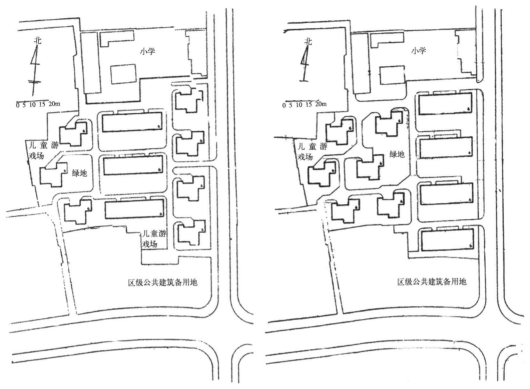

图 2-5　规划方案一图　　　　　　　图 2-6　规划方案二图

变化，配置有绿地和儿童活动场地。方案二点状建筑成群布置，景观变幻丰富，也配置有绿地和儿童活动场地。方案三建筑布局一般，也有绿地和儿童活动场地的配置，但位置较偏。

　　3 个规划方案说明,用不同的住宅类型（条状或点状建筑,浅进深或大进深）和不同的布局手法,能具有不同的建筑群的空间效果、居住环境质量和密度。

　　要顺便提一下的是,方案一和方案二在建筑群的空间组合上因地制宜地作了有变化的布局。当然,这里不拟离题多谈"居住、环境与美的关系"。但是怎样使住宅群的布局能在改建地段的条件许可下,具有不同的景观和意境,突破单一呆板的模式,创造一个个既综合平衡而又有变化的居住环境,是应当引起重视和研究的。

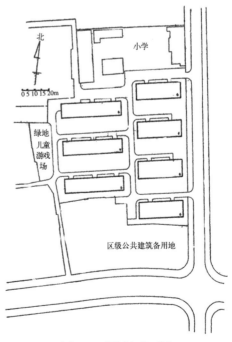

图 2-7　规划方案三图

3个规划方案建筑指标比较表   表2-1

	建筑面积 (m²)	建筑密度 (%)	人口密度 (人/hm²)	住宅建筑面积密度 (m²/hm²)
方案一	14000	25.2	1362	15135
方案二	15800	28.5	1537	17081
方案三	17240	31.0	1674	18642

注：上海城市规划设计院建议：建筑面积密度，5层——1.5万m²/hm²；6层——1.6万㎡/hm²。

2）图2-8、图2-9是一个受到不少客观条件限制和具有几种建筑类型的地段——棚户，简易工房、旧式里弄和工厂。规划从实际出发，采取改建和改良相结合的方针。工厂调整后迁往别处。棚户拆除，简易工房还得使用若干年。保留旧式里弄，但要进行内部技术改良和装修：改良建筑结构，改善不合理的平面关系及通风、采光、隔声和日照条件；安装煤气和卫生设备。减少居住户数，提高每户和每人的居住面积。通过这些措施提高整个旧式里弄的建筑质量和环境质量，降低密度。两条旧式里弄之间的狭长棚户地段拆除后不再建造住宅，辟为绿地和儿童活动场地，以疏通闭塞而密集的空间，改善环境。

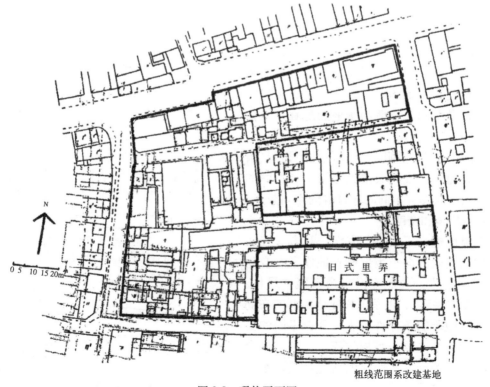

粗线范围系改建基地

图2-8 现状平面图

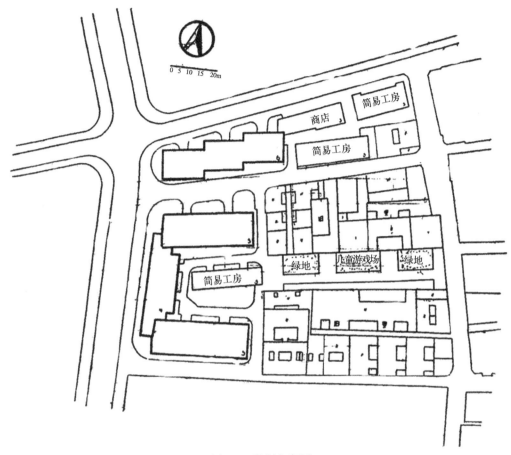

图 2-9　规划方案图

　　显然，像这样一个限制条件颇多的改建地段，仅旧式里弄之间辟为绿地和儿童活动场地之处，就有住户 55 户。再由于要保留简易工房和下面铺有管线的洞庭山弄路，因此必然会影响规划的布局。客观条件的种种限制，使密度的提高就有一定限度。

　　3）图 2-10 ~ 图 2-12 在改建基地的四周都是道路限定的情况下，住宅的不同进深和不同的日照间距，具有不同密度的典型分析比较。

图 2-10　现状平面图

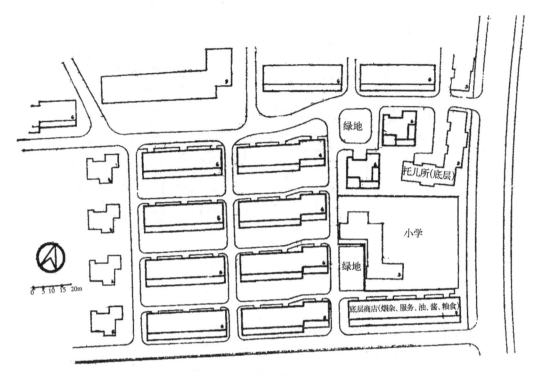

图 2-11　规划方案一图

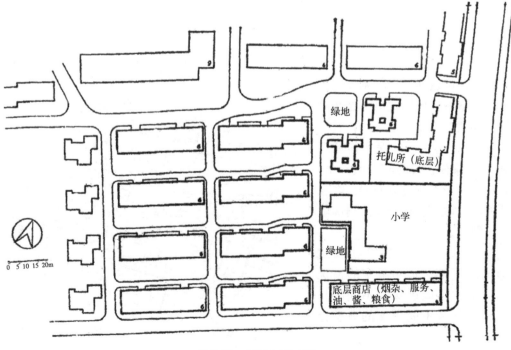

图 2-12　规划方案二图

该改建地段是在面积有 6.25hm^2 的棚户区中一个 4 号住宅组基地。面积是 1.45hm^2，拆迁户 480 户，人口 1898 人，平均每户 3.95 人。

从表 2-2 可以看出，方案二比方案一增加建筑面积达 21.1%，但日照间距较小点。

	住宅类型	总建筑面积(m^2)	建筑面积密度(m^2/hm^2)	人口密度(人/hm^2)	可容户数(户)	建筑密度(%)	间距
方案一	10m进深条状风车式点状	26940	18644	1637	599	31.0	1:1
方案二	12m进深条状蛙式点状	32634	22584	1984	726	37.6	1:0.91

4号住宅组两个改建方案的技术经济指标表　　　表2-2

4）图 2-13 ～图 2-15 是旧城居住区中工厂等单位与居住相互混杂的较为普遍的情况之一。在这个地段上，居住性建筑仅占总用地的 42%，工厂占 19%，里弄生产组占 9%，单位占 10%，道路空地占 20%。散布在居住地段上的工厂和生产组的特点是散、乱、杂、小。厂房简陋，工艺设备落后，"三废"危害周围居民不浅。改建规划要"净化"这种工厂、单位和居民混杂的现状。将所有的小厂和里弄生产组都集中在一幢多层厂房中，迁到该居住地段南端的冷轧带钢厂旁边，形成一个工业小街坊。

改建规划方案运用点状、条状两种建筑类型，形成一个和谐的居住环境。沿街布置 3 幢点状建筑，同路对面的条状建筑等虚实相映。底层开设商店，和路西已开设的 6 家商店(百货、服装、绸布、中药、陶瓷、果品）组成一个为居民日常生活服务的中型商业服务网点。规划方案一拥有建筑面积 14000m^2。同方案二（建筑面积 13000m^2）相比较，可以领悟一个问题：考虑一定的居住环境质量和建筑群的空间组合，未必一定是同密度的高低相矛盾的。

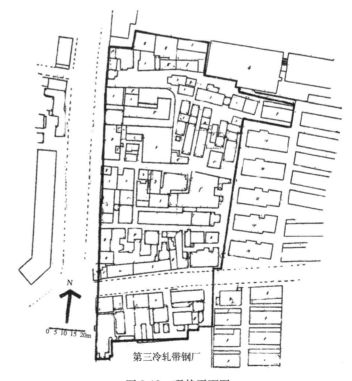

图 2-13　现状平面图

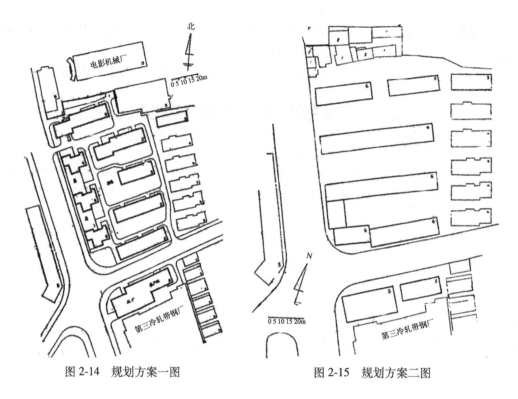

图 2-14 规划方案一图   图 2-15 规划方案二图

5）图 2-16～图 2-19 的一组规划图可以说明这样一个问题：密度的高低反映了居住、生活和环境质量的水平高低。密度与建筑群的空间组合有关，也与绿地的配置程度和所具有的定额有关。总之，一个国家、一个地区或一个城市，在居住区规划或旧区改建中，采用什么样的密度指标，是由国情、财力、人口、居民的生活水平、生活方式和生活习惯、气候、城市用地规模及现状的居住状况，城市发展的历史，城市交通的便捷程度，绿化重视的程度，以及对文化、娱乐、体育活动上的需求和审美观等等有关因素综合决定的（表 2-3）。

4地块建筑指标对比表　　　　　　　　表2-3

编号	名称	面积(hm²)	平均层数(层)	人口密度(人/hm²)	建筑密度(%)	住宅建筑面积密度(m²/hm²)
1	法国玛丽·劳莱住宅区	31.6	6	168	14	3323
2	上海陕南村	1.62	4	574	35.4	14100
3	上海明园村	3.16	5～6	1980	36	20169
4	上海南市区一旧式里弄住宅街坊	1.77	2～3	3158	82	20831

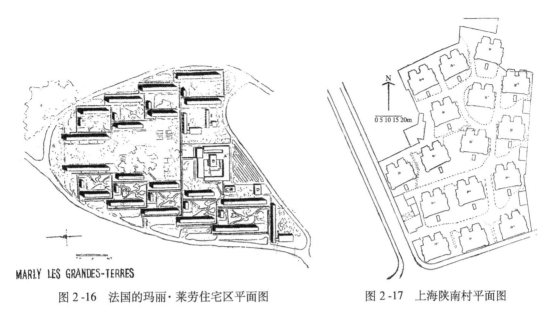

图 2-16　法国的玛丽·莱劳住宅区平面图　　　图 2-17　上海陕南村平面图

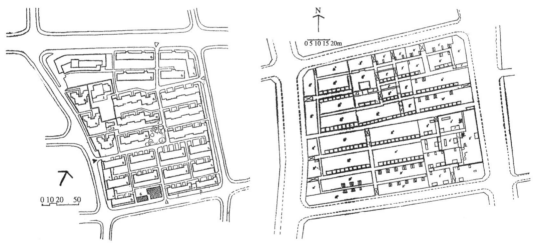

图 2-18　上海明园村平面图　　　图 2-19　上海南市区一旧式里弄住宅街坊平面图

　　从这些图中所显示的密度疏密，反映了人—建筑—环境，三者之间的关系，即人住在什么样的建筑内，建筑又处在什么样的环境中；人又生活在什么样的居住环境中，环境又给予建筑什么样的影响，给予人什么样的感受；环境又为居民提供多少休息和活动的余地……

　　看来对下面几个问题进一步研究，有助于更广泛更综合地理解密度的含义：

　　（1）密度的高低并不一定说明节约或浪费土地的问题。笼统地认为，对密度低的规划称之为浪费土地，密度高的规划称之为节约用地，这种说法是不够完整的。能说华沙每人 $75m^2$ 的公共绿地面积是浪费城市用地，而上海每人 $0.46m^2$ 的公共绿地面积是节约城市用地吗？当然不能！事实上一个规划方案土地利用的浪费是明显的缺陷，不需通过密度反映就可觉察。同样，节约用地的规划也不一定是能从极高的密度数字中反映出来。密度反映的数字是现象，规划的内容和布局的质量是实质。数字的高低要看在什么样的规划布局下得到的。因此光看数字，不看内容是片面的。问题的关键是规划布局是否合理，各组成部分的内容及其应有的不同比例是否得到兼顾。

（2）在一个改建居住地段上设置小块绿地，供居民休息使用，尤其是老年人、儿童的休息和活动，没有理由指责为浪费土地，更不能认为是同住宅争地，而是全面安排居住、生活、休息、活动等功能的需要。实际上，在当前居住面积尚不大，间距又小（1：1）的情况下，适当布置一些户外集中绿地和活动场地，能起到弥补住房紧，室内活动余地小的积极作用。总之，在旧区居住地段改建规划中，设置小块集中绿地和儿童活动场地，关系到是否关心老年人能愉快地安度晚年，增进身体健康；是否关怀下一代身心健康地成长——不使儿童在马路上乱窜瞎跑，遭受车祸之害，或玩不正当游戏，沾染不良习气，或吵吵闹闹，影响居住环境的安静。因此，小块集中绿地和儿童活动场地要作为一个重要的组成部分一起构思。在目前的情况下，中型以上的改建地段，小块集中绿地应至少能达到每人 $0.3 \sim 0.5m^2$。要求不会过高，也是力所能及的。关键是我们的指导思想要有全面性和整体观念。一定要把设置儿童活动场地及小块集中绿地的必要性，提高到这样的认识水平——是对下一代的智力投资的重要措施，是关心广大居民（尤其是老年人）的生活福利的措施。

此外，所谓"诗中无画诗无味，画中无诗画不美"。没有一定数量绿地布局的住宅建筑群，不仅违反居民游憩需要的意志，而且也有损于形成安静、卫生、舒适、优美的居住环境。

（3）在人口过度密集的拆建地段上，我们不应该主观地强调需要多少建筑量，而应视在合理的规划布局下能提供多少建筑量。这样比较客观、科学。规划布局后，能就地拆建平衡最好，如不能平衡，另行设法弥补安排，绝不能强求拆建平衡。作出不合理的规划布局。

（4）城市规划工作应体现社会主义制度下对人的关怀。城市规划和住宅设计工作者切勿将自己都不大愿意住的住宅和不大满意的居住环境给人们去住。而且还描绘得十分合理。所谓"己所不欲，勿施于人"。规划时应将自己融在设计的住宅和规划的居住地段的环境中去，做到自己都感到舒适、满意，才问心无愧。这才是对人民负责的精神和严谨的实事求是的科学态度。

（5）在旧城居住区改建规划中，所谓"节约用地"应以不忽视最低限度的绿地和儿童活动场地的配置及不降低居住、生活和环境质量为原则。建议，在旧城居住区的改建规划中将"节约用地"改称为布局紧凑，比较科学，不易混淆概念。因为有不少情况说明了，概念上的含糊和不科学会引起指导思想上的误解，从而在实施中带有片面性和盲目性，造成不可估量的损失。如：由于片面理解"先生产，后生活"这个概念，在实际工作中就导致了只抓生产，不抓生活的偏向，造成"骨"、"肉"比例严重失调的后果。再如，由于不科学地理解"将消费城市变为生产城市"这个概念。就使有些城市不问自然资源、地理条件、交通运输、城市规模及本身固有的特色，纷纷兴建完整的工业体系。结果造成"三废"污染，浪费严重，经济效益很低，有的甚至破坏了名胜古迹和自然风景（如：西湖、漓江、滇池，清澈的水体和优美的景色正遭受周围布点不当的工厂的污染和破坏）。近几年来，在旧城居住区改建中也有类似情况，如由于缺乏全面、正确理解"节约用地"、"挖潜"、"提高土地利用率"等概念，以致在不少规划中出现不重视甚至取消小块集中绿地和儿童游戏活动场地的配置，见缝插针地乱建，片面追求影响合理布局的高密度等倾向。

总之，在旧城居住区中型以上的改建居住地段，规划绝不是仅仅建筑在简单计算能获得最大总建筑量基础上的房屋排列。而是一个非常细致周密，科学而综合地考虑问题和布局的过程。如：在一定大小和形状的改建地段上，选择什么类型的住宅（条状或点状）较合适；住宅的长度、进深、体量及层数如何同改建地段的尺寸和合理的日照间距相协调；要确定特定改建地段上各组成部分的内容（住宅、服务设施、绿地，儿童活动场地，道路……）及其比例；要研究住宅建筑、绿地、儿童活动场地、道路（步行及车行）和服务设施的布局，怎样形成一个安静、卫生、安全，方便、舒适的生活环境和居住环境，并具有优美和谐的景观和意境。此外，改建居住地段上如夹杂有工厂等单位，还应考虑新建住宅和其他设施与之相互间的关系协调的问题。当然，达到应有的合理密度（建筑面积密度、建筑密度、人口密度），这是布局时自始至终都在考虑和校验的。

图 2-20、图 2-21 中，改建的居住地段的现状条件就是属于上述情况的典型例子。从现状图中可以看到，该地段大部分被单位所占用（房地局的石灰厂，市建公司的机修仓库，煤饼工厂，酱菜加工厂，锁厂及中学）。现除锁厂和中学保留外，其余4个单位都迁往别处，以消除石灰厂和煤饼加工厂的尘埃和噪声对周围居民的严重污染及酱菜加工厂这个蚊蝇孳生地。显然，这块居住改建地段不仅用地较不规整，而且四周都受到已建成的住宅和学校、锁厂等单位的限制。规划，选用多样的住宅类型（大、小两种点状建筑和10m、12m进深两种条状建筑），以适应改建地段的不规则形状和其纵横尺寸的限制及与已建成住宅协调，并融成一个整体。整个规划的住宅布局中，在照顾和维护中学的利益方面，考虑较周到。如适当调整中学的一小部分用地，使学校的用地和改建的居住地段都较完整。住宅布置时不使中学的操场变为朝北

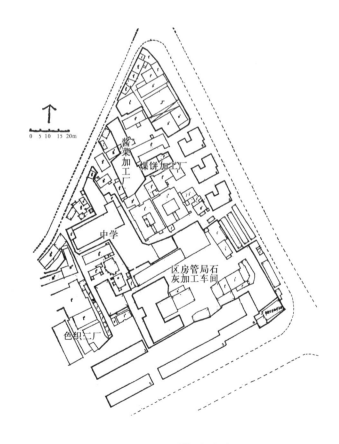

图 2-20　现状平面图

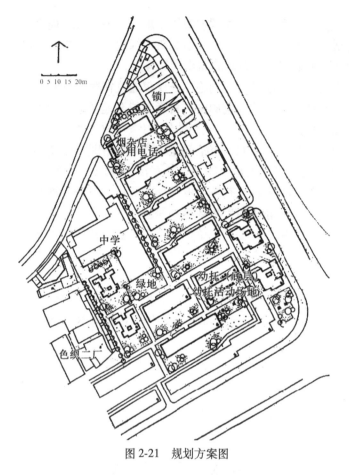

0 5 10 15 20m

锁厂

烟杂店
公用电话

中学

绿地

幼托休憩处
幼托活动场地

色织二厂

图 2-21　规划方案图

操场，仍使操场有满意的日照条件。中学的教学楼南边布置2幢点状建筑，而不是条状建筑，使其有足够的间距和空隙，因此有良好的通风。幼儿园前的宽敞活动场地完全沐浴在阳光之中。整个改建地段布置3处小块集中绿地（兼有儿童活动场地），公共绿地面积为每人0.39m²。总用地1.345hm²，住宅建筑面积密度18800m²/hm²。

由于旧城居住区中改建居住地段的情况不一，而每个不同的因素都会影响密度的高低，因此不能用一个统一的密度指标来衡量各个不同情况改建地段的规划；反之，要每个不同情况的改建地段规划，反映的密度都要符合一个统一的指标，显然是不切实际的。更不能仅从密度所反映的数字高低来肯定或否定规划方案。应从每个改建基地的不同情况出发，在合理布局的前提下所具有的密度才是可取的。密度能高则高，不能高就不高，切勿用牺牲一些必需的要求和因素，强行升高密度。在密度的要求上也不应"一刀切"，强求一律。高低不一的密度恰恰反映了不同改建地段的客观实际条件和综合可能与需要的结果。至于拆建的平衡问题，应从大范围内（全区或全市）取得协调和解决。

二、 旧城居住区改建的拆建平衡问题

由于旧城居住区改建的选址，以往总是由密度稀的地段到密度高的地段（所谓先易后难）。而密度低的地段又不多，早已改建光了。现在剩下的绝大部分旧居住区都是人口高度集中，居住过度密集拥挤，也就是平时所比喻的："肉段"都已吃光了，剩下的都是"骨头"。拆建难以平衡的问题非常突出，大大影响了旧城居住区改建的速度。这也就是上海统建住宅规定：征地新建占70%，旧区拆建改造仅占30%的原因所在。

从上海南市区最近几年的旧居住区拆建改造的情况可以说明这一点。如，1978年拆建不能平衡的差额是20%，1980年是30%。无疑，今后拆建不能平衡的差额数将更大。

（一）　拆建难以平衡的种种原因分析

1）以南市区的棚户区为例（不包括旧式里弄）

市区部分共有 130 块面积大小不等的棚户块，合计 25000 户。在这些平均层数为 1 层的破（损）、密（集）、（困）难、（拥）挤的棚户区里，密度都非常高（表 2-4）。

南市区的棚户区的建筑密度表　　　　表2-4

每公顷户数 （户/hm²）	≥600	500～599	400～499	300～399	<300
块数	13	23	36	40	18
占总数（%）	10	17.7	27.7	30.8	13.8

这些棚户区由于本身密度已过高，又往往用地很不完整，与工厂等单位不同程度地相互混杂。因此极大部分的棚户地段改建时都很难拆建平衡（新建住宅的层数 5 ～ 6 层）。实践表明，户密度在 350 户 /hm² 以上的棚户地段，基本上都是不大可能拆建平衡的。相差数是 30% ～ 40% 左右，有的地段差额达 50% 左右。由此可推算，仅 25000 户棚户，改建后就有约 9000 户不能在原改建地段安置，要差 40 万～ 45 万 m² 建筑面积的住宅。需要说明的是，上述估算是全部棚户地段都是原拆原建。但根据市和区的城市总体规划，目前的全部棚户地段将来不可能仍然都作居住用地。其中有的可能要改变用地性质，另作他用。如，公共建筑用地、绿地、停车场、工业用地、道路、广场、市政建设用地或其他备用地。如果这样，则拆建不平衡的差额就会更大。

2）由于种种原因，结婚户最近几年日益增多

根据上海市民政局社会处的统计资料，全市结婚登记数的情况如下：

1978 年，8.971 万对。

1979 年，12.7932 万对。

1980 年，超过 16 万对。

1981 年，将超过 30 万对。

由于大批结婚户无住房。因此旧居住区改建时，动迁户中要求结婚分户的达 30% ～ 40%，有的改建居住地段结婚分户率高达 70% ～ 80%。

以 5 口户的家庭动迁分配用房为例。按一般情况约可分一套 48 ～ 50m² 建筑面积的住房。如该 5 口户中有一结婚者要分户，则分配给结婚户的一套住房，一般是 28m² 建筑面积。剩下的 4 口至少得分一套建筑面积为 43m² 的住房。由此，有结婚分户的 5 口户较之无结婚分户的 5 口户要多分配 21 ～ 23m² 左右的建筑面积。所以，结婚户的骤增，使密度很高的改建地段，在本已很难拆建平衡的情况下，更增添了新的困难。

3）实例分析

（1）图 2-4 ～图 2-7 是一个棚户地段的改建规划，该棚户地段面积为 0.925hm²，拆迁

户 556 户，户密度为 600 户 /hm²。表 2-5 是三个规划方案的拆建指标分析比较。拆建不能平衡的差额竟达 40% ~ 50%。

某棚户地段拆建差额情况对比 　　　　　　　　　　　表2-5

		第一方案	第二方案	第三方案
规划总建筑面积（m²）		14000	15800	17250
可住户数（户）		280	316	344
与拆迁户的差额	（户）	276	240	212
	（%）	49.6	43.2	38.1

（2）再分析图 2-10 ~图 2-12 的居住地段改建规划的拆建不能平衡的情况。改建地段面积为 0.7323 hm²，拆迁户 270 户，户密度是 368 户 / hm²。规划总建筑面积 14000m²。建筑面积密度 19118m²/ hm²。270 户拆迁户，如以 40% 的结婚分户率计算，则结婚分户为 108 户，需分配住房的总户数为 378 户，约需总建筑面积 18900m²。缺 5000m² 的建筑面积，约 35%。

改建的实践证明，尽管规划方案的密度指标都已符合，甚至超过规定的标准，但是离容纳拆迁户数相差仍很多，拆建的确难以平衡。

4）从城市用地和人口的角度分析

目前的旧城居住区人口高度集中，居住过度密集拥挤，土地的利用超饱和，呈膨胀臃肿状态。以南市区为例：市区部分面积为 6.94km²，人口 62 万，人口密度高达 90000 人 / km²。6.94 km² 中居住用地占 54.4%，3.75 km²，因此人口净密度竟达 16.4 万人 /km²。南市区密度最高的一个居住区，人口密度高达 15.5 万人 /km²，扣除居住区内的工厂等单位用地，人口净密度达 19 万人 /km²。

关于城市生活居住用地，按照《上海城市规划暂行条例》规定，每人平均近期为 24 ~ 35m²，远期 40 ~ 58m²。上海现在每人是 12.42m²，而南市区仅 6.16m²/ 人。

南市区虽然是上海的一个区，但是 60 多万人口的规模相当于一个城市。在我国和日本，60 万人口的规模属于大城市 [1]。如，日本大城市仙台市，人口 616664 人，城市面积 237.05 km²，人口密度 2602 人 /km²。江苏省无锡市，人口 541000 人，城市用地面积 26.38 km²，人口密度 20470 人 /km²。

举日本仙台和江苏无锡两个城市的例子。目的是要说明像南市区这样一个旧城区，面

---

[1]　我国的城市分类是:特大城市，100 万人口以上;大城市，50 万 ~ 100 万人口;中等城市，20 万 ~ 50 万人口，小城市，20 万人以下。

　　日本的城市分类是:特大城市,100 ~ 300 万人口以上;大城市,50 万 ~ 100 万人;中等城市,10 万 ~ 50 万人，小城市,1 万 ~ 10 万人。

积 6.94 km^2 的区区弹丸之地要容纳 60 多万的庞大人口。地少人多的矛盾相当严重。因此迁出一定数量的人口——降低密度，改善环境——是非常迫切和必要的。根据我国城市规划定额指标的规定及南市区的具体情况，最终要迁出 25 ~ 30 万人口，才能使土地和人口取得协调——这应当作为改建南市区的指导思想和长远的规划目标。至于怎样逐步迁移人口，迁移到哪里，多长时间完成迁移人口，这应当进一步由上海市的城市总体规划来研究和解决。

根据以上种种分析，可知，由于旧城居住区人口高度集中，居住过度拥挤，建筑极度密集，很多居住地段又有工厂等单位混杂，因此绝大多数居住地段如改建都难以拆建平衡。对这一现实应予以充分认识和足够估计，由此确定改建的对策和树立正确的指导思想。

（二） 拆建难以平衡的方法

强求拆建平衡。在密度很高、面积有限的拆建地段上，用缩小住宅的日照间距，选用平面关系和日照、采光、通风条件欠佳的深进深住宅，大量布置东西向的住宅，朝北户的设置不受限制，最低限度的绿地和儿童活动场地都不予考虑……所谓充分提高土地的利用率，造足房屋，力求能获取最大限度的建筑面积，以达到拆建平衡。这就完全忽视和降低了必要的建筑质量、居住质量、生活质量和环境质量，从而形成了新的建筑密集、人口拥挤，缺少绿地和儿童活动场地，日照通风条件不良，环境不够安静、舒适、优美的居住地段。无数道理已充分说明，很多实践也早已证实，这种纯经济主义和实用主义的片面做法，无论从理论上、指导思想上和规划方案上都不符合城市规划的科学性，是不可取的。

重要的是，应从城市总体规划积极研究解决"地少人多"的尖锐矛盾。该是实事求是适当扩大城市用地，作出较大范围的总的居住平衡规划的时候了。也只有这样，才能逐步加快改造"挤"、"乱"、"脏"、"密"的旧居住区的步伐。否则，要改变这种被动的局面是很艰难的。摆在我们面前有这样一个问题是需要认真思考的：旧城居住区改建中，是依然保持 9 万人 /km^2 的人口密度，将 62 万庞大的人口硬要安置在 6.94 km^2 的狭小土地上——即原拆原建，拆建一定要强求平衡呢？还是应该做有计划的减少人口，逐步降低密度，改善环境的长远打算？这实际上是究竟要将旧城居住区改建成什么样形态的大问题。是依然人口高度集中，居住拥挤密集，缺少绿地，环境质量低劣的高密度地段呢，还是密度适当，环境舒适洁净，建筑疏密相宜，有一定的绿地配置，充分发挥居住功能的完善性的新居住地段呢？当然应取后者。这是一个重要的城市规划发展的方向性问题。

那么，既然大规模地迁出过挤的人口非短期内所能实现，有一个规划上总体考虑和实施的过渡时期，则在当前实际情况下运用各种积极合理的规划方法，力争在难以拆建平衡的情形下"少补贴"还是应当正视的。下面几种措施和途径是可以探讨的。

1）根据改建居住地段的用地情况（面积大小、纵横尺寸、形状和其规整程度），明确当地选择住宅类型（条状或点状，浅进深或深进深，多层或高层）。因地制宜地紧凑布局，是提高密度的有效途径之一。规划实践证明，住宅类型的多样化，不仅使建筑群的空间组合具有丰富性，也能为提高建筑面积密度增加了可能。深进深住宅或高层和多层住宅的混合建设，建筑面积密度可达到 2 万 m^2/hm^2 左右。

适当发展高层建筑是改造大城市居住过度密集,地少人多的旧居住区的重要措施之一。从城市规划的效果分析,高层建筑的优点是很明显的:能节约城市用地,降低建筑密度,提高建筑面积密度,有利于棚户区的加速改造,能增加公共的和户外的生活用地(城市广场、绿地及小区街坊内的儿童活动场地等),丰富城市建筑艺术的面貌。大城市的高层建筑可设置多种内容,如:办公,旅馆,住宅,轻、纺、手、电子等工业的厂房,贸易,仓库或综合性功能等等。

可是,现在对高层建筑议论纷纷。但纵观对高层建筑的各种非议,实际上有很多并不是高层建筑本身固有的缺陷,而是客观条件及人为因素造成的缺点。如:因财力不够,而嫌高层建筑造价太高;因动迁、设计、施工慢,而嫌周期长;因建筑机械和施工技术不相适应,以致工效较低,成本高,施工单位收益不多;因选点或总体布局不当,造成高层建筑对周围环境的关系不良,或影响交通,有的沿主干道布置,住户感到噪声很大;因建筑设计推敲欠深和建筑材料品种单调,不少高层建筑缺乏应有的个性、表现力和感染力,以致作为高层建筑应起丰富城市建筑艺术立体轮廓线的"点睛"作用,大为逊色;限于现有的经济水平还无力购置空调设备,以致厚进深的高层建筑中,朝北户冬天严寒,暑天酷热反响很大;至于上下水问题及煤气压力不够,电梯定时服务,这都是旧城管线陈旧、煤气及电力供量不足和服务水平较低之故……显然,从发展的眼光来看,随着国家财力的好转,科技水平、人民的生活水平和我们对高层建筑的认识水平的提高,以及各方面工作的完善,以上这些问题都是能逐步改进和克服的。因此,过分责备和夸大缺点,甚至完全否定高层建筑是不够恰当的,是不实事求是的。重要的是要选点确当,布局得体,设计合理,要兼顾周围环境。图2-22~图2-25是两个高层建筑的规划实例。这两个规划方案由于选点确当,规划总建筑面积除分配拆迁户外,都能净增50%左右的建筑面积。值得注意的是图2-22、图2-23高层和多层建筑混合修建的方案中,两侧高层运用9、12和15层的跌落式处理及两幢15层高层的间隔用4层联结体,主要是为了不损害改建基地后面的一幢高

图 2-22 现状平面图

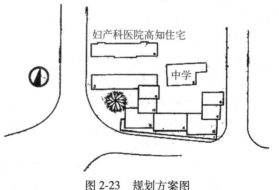

图 2-23 规划方案图

层住宅和一所中学的日照条件。需要指出的是，图 2-24、图 2-25 高层建筑方案中，6 个拆迁单位必须就地安置，因此两幢 17 层塔式高层建筑的四周仅有一点空地，不得不盖满 1 ～ 2 层的联结体建筑，以安排全部拆迁单位的用房。这样，就使该基地中能起陪衬高层建筑的区区绿化空间丧失殆尽，给人拥塞之感。这就是旧城居住区建筑密集拥挤和"土地单位所有制"使规划部门不能按城市规划的整体利益要求调整城市用地所带来的根本性缺陷。

2）当前国民经济正在进行调整，必然会有一定数量的工厂实行关、停、并、转。究竟哪些工厂单位应关、停、并，这是由有关工业部门全盘考虑决定的。但建议有关工业部门在决定关、停、并工厂时，能请城市规划部门参

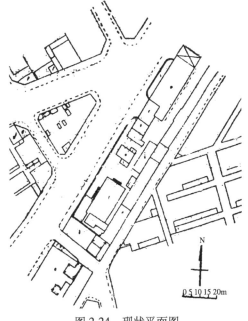

图 2-24　现状平面图

加，共同研究。在不影响工业调整大局的前提下，关、停、并那些有利于将用地调整给城市作居住用地的工厂单位，以扩大城市的居住用地。尤其是那些杂乱无章散布在居住地段上的小厂或车间，应通过调整，并到别厂去。这样既可改善居住环境，又扩大了居住用地（或建住宅，或建配套的服务设施，或辟作绿地等等）。

但是当前有两种倾向是需要引起重视的：

（1）上海存在严重缺房现象。其根本原因之一是缺少建设住宅的用地。于是提出要"挖潜"。在未经慎重研究的情况下，很多单位在不适宜（甚至不应该）建造

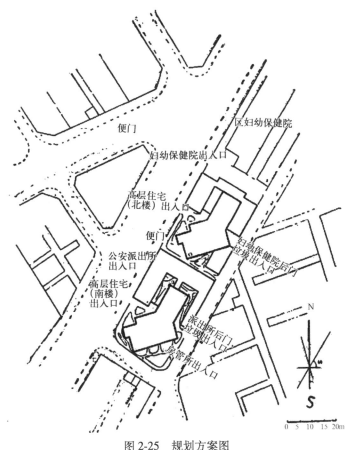

图 2-25　规划方案图

住宅的地段上——工厂里，医院里，绿地里，学校的操场上，零星土地上，稠密的居住地段的空地上，见缝插针，借天借地，搭建加层……不仅使已很密集的旧居住区里更为拥挤，而且不少优美、舒适、宁静的居住地段被破坏了，不少地方被弄得不伦不类，产生了许多新的不平衡状态和规划上的新矛盾。总之，在解决住宅建设房源紧张的问题时，不能孤立动议，仓促行事。应把近期建设和城市的长远利益结合起来，把局部建设和一定范围的整体规划结合起来，把住宅建设和城市规划的建筑艺术的要求结合起来。解决房源紧张一定要在城市规划的指导下进行。不能就事论事，到处"挖潜"，无节制地提高密度。事实上在高度密集拥挤的旧城居住区中有什么"潜"可挖呢？！

（2）另一种倾向是，由于住宅建筑用地紧张，于是一见有潜可挖的用地就设法兴建住宅。当然，目前住宅的不足是一个严重的问题，是应花大力气想方设法解决。但是旧城居住区中大、中型公共建筑的不足和绿地的贫乏（南市区公共绿地面积每人仅 0.084m²），也同样存在着严重的问题。因此在城市总体规划统一部署下，应保留一些今后拟建的公共建筑、市政设施和公共绿地的用地。

城市规划应全面关心和考虑居民的工作、居住、学习、文化娱乐体育活动和休息等方面要求，绝不能偏废或顾此失彼、厚此薄彼。也不能只顾解决眼前的问题，对长远的广泛的问题不去深思熟虑。

3）改建地段分配动迁户住房的实际工作中，往往有这样一种情况不容忽视，由于现行的住宅标准定型设计的户室比同改建居住地段居民的户型比相差较大，以致造成有的套房难以分配，或过大或过小。最后当然是分配过大的面积居多，造成实际分配超过原定的面积标准。积少成多，数量不小。无形中少分配了住户。当然，现在住宅分配的标准不是大了，还是较紧的。但限于当前国家经济条件及居住困难户甚多的情况下，分配动迁户的建筑面积能恰到好处，即根据国家规定的每人居住面积的标准，户型和户室比能基本一致，这实际上就是为了能多解决居住困难户。因此，在密度很高的居住地段，针对拆迁户的户型比，专门设计与之相适应的户室比的住宅，以减少设计和分配上的建筑面积的浪费，是值得重视和可以研究、尝试的。

图 2-26、图 2-27 是一个试用此法的棚户地段的改建实例。

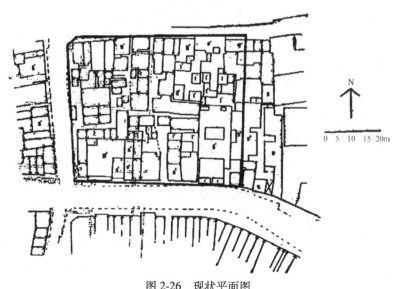

图 2-26　现状平面图

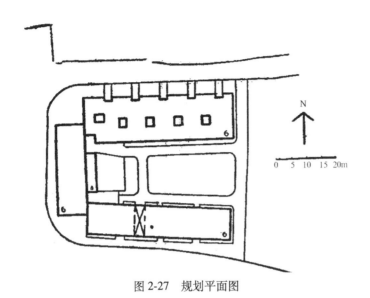

图 2-27　规划平面图

该拆建基地的面积 0.4hm², 218 户，763 人。人口密度为 1910 人 /hm²，户密度为 545 人 /hm²。

表 2-6 是拆建地段的现状户型结构和居住水平的分析。

表 2-7 是针对现状的户型结构，设计与之相适应的户室比，并进行分配预测的分析。

图 2-28 是住宅平面图。

四牌楼路棚户改建现状人口结构及居住水平分析　　　　　表2-6

人口结构及居住水平	一 人 户			二 人 户			三 人 户		
	户数（户）	平均每户居住水平（m²）	平均每人居住水平（m²）	户数（户）	平均每户居住水平（m²）	平均每人居住水平（m²）	户数（户）	平均每户居住水平（m²）	平均每人居住水平（m²）
困难户	2	2.62	2.62	5	4.12	2.06	8	5.88	1.96
一般户	20	7.60	7.60	25	12.18	6.09	27	13.30	4.43
较宽户	9	14.08	14.08	12	20.6	10.3	8	25.48	8.49
总平均	31	9.16	9.16	42	13.63	6.82	37	15.53	5.18

人口结构及居住水平	四 人 户			五 人 户			六 人 户		
	户数（户）	平均每户居住水平（m²）	平均每人居住水平（m²）	户数（户）	平均每户居住水平（m²）	平均每人居住水平（m²）	户数（户）	平均每户居住水平（m²）	平均每人居住水平（m²）
困难户	12	8.97	2.24	4	9.99	2.00	2	13.18	2.18
一般户	32	17.50	4.37	22	19.33	3.87	15	22.97	3.83
较宽户	7	31.44	7.86	2	47.91	9.58	—	—	—
总平均	51	17.40	4.35	28	20.03	4.00	17	21.82	3.64

续表

人口结构及居住水平	七人户			八人户			九人户		
	户数（户）	平均每户居住水平（m²）	平均每人居住水平（m²）	户数（户）	平均每户居住水平（m²）	平均每人居住水平（m²）	户数（户）	平均每户居住水平（m²）	平均每人居住水平（m²）
困难户	—	—	—	—	—	—	—	—	—
一般户	5	23.10	3.30	5	24.86	3.10	1	42.30	4.7
较宽户	1	66.43	9.49	—	—	—	—	—	—
总平均	6	30.32	4.33	5	24.86	3.10	1	42.30	4.7

注：1.上表中的面积是居住面积。2.平均每户约16㎡，每人4.7㎡。3.困难户是指居住面积小于每人3㎡的家庭。

住宅设计户室分配预测表　　　　　　　　　　　　　　表2-7

设计户室比	居住面积（m²）	11.93	15.11	18.79	19.21	23.46	25.21	27.89	31.63	38.19
	套数（套）	24	48	24	12	36	24	24	6	6
户室分配预测数	有结婚户 户型数（室）	—	2	—	3	4	—	5　6	7	8
	有结婚户 套数（套）	—	3	—	4	8	—	7　9	5	4
	无结婚户 户型数（室）	1	3　2	3	4	4　1-2	4	5　2-3	6　7	8　9
	无结婚户 套数（套）	24	18　27	10	2	20　7	21	19　5	8　1	1　1
户室（室）		1	1	1.5	1.5	2	2	2.5	3	3
每户平均居住面积(m²)		11.53	13.91	16.3	21.61	25.93	27.89	31.63	38.19	38.19
每人平均居住面积(m²)		11.53	6.95	5.43	5.4	5.18	4.64	4.51	4.77	4.24

注：各项技术经济指标

1.建筑总面积（6层）8652m²（包括设在底层的幼儿园，建筑面积350m²）。2.K值49.35%（居住面积/建筑面积）。3.容纳户数216户，约753人，其中拆套12户。缺5人2户；因设了幼儿园之故。4.每户平均建筑面积40m²，居住面积19.76m²。5.每人平均居住面积5.67m²。6.朝向情况：南144户，71%；东36户，17%；北24户，12%。7.户室指标：表2-8

户室指标表　　　　　　　　　　　　　　　　　　表2-8

户型（室）	1	1.5	2	2.5	3
户数（户）	72	36	60	30	6
居住面积（m²）	11.93/15.11	19.21/18.79	23.46/25.21	27.89/28.31	38.19
百分比（%）	35.3	17.6	29.4	14.7	3

总之，旧城居住区的改建是很复杂的，完全不同于在空地上建设新居住区。尤其是在我们目前的情况下，要在密集拥挤的旧城居住区改建中，实行大拆大建，推倒重建，百废俱兴，是脱离实际的，不符国情的。而只能是根据轻重缓急，主次先后，在城市总体规划的指导下逐步改建，交替更新。何况旧城居住区中也有些值得保留和保护的内容，如：反映不同时期的历史、社会、文化、经济、特征、风貌和有重要价值的建筑物、建筑群，甚至一条里弄、一个街坊等等。但是，在上海旧居住区改建中，一定要降低现状的过高密度，这是改善现有的拥挤密集的居住环境的基础，也是继续维持上海的"膨胀"病态还是积极"消肿"的是非问题。因此在旧居住区改建中，强调要保持高密度，甚至想方

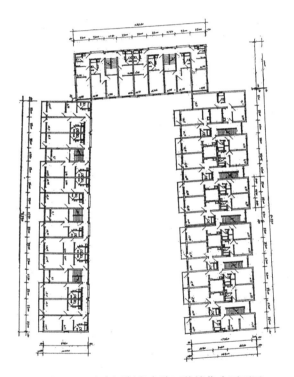

图 2-28　南市区复兴东路四牌楼住宅平面图

设法还要将密度提得更高，这不仅在理论上是矛盾的，而且在实践中也被证明是不足取的，更重要的是，完全不符合上海旧城居住区改建的方向——使高度密集的旧居住区得到合理、健康的改建和充分完善其居住功能。

本文发表于《城市规划汇刊》1981 年第 16 期

旧城居住区的现状调查

一、 旧城居住区的现状调查应以街坊为单位进行

根据我国当前的经济实力及旧城居住区人口集中、建筑密集、居住拥挤，以致绝大多数旧居住区改建都难拆建平衡的情况下，不可能大刀阔斧地大拆大建。而只能是在城市的总体规划及旧城居住区改建和改善的详细规划指导下，根据轻重、缓急，主次、先后，分期分批地逐步改建，规模有大有小地分阶段交替更新。

此外，旧城居住区的街坊面积都是比较小的。如：上海南市区市区部分的 216 个街坊，大多数街坊面积都在 1 ～ 3hm² 左右（表3-1）。10 hm² 以上的大都是工厂等单位占有大量用地的街坊。

上海南市区部分街坊面积参数表　　　　　　表3-1

街坊面积 （hm²）	≤1	1.1～2	2.1～3	3.1～4	4.1～5	5.1～6	6.1～7	7.1～8	8.1～9	9.1～10	≥10.1
个数 （个）	33	82	45	23	11	6	3	4	2	1	6
占总街坊数的 （%）	15.3	38.0	20.8	10.6	5.1	2.8	1.4	1.8	0.9	0.5	2.8

旧城居住区中，小街坊占绝大多数，是旧城道路密度较密而形成的产物。街坊构成了旧城居住区的基本单元。

多年来，旧城居住区改造的规划和实践工作证明了这样一个重要的规律——根据规划任务提出的要求及现状条件的可行性和合理性，慎重选址和周密布局的改建，基本上都是不脱离旧居住区的原有格局——即：道路网格局及其形成的街坊格局。不论是改建一段街，一个居住地段，还是一个中心，一个交叉口，一个棚户块，都是在一个街坊范围内居多。较大规模地成片改建，或整个街坊的大面积拆建，为数甚少。这是因为涉及面广而复杂，困难较多，还未到时候。

当然局部的改建不应就事论事，孤立地考虑问题，而是要在全局观念的指导下，在改建基础所在街坊范围内，并兼顾到邻近的环境，权衡得失，近远期结合，慎重决定其拆建的范围，改建的方式及所具有的各方面效益。

　　因此，以街坊为单位进行现状调查，具有一定范围的整体性。能将街坊中各种局部现象糅成一个整体来观察居住和非居住用地中的相互关系及土地使用结构和各种设施布局的合理与否，分析改建的可行性、合理性、经济性及难易程度。然后，对整个街坊及其局部能否改建，怎样改建及效益等等一系列问题进行思考和决策。

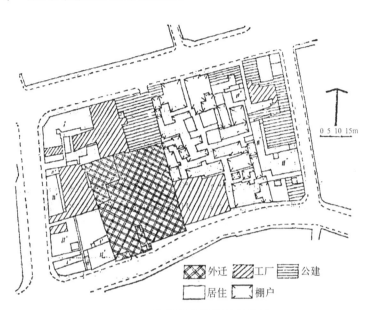

　　图3-1的一街坊中，有2个厂的车间外迁，原基地拟建造2幢住宅（图3-2）。方案似乎很符合本单位的利益。但从该街道的整体分析，这样建造会给今后该基地的西侧和北邻部分的改建带来困难。至少应该将改建范围扩大到整个街坊的左半部分，一并布局，统一建设才合理，具有街坊一定范围的整体性（图3-3）。该方案的3幢建筑物可一起建成，也可分期建设，与两个厂建设基地的建造住宅计划又无矛盾。

图 3-1　一街坊的土地使用现状图

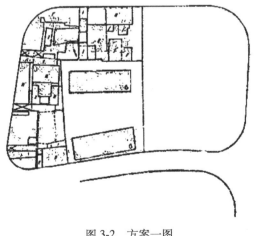

图 3-2　方案一图

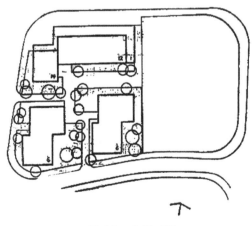

图 3-3　方案二图

二、　街坊现状调查的内容

　　现状调查的范围可大可小，项目可多可少，要求可深可浅，深度可粗可细，但关键是要有明确的目的和使用价值。不能为调查而调查，流于形式，无实用价值。

有的放矢的现状调查及一系列科学的定量和定性分析，可以为改建规划提供可靠的扎实的基础。调查所得的成果——图（反映街坊土地使用的现状结构）、表和技术经济指标的数据（说明街坊人口密集、居住拥挤、建筑质量差异的状况）及反映出来的各种复杂的矛盾和问题，是旧居住区改建规划的依据和咨询、核算的文件。当然在实际的规划建筑管理中所起的指导作用也是受益颇深的。

街坊现状调查的内容是：一张图，两个表。

从街坊土地使用现状图 [1] 及街坊现状居住性和非居住性建筑、用地分类表（表 3-2），街坊技术经济指标分析表（表 3-3 ～表 3-5）中，可反映出下列各方面的情形：

1）街坊土地使用的现状：能清晰地看到每个街坊中，居住用地上有哪些住宅类型（上海的住宅类型可分 7 种：公寓住宅、独立住宅、新工房、新式里弄住宅、旧式里弄住宅、简易工房和简屋棚户等）；非居住用地上有哪些工厂企业、商业服务、行政机关、市政公用、对外交通、仓库堆栈、文化娱乐、体育、教育、卫生、科研、园林绿化、寺庙教堂、文物古迹、历史遗址及其他等设施。

2）从街坊的土地使用现状图中可分析，哪些街坊是以工业企业为主的工业街坊，或以居住为主的街坊。还可以看出街坊中居住用地和非居住用地的相互关系，是犬牙交错地混杂，或较为规整地所谓"各自为政"。

街坊现状居住性和非居住性建筑用地分类表　　　　　　表3-2

街坊编号 <u>208</u>

顺序	住宅类型	用地面积 (m²)	建筑基底面积 (m²)	总建筑面积 (m²)	居住		顺序	非居住性用地	用地面积 (m²)	建筑基底面积 (m²)	总建筑面积 (m²)
					户数 (户)	人数（人）					
1	公寓	—	—	—	—	—	1	市属工业	38774	25535	51567
2	独立住宅	—	—	—	—	—	2	区集管工业	1221	940	979
3	新工房	16238	6453	37326	980	3706	3	仓库、堆栈	—	—	—
4	新式里弄	—	—	—	—	—	4	对外交通	—	—	—
5	旧式里弄	1347	5880	7957	475	1804	5	市政公用	455	326	588
6	简易工房	2241	1615	5845	224	848	6	行政机关	775	458	505

---

[1] 街坊土地使用现状图是用各种规定的色彩表示土地使用现状、用地性质和各种住宅类型等。

续表

顺序	住宅类型	用地面积（m²）	建筑基底面积（m²）	总建筑面积（m²）	居住		顺序	非居住性用地	用地面积（m²）	建筑基底面积（m²）	总建筑面积（m²）
					户数（户）	人数（人）					
7	棚简屋	5361	2283	2565	130	482	7	银行邮局	—	—	—
	合计	37315	16231	53693	1809	6840	8	文化娱乐	—	—	—
							9	医疗卫生	15	15	36
							10	体育设施	—	—	—
							11	商业服务	541	531	619
							12	旅馆	2	2	12
							13	中学	—	—	—
							14	小学	1125	807	1364

备注：旅馆设在防空洞内，地下营业的建筑面积860m²，不计在表中的有关项目内

				顺序	非居住性用地	用地面积（m²）	建筑基底面积（m²）	总建筑面积（m²）
街坊人、户数总计	6840人		1809户	15	幼托	—	—	—
街坊总面积	81815m²		8.1815hm²	16	大专、中技	—	—	—
其中：居住用地面积	37315m²		—	17	科研	—	—	—
非居住用地面积	44025m²		—	18	园林绿化	—	—	—
道路用地面积	475m²		—	19	非市属机构	—	—	—
街坊总建筑面积	109953m²		—	20	寺庙教堂	—	—	—
其中：居住性建筑面积	53693m²		—	21	其他	—	—	—
非居住性建筑面积	56260m²		—		合计	44025	28756	56260
街坊居住建筑平均层数3.3层				22	道路空地	475	—	—

填表日期　198　年　月　日

　　3）街坊现状居住性和非居住性建筑、用地分类表是街坊土地使用现状图的重要附件。在表格中，不仅街坊的总面积、总户数及居住和非居住两大类所包含的项目和其用地面积、建筑基底面积、建筑总面积等都一目了然。而且每种住宅类型所居住的户数、人数和街坊

的平均建筑层数也都详载。即使未参加现状调查的人，看完此表对街坊总的概况及住宅建筑质量的优劣程度也可有所了解。表3-2是一个街坊现状调查的实例。

街坊技术经济指标分析表1　　　　　　　表3-3

街道

分类 单位 编号	面积 (hm²)	其中居住用地 (hm²)	工厂等单位占街坊用地 (hm²)	总建筑面积 (m²)	居住性建筑面积 (m²)	非居住性建筑面积 (m²)	总建筑面积密度 (m²/hm²)	住宅建筑面积密度 (m²/hm²)	建筑毛密度 (%)	居住建筑密度 (%)	平均层数 (层)
14	1.595	1.3661	0.2289	24902	20321	4581	15613	14875	79.0	87.5	2
50	4.1745	0.1855	3.9890	26221	2690	23531	6281	14501	29.0	73.3	2
63	3.2025	2.6575	0.5450	47670	37953	9717	14885	14281	68.0	66.1	2.2
76	1.6265	1.4929	0.1336	24669	22621	2048	15167	15152	73.2	71.0	2
129	5.62	4.123	1.497	74074	56964	17110	13180	13816	64.2	65.4	2
154	2.3495	2.1691	0.1804	34881	31055	3826	14846	14317	57.0	53.5	2.7
187	3.49	3.3334	0.1556	61899	61038	861	17736	18311	40.0	38.0	4.8
206	9.5508	6.2853	3.2655	97064	55785	41279	10163	8875	61.0	54.2	1.6

街坊技术经济指标分析表2　　　　　　　表3-4

居住人口 (人)	户数 (户)	毛密度		净密度	
		人口密度 (人/hm²)	户密度 (户/hm²)	人口密度 (人/hm²)	户密度 (户/hm²)
3334	1003	2090	629	2441	734
367	90	88	22	1978	485
5914	1768	1847	552	2225	665
3384	976	2081	600	2267	654
7165	2056	1275	366	1738	499
4008	1081	1706	460	1848	498
5797	1507	1661	432	1739	452
9802	2608	1026	273	1560	415

街坊技术经济指标分析表3　　　　表3-5

每人居住用地 (m²/人)	街坊中各类居住建筑用地所占 (%)							非居住性建筑用地占 (%)	备注
	独立住宅	公寓住宅	新工房	新里	旧里	简易工房	简棚		
4.1					85.6			14.4	旧式里弄住宅集中，建筑密度和人口密度都很高
5.0					4.4			95.6	工厂和仓库占极大部分用地，实际上是个工业街坊
4.5			6.5	0.1	52.0	13.3	11.1	17.0	各类型住宅都有，旧式里弄住宅占一半
4.4					37.8	33.6	20.4	8.2	旧式里弄住宅、简易工房和简屋棚户构成了街坊很差的居住环境
5.7			4.2	26.0	40.2	0.8	2.2	26.6	新式里弄住宅和新工房，旧式里弄住宅及工厂等单位，都占有相当的比重
5.4	2.3		27.7	2.1	56.2		4.0	7.7	以旧式里弄住宅为主，新工房占一定比重，其他各类型住宅也有点
5.7			93.7			1.8		4.5	20世纪60年代建造的，以5层新工房为主的新村，因此建筑密度仅38%
6.4			3.2				62.6	34.2	棚户集结，工厂毗邻并占有相当比重的用地，居住环境极差

　　街坊技术经济指标分析表由 26 个项目组成。通过现状调查所得的人口数、户数，居住和非居住性的用地面积、建筑基底面积和建筑总面积等基本数据，可以计算出人口密度、建筑密度、建筑面积密度、人均居住用地及各种住宅类型用地和工厂等单位用地占街坊总用地面积的百分比等许多重要的技术经济指标。通过这样科学的定量和定性分析，对街坊的环境质量——人口集中、居住拥挤、建筑密集的程度；居住环境质量和居住水平的优劣情况；工厂等单位与居住混杂的状态，都能给人较为全面和清晰的概貌。表 3-3 ～表 3-5 是部分代表不同情况街坊的分析实例。

　　上海旧居住区中，一个街道的人口都在 5 万～ 6 万人左右，相当于一个居住区的人口规模。

　　各街坊的技术经济指标分析是重要的基础数据。将众多的数据和资料加工，可进行各种统计和交叉对比，编制出各式汇总、分析表，可说明多方面的问题和情况，反映各街道（即各居住区）和全区的各种现状情况。

三、 现状调查的目的，与旧城居住区改建的关系

　　规划要有依据。依据有两个方面：一是改建的任务和要求；二是现状的情况。这两者是需要和可能的关系。

旧城居住区的现状调查，旨在充分掌握"区情"的第一手详细资料，对存在的问题和需要解决的矛盾具有深刻的认识，为改建旧居住区寻求依据和规律，探求合理而可行的规划方案。

在历史的长河中形成的旧城居住区，形态和结构错综复杂。通过以街坊为基础的现状调查，能对街坊的用地结构、街坊的人口、居住和建筑的密集程度及街坊的建筑质量和居住环境质量有较为详细的了解，可以胸有全局地对下列各项情况的研究有了可能性。

1）对每个街坊的建筑或建筑群可以分类确定：

（1）需要保护的，即有历史年代代表性的，反映各个时期建筑艺术形式和风格的，与历史事件或名人有关的，以及反映城市各阶段发展的特性和特征的建筑物或建筑群。

（2）根据建筑的结构质量，在一定的年限中可以保留的建筑。

（3）以修缮为主的改善翻新。即保持建筑物外貌，对房屋内部进行现代化改建。

（4）需要拆旧重建的简棚屋及5、6级之类的旧式里弄住宅（以及相当部分的4级旧住宅），并安排出迫切需要改建的地段和分期、分批改建的计划。

2）在街坊现状调查的基础上，通过对全部工厂逐个全面调查，结合所属的局和公司的工业规划，根据工厂的性质及在街坊中所处的位置与周围居住和道路等环境因素的关系。对每个工厂提出迁、并、留、改的设想。在城市总体规划的指导下，对那些工厂与居住相互混杂严重的街坊和用地结构不合理的街坊，积极创造条件进行用地调整（调整工厂等单位用地或居住用地）使这些街坊的用地能得到"纯化"，结构趋向合理化。将混杂的状态逐步转化为融洽的状态，既改善了居住环境和生产条件，也使整个城市环境的改善有了可能。

此外，为选择和建立工业街坊提供了方便。

3）有了图、表和数据，经过总体规划综合平衡后，利于确定各街坊合理的建筑容积率、建筑密度、人口密度，为今后将某些小街坊合并成大街坊的可行性提供了依据。

4）街坊现状的定量定性调查，能有助于在总体规划指导下所选定的改建基地，进一步决定其具体的拆建范围和规划方案，探讨既合理又富有多种效益的改建方式。现在做任何事情都要讲究效益，旧城居住区改建更不例外，且更重要。但对效益的含义和涉及的范围应有广泛的理解。否则，在工作中就会造成一定的片面性。在旧城改建中，效益应包括下列各个内容：

（1）经济效益。在合理的改建规划前提下，能拥有较多的建筑面积。

（2）规划的效益。通过改建能改善现状中一些不合理的布局和矛盾。如工厂和居住相互混杂严重的地段能逐步得到调整，把过分分散的街道工厂相对集中，使"三废"污染较严重的地段有所改善，能解决一些长期以来交通运输较混乱的地段和交叉口，有利于健全应有的公共建筑设施和市政公用设施，以及使不合理的用地结构有明显的改进。

（3）改善市容的效益。通过改建，使主要干道和重要地段的旧城面貌得到显著改变。

（4）提高居住环境质量的效益。改建后，应能降低现状过高的建筑密度和人口密度，适当增加绿地和儿童活动场地。能具有一个安静、卫生、安全、方便、舒适和优美的居住环境。

因此，在旧城居住区改建中，应综合思考问题，反复权衡得失，兼顾各种效益。不能仅突出一点，否定其他；不能只讲经济效益，否认其他效益；更不能只看到眼前的局部的利益，给长期的整体的利益带来不可弥补的损害。

　　总之，如果将旧城居住区改建仅仅理解为尽可能多地建造住宅，获取最大限度的建筑面积，那是非常片面的。

　　加快旧城居住区改建，包括多方面内容，如：逐步降低过高的建筑密度和人口密度，有计划地从旧居住区疏散过于密集的人口，逐步消除臃肿和拥挤的状态，加强规划措施，调整不合理的工业布局和用地结构。必须指出，合理调整工业布局是搞好旧居住区改造的关键。进一步治理"三废"，整顿市容和卫生，消除脏乱差的城市环境，提高人民的生活和居住环境的质量，改善生产环境的条件。增加公共绿地和广场，以改善人们的休息条件。还有，逐步改建陈旧的市政公用设施和改善拥挤紊乱的道路交通等。

　　无疑，踏踏实实地做些必要的现状调查和研究工作，对做好旧城居住区的改建规划有百利而无一弊，有着深远的规划意义。

本文发表于《城市规划》1982 年第 6 期

　　注：从 1981 年初起，由笔者主持，对原南市区浦西地区 6.9km² 区域的 216 个街坊展开了以"街坊"为单位的大规模的现状调查。

　　现状调查成果为：

　　1）制成 216 个街坊的彩色土地使用现状图（比例 1∶500）。

　　2）200 张分幅彩色现状图（比例 1∶500 和 1∶2000）。

　　3）全区土地使用彩色现状图（比例 1∶6000）。

　　4）320 张各类技术经济指标分析表格。

　　在 1981 年 4 月和 1981 年 10 月，两次在上海市城市规划设计院召开的十个市区规划工作会议上作了专题介绍。

　　据《CNKI 知识搜索》报道，本论文的下载指数：★★★

人·环境·城市

——城市现代化漫话

城市的主体是人。因此，一切为人着想，关怀人，应是城市规划的主导思想。一个现代化的城市应使社会生产和经济得到最充分的发展，使人们工作时思想集中、精神振奋，居住环境舒适、和谐、优美，为促使人发挥更大的积极性和创造性提供所有的完美的条件和基础。反之，一个混乱的城市，充满许多矛盾，各种污染和脏、乱，令人烦恼和苦不堪言，给市民在工作上和生活上带来许多不便和损害。

波兰建筑师海琳娜娜斯基·勃涅英斯卡的见解很是精辟："我们必须了解人，以便从时间上和空间上不仅使人的需要满足，而且使人的愿望能得到协调一致。"因此，人们对城市寄予莫大的期望。不少国家的城市规划和建设的指导思想规定得很明确：要建设一个健康、文明而又富有个性、有活力、有特征的城市。要建设一个绿色的、理想的、有生机的城市，必须继承历史传统和文化等丰富的社会财富，保护自然条件。有些城市的规划大纲还规定：要把城市建设成一个环境宽畅、空气新鲜、安全、舒适和高度文明的城市，同时不断提高物质生活水平，充实精神生活，创建一个新的具有独特文化魅力的城市。

因此，城市规划的根本任务是：全面组织社会的经济和生产，广泛地满足人民日益增长的物质生活、文化生活和精神生活的需求，创造一个高效率、高质量的城市环境。

一、 城市规模应与城市环境容量相适应

回忆一下各种有关城市特征的论点是很有启迪和裨益的。古罗马祖先认为，城市是优雅和理智的结晶。后来人们又进一步理解为，城市是一个文化的中心，城市是一件艺术品。法国城市规划建筑师勒·柯布西耶（Le Corbusier）认为，城市是一个生物体，它有心脏和行使它的各种特殊功能所需的器官，要始终保持天然的生命力，避免衰退为庞大的寄生体……

在欧洲，不少城市都具有完善的公共活动设施，如：歌剧院、电影院、话剧院、博物馆、艺术展览会、音乐厅、图书馆、游泳池、体育场、棒球场、超级市场、商业中心、大片绿地和森林公园等。自然景色都得到了极好的保护。由于这些设施都有不同的个性，因此在建筑形象和艺术感受上都风韵迥异，各具魅力，使城市总体艺术具有诗一般的意境，车行交通和步行交通完全分离，空气洁净清新，城市环境宁静、优雅。

人口不多的意大利威尼斯城，至今已有一千多年的历史，但仍富有高度的城市文化的乐趣。瑞士国土仅 4 万多平方公里，建设了 3050 个小城镇，全国 66% 以上人口住在小城市和小城镇里。这些规模不大、设施齐全、经过精心雕琢的城市都有一个共同的特点，即

城市规划和建设与绿化和自然景色融汇一体。

相反，有些百万人口或更多人口的城市，人口高度集中，建筑密集，市中心拥挤，绿化贫乏，环境质量很差，工作远离居住地点，许多职工上下班出行时间长，还得蒙受无法抗拒的交通拥挤之害。有些在城郊新建的住宅区，由于社会服务设施配置不全，居民生活甚感不便，缺乏真正的城市生活，趣味索然。不少城市的"摊子"铺得太大，因此人与大自然环境的联系被隔断。这种种所谓大城市的"烦恼"，一方面是由于缺乏经验和预见性，另一方面是因为人口的激增造成的。而城市的规划结构、道路系统及交通运输设施依然如故，不相适应，于是矛盾大量涌现，一时难以解决。

当然，大城市的存在和发展是必然的。大城市往往是一个国家或地区的政治中心、经济中心、文化中心和科技中心；又是显示一个国家的经济实力和科学、技术、教育水平以及物质文明和精神文明的窗口。但人口规模一定要合理，要控制。城市人口的增长要有计划性和预见性，并在城市的规划结构、住宅建设、社会服务设施、道路交通和市政公用基础设施等方面都要相应发展，与之适应。否则，毫无思想准备、物质准备和周密的规划措施，城市的人口任其膨胀，必然会造成城市用地规模与人口规模失去平衡。城市中各项用地和设施之间失去平衡，过多的城市人口与城市环境容量不适应，大大超过了负荷，生态也将失去平衡。于是就产生了许多矛盾，如：住宅问题、交通问题、环境污染问题、就业问题、供水问题、污水排放问题、生产和生活不平衡问题等等。

因此，一个城市的人口多少必须与城市用地规模和城市的环境容量相适应。杭州曾被誉为"世界上最美丽华贵的城市"，文化灿烂，风景旖旎，山川秀丽。由于放松人口控制，城市人口膨胀[1]，再加忽视风景旅游城市的特点，工业布局过多，规划又欠妥善，步了大城市发展的后尘，产生了不少"烦恼"。市区人口密度高达 4 万人 /km²，公共绿地每人平均仅 0.62m²，环境污染，交通拥挤，噪声严重，使风景城市的整洁、幽雅、和谐之感全然消失。一些优美的风景点人流如潮，超过环境容量。

二、 高效率是现代化城市的特征之一

高效率、低消耗同低效率、高消耗是相对而言的。居民办一件事，到某一目的地，究竟要花多少时间，消耗多少能源，这是一个城市现代化与否的重要标志之一。先进的城市和规划使人们能花较经济的时间和较少的能耗到达任何地点。落后的城市和规划布局，情形迥然不同，不仅时间浪费，能耗增多，而且体力消耗大，精神负担重。

城市效率的高低同城市的规划结构、工业布局、道路系统、交通方式、公交运输工具、交通管理方法、通信方式等等都有密切的关系。

1) 若采用单一中心封闭集中式布局，则居民购物、文化娱乐、休息活动都涌向市中心，这样必然会造成市中心区过分拥挤，道路和交通运输负荷大，所花时间多，能源消耗大。反之，用分解成片的多中心分散型布局结构，就能避免上述缺点的出现，而且有利于

---

[1]　1949 年杭州人口为 473800 人，1981 年达到 849123 人，32 年间增长 80% 左右。

城市多方面的全面开发，加快旧城改建的步伐。

2）同心圆式（俗称"摊大饼"式）发展的大城市，普遍形成居住地点距工作地点太远，造成钟摆式交通。如能通过用地布局结构的适当调整，使大部分职工的工作地点与居住地点逐步靠近，形成一片片具有相对独立平衡的工作、居住、学习、休憩、交通综合区，则职工上下班出行距离和时间就可大大缩短，既节省时间，又节约能源。

3）在地形和自然条件适宜的情况下，采用带形城市（又称线状城市）的规划结构，能使工业区和居住区的相互位置具有良好的关系：居住区和工作区接近；简化城市交通，减轻交通负荷；使居住区能接近大自然，拥有良好的、优美的居住环境（图4-1）。

4）世界大城市发展的历史告诉我们，交通问题能使一个城市蓬勃发展或陷入窒息状态。原联邦德国的一些大城市规划，不仅具有良好的道路系统结构及现代化交通管理体系，而且还运用了地上铁路、地下铁路、高速干道、立体交叉、环路（有使市中心不受干扰的环绕市中心的内环路、二环路，甚至三环路）等设施，其目的是为了达到从城市边缘的任何一点到达市中心及职工上下班的出行时间都不超过30min的要求。因此，城市的交通是否具有方便、迅速、安全、舒适、廉价的功能，往往是衡量城市生活质量的好坏、效率的高低、规划布局优劣的重要标志。影响城市交通问题的主要因素是城市的规模、城市的布局和道路交通的规划。

5）城市的布局忌松散，宜紧凑。城市内不同的区域和不同功能的用地，其容积率和密度都应因地制宜，疏密有致，高低得体，各得其所。城市各中心区域的土地更应经济实用，综合经营，多层次开发（地上及地下），以提高土地使用率和获得多方面的效益。法国巴黎的拉德方斯街区及日本东京的新宿副都心的规划都是十分卓越的实例。

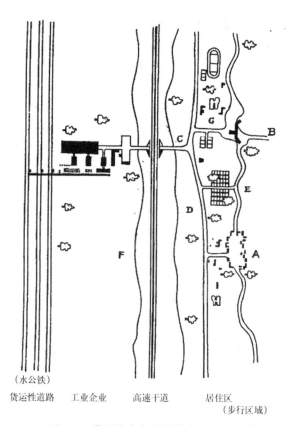

（水公铁）
货运性道路　　工业企业　　高速干道　　居住区
（步行区域）

图4-1　带形城市布局的模式示意图

A—水平式花园居住区，分散布置的低层独立住宅群；
B—垂直式花园居住区，集中布置的高层居住单元建筑；
C—去工厂的道路；
D—联系居住与公共活动设施的道路（可通行汽车）；
E—居住区内步行林荫大道（禁止汽车通行）；
F—工厂与居住区之间的防护隔离绿带（带形城市的纵向高速干道在其中）；
G—公共福利设施

三、　高质量的环境是现代化城市的标志之一

1）把城市环境的高质量仅仅理解为清洁卫生，是十分狭隘的。文明的城市住宅区应赋予人们幽静、洁净、清新、舒适、优美的生活和居住的环境；宜于休憩，不受机械噪声和工业废气的侵袭；不受人类自己创造的任何交通工具的威胁和伤害，人行交通和车行交通分离，能悠然漫步和自由地凭眺四周绿化景色；有利于人们思考问题和观察问题；小学生上学不必穿越干道，儿童能在住宅邻近的儿童游戏场嬉戏游玩；居民购买日常生活必需品极为方便，并有便捷的交通到达城市任何地方，进行广泛的物质生活、文化生活和精神生活方面的活动；住宅区应充满浓郁的生活气氛，要有幽静而文雅的格调，舒畅而透明的意境。

一座对人关怀的城市，要有人格化的生活环境。无限丰富多彩的社会生活要求城市充分提供文化、体育、艺术、教育、社交、旅游、休憩、绿地等设施，并具有广泛的自由选择的权益。城市规划必须是指导生活，而不是控制生活。

2）一些国家的城市规划和建设的指导思想提出的目标是，要建设一个使人真正感到生活意义的充满人性的城市，创造富有人生情趣的生活空间，成为一个民主的城市，环境优美的城市，高度文明的城市。

由此可见，城市规划不仅仅包括解决组成城市各要素（工作、居住、交通、休憩）的用地布局的问题，现代化的城市正是一个有生命的肌体。城市除了要有高效率的规划布局结构、良好的生产和工作环境及宁静、和谐、健康、优美的生活环境和居住环境外，还应注入美好的社会环境和舒适的心理环境的血液，使整座城市富有活力和生气，富有时代气息。所以，城市不是大量建筑物和构筑物的堆砌，住宅区不是一架庞大的单调、枯燥、无生气的居住机器。

一座优美的城市犹如一首激动人心的抒情诗。城市总的艺术和旋律，以其和谐、优美的主题和各具特性的大小建筑群体空间相交织，富有韵律地构成一部完美的乐章。组成城市的大、小建筑群体的内容十分丰富：有体现城市大门的铁路客运站、港口和民航机场，市中心、区中心、商业中心、外贸金融中心、文化中心、体育中心、科技中心、电影中心、广播中心、电视中心、涉外区、动物园、植物园、森林公园、儿童公园、文化休息公园、街头绿地、林荫散步道及完全保持天然状态的绿地、江边公园、海滨浴场，还有高等院校、高层楼宇、步行商业街（或步行商业区），以及各种广场、地下街、地铁车站、高层厂房等等。人们欣赏各建筑群体空间，或停留，或流动，一个空间一个空间地领略，一段街一段街地浏览。由几个单体建筑组成的每个空间，以它不同的物质功能及体量、尺度、比例、色彩、气氛等形象，构成不同的意境，经过精心推敲，高低起伏、跌宕有致、层次丰富和韵律多变的建筑群，不仅满足了人们对物质、文化、精神生活的需要，而且展现在人们眼前的是一幅幅给人以美的享受和翩翩联想的画卷，使人感到城市充满着诗情画意，生活丰富多彩，从而激起人们对城市的热爱，对生活的热爱，并以其巨大的魅力，感染人们的心理，陶冶人们的情操，提高人们的智慧和兴趣，鼓舞人们的信心、意志和精神状态，启发人们对人

生和理想的追求。

美国城市规划建筑师维克托·格伦（Victor Gruen）认为，城市规划工作者应当是一个富有想象力的建筑师和诗人，应当是一个使人有所感悟的鼓舞者。而所有这些都是通过规划师所精心构思的总体规划图体现出来的。

如：日本大阪的南港新村，4个经过精心规划和设计的小区，无论在建筑群的布局、色彩搭配、绿化及建筑小品配置方面都显得手法新颖，绝无雷同之处。南港新村4个小区分别命名为太阳村、树村、海村和花村，并以红色的太阳、绿色的树、蓝色的海和黄色的花等形象，在各小区的住宅，甚至阳台的隔板、窗台上加以点缀。由于运用了不同的住宅形式和色彩、建筑小品（雕塑和造型）和绿化，使各小区的居住环境各具形态，给人以新鲜之感和不同的美的享受，具有浓郁的生活气息和青春活力。南港新村的居住环境优美、宁静，气氛和谐，绿化宜人，具有自然的魅力，景观变幻丰富，是城市规划师、建筑师、环境设计师、园艺师和雕塑家共同合作、精心设计的智慧结晶。

3）城市绿化是体现城市现代化和精神文明的重要标志。可是，由于人口激增，城市的很多空地都被大量的建筑物、构筑物、高速干道、立体交叉等蚕食了。如：日本东京，各种人为的物质量约占城市总量的90%以上，而植物量则很少；上海，公共绿地平均每个居民仅 $0.46m^2$。这不仅使城市缺乏洁净的空气、充沛的阳光和游憩的重要内容，而且难以形成优美如画的城市环境。

绿色是生命的颜色。美学家说，绿色能唤起人们对自然的爽快的联想；诗人说，绿色能给人眼睛和心灵的一种真正的满足。世界上很多美丽的城市无不与绿色的植物浑然一体，花园和城市的界限很难有明显的区别。有人把澳大利亚堪培拉称为花园里的城市或城市里的花园，整座城市全掩隐在绿荫里，沉浸在绿的氤氲中。这同绿化贫瘠的城市相比（触目所及尽是密集的建筑、拥挤的人群、嘈杂的街道和灰蒙蒙的空气），视野和感受截然不同。前者令人赏心悦目，心旷神怡，胸襟开阔，空气清新，芬芳四溢，沁人肺腑。绿化与人的健康和生命，与城市的环境和面貌，关系密切，休戚相依。但在实际工作中往往被弃置度外，这不能不认为是缺乏远见的表现。

另一方面需要认识的是，使城市居民能接近大自然，把自然环境中的各种优美的因素和天然景色组织到城市中来，是高质量城市环境的又一标志，也是使城市获得个性的重要因素。重视和运用湖光、山色、溪水、异花、野草、丛林、古木、奇石、茂盛竹林，密集芦苇、潺潺涧水、莽莽森林、飞泉瀑布、淙淙流水、陡峻崎岖的山道、具有表现力的富有节奏性的地形、保持天然状态的地貌或山谷等这些具有天然魅力的自然因素，有助于确定城市总体规划空间艺术结构的布局原则。城市规划工作者对这些美的自然因素应具有特别敏感的才能，要善于发现，巧妙地使它们成为城市的有机组成部分。外国的田园风光，中国的天然野趣，都是人们对大自然景色的美赞。优美质朴的自然绿化环境和城市中各种绿地有机结合成为绿化系统，构成了城市总的绿化环境。如把原有的名胜、古迹、文物等组织到城市中来，更是锦上添花，增加了城市的传统文化的色彩，如：宁波市的天一阁藏书楼、西安的钟楼和鼓楼等。

不论是紧贴城市的大自然绿化或楔入城市内的大自然绿化，都能避免城市儿童很少看见田野、小动物的缺陷。

　　英国伦敦近郊新城哈罗，是将自然绿化、人工绿化和城市建筑浑然一体的成功之作（图4-2）。城市规划巧妙地利用地形，保留了名贵的树丛和独木，河、溪穿越在绿化系统中，而且还将一个景色秀丽、未经扰动、保持天然状态的山谷引入市内，作为游憩之地，成为新城绿化系统的"点睛"之笔，颇有独到之处。

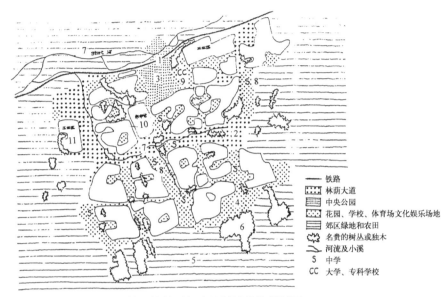

图 4-2　英国伦敦近郊哈罗新城总体规划图

1—铁路；2—林荫大道；3—中央公园；4—花园、学校、体育场、文娱设施；5—郊区绿地和农田；
6—名贵树木；7—河流及小溪；8—中学；9—大学、专科学校；10—市中心；11—工业园

　　前苏联建筑科学院院士恩·巴兰诺夫教授对现代城市规划中绿化的重要作用提出了很有远见的评价："如果认为在中世纪，即 18 世纪，19 世纪或 20 世纪初期，建立城市面貌最重要的因素是石头，则 20 世纪后期是绿化。"

　　伸展在绿化系统中的曲折、流畅、自然的步行道，将各种活动中心有机地串联成为一个整体。使绿化系统、公共建筑系统、步行道系统三者结合，构成城市总的公共活动、游憩系统。在这个系统中，人们可不受车行交通的侵害和噪声的干扰。

　　当然，城市要拥有美的自然环境，得取决于城市的选址。中外有许多城市的选址是十分成功的，如：重庆、青岛、桂林、厦门、威尼斯、哈瓦那、布宜诺斯艾利斯等，均因依山傍水、背山面海，有得天独厚的自然条件，再经世代的润色和经营，成为既优美而又有文化的各具特色的城市，驰名于世。

　　总之，优越的物质环境、舒适的居住环境、美好的社会环境和宜人的绿色环境，组成了总体高质量的城市环境，使整个城市透出色彩斑斓的和谐气氛。而所有这一切都是建筑在社会高度的物质文明和精神文明的基础上的。

本文发表于《自然杂志》1983 年第 7 期

对南市区旧区改建的几点思考

一、 发扬个性、特点，加快旧区改建

个性和特点是一个城市的生命力所在。要从本区的特点出发，根据发展沿革、地理位置、人文、社会、历史、文化和经济资源来规划、建设和发展城市。规划必须从实际出发做到扬长避短、发挥优势、以优取胜。

事实上，"背靠黄浦江，面朝市中心"的南市区浦西地区有许多优势未被显示，有许多潜力有待发掘，有许多特点未被人们所认识。纵观之，有四个方面的特点。

1. 有担负全市性交通的功能

1）有贯通中山环路的中山东二路和中山南路。

2）有中心城区三条东西向主干道之一的陆家浜路。

3）市区第一座黄浦江大桥将架设在陆家浜路和南码头之间。

4）有全市水上大门之一的十六铺客运总站。

5）全市性主要道路西藏南路、复兴东路和淮海东路。

6）4.6km 长的黄浦江岸线。

7）交通便捷、四通八达，有 20 条公交路线，5 条市轮渡线。

2. 有深厚的传统商业基础

1）闻名国内外，保持传统的古老市场格局，经营小土特商品的豫园商场。

2）福民街小商品市场。

3）十六铺农副产品贸易市场。

4）保持传统尺度、气氛和建筑风貌的繁华的方浜中路商业街（小东门中华路—旧校场路）。

5）繁华的老西门传统商业和文化中心。

3. 有丰富的可开发的旅游资源

古迹多、古建筑多和宗教建筑多 [1]，是旧城厢遗留下来的历史、文化和建筑资源，也是南市区和全市的共同的宝贵财富。应该加以保护和开发。如：

①豫园；②大境关帝庙和旧城墙；③上海最早天主堂敬一堂；④城隍庙；⑤沉香阁；⑥徐光启九间楼；⑦千年银杏树；⑧文庙；⑨书隐楼；⑩白云观；⑪慈修庵；⑫云居庵；⑬清心堂；⑭董家渡天主堂；⑮小桃园清真寺；⑯福佑路清真寺；⑰商船会馆；⑱三山会馆；⑲豫园商场；⑳具有传统街道空间尺度和风貌的方浜中路商业街（小东门中华路—旧校场路）；㉑豫

---

[1] 南市区佛教、道教、天主教、基督教、伊斯兰教等五教俱全，除白云观外，都集中在旧城厢内。

园周围具有典型的传统格局风貌和尺度、气氛的街区，包括：民居、小格局铺面方式的小商店、小作坊、小街巷；㉒至今保持传统尺度和气氛的街道及沿街民居或店面，如：旧校场路、沉香阁路、文昌路、安仁街、福佑路、安平街和巡道街、乔家路、俞家弄、望云路（南段）、凝和路（北段）、蓬莱路（东段）等；㉓其他历史性地段和明代、清代、近代的民居；㉔建议恢复的也是园和半淞园。

以上都是上海这座历史文化名城的重要组成部分。

保护[1]和开发这些具有历史、建筑、文化、科学、艺术价值的古迹、古建筑、宗教建筑和传统地段有着十分重要的意义：不仅使城市建设发展有其历史延续性，维护建筑文化和民族文化遗产，也是旅游事业的需要，也是今后改建旧城厢的重要推动力和振兴南市区的经济支柱。

4. 有建设大型现代化第三产业设施的地区

老西门地区，十六铺的中山东二路—中山南路和东门路—中华路地段，陆家浜路斜桥—大兴街，浦江大桥的桥堍及中山南路若干地段等等，都具有较好的投资环境。可积极对内或对外开放，引进、建设大型商业服务、旅馆、酒家、综合办公楼、公寓和旅游设施。为了加快旧区改造，改观旧城面貌，满足市民日益增长的物质生活、文化生活和精神生活的需要，必须有计划、有重点地建设系列活动中心的布局网络，规划确定：

(1) 老西门市级地区中心。

(2) 小东门、小南门和半淞园—陈家桥三个地区级活动中心。

(3) 大兴街和江边码头两个地区副中心。

(4) 一条文化街（文庙路—学前街）。

(5) 一个商场（豫园商场）。

(6) 一个旧城厢传统建筑文化保护区（范围是：丹凤路—方浜中路—侯家路—人民路）。

(7) 以豫园为主的旅游中心，以文庙为主的文化中心及十六铺交易市场为主的土特产贸易中心。

改造南市区和振兴南市区的任务十分繁重，必须从实际出发制定切实可行的方针和措施。

1）改造。由于历史遗留下来的原因，浦西地区城市建设的基础较差，因此旧区的规划和改建任务很重。从长远的观点来看，应在城市总体规划的指导下，逐步调整用地结构和功能布局。从密集的旧区中疏解过多的人口，迁出过多的工厂。从根本上改善和提高城市环境质量。浦西地区 6.9km² 用地，适宜的容纳人口是 40 万人，即今后要迁出 20 万人。根据工业布局用地调整规划，初步确定现有 60.6% 的工厂要外迁。大力加强城市基础设施的建设（电力、煤气、下水、电话等），努力扩大公共绿地面积。抓紧道路建设，辟通和辟宽各主要道路，清除交通闭塞和迂回不畅通的状态。加快住宅建设和棚户区的改建，使住房紧张继续得到缓解。彻底改变脏、乱、差、挤的状态，形成良好的生活和居住环境，

---

[1] 保护的含义是：不仅保护这些建筑的本身，还必须保护它的环境（即划出一定保护范围），从环境中排除一切自然的和人为的可能导致被保护建筑破坏的因素。

使旧城面貌有显著改观。

2）振兴。充分利用南市区各方面的优势，进一步扩大传统商业和服务业的发展，积极开发以古迹、古建筑、宗教建筑为主的旧城厢旅游事业，有计划地大力建设旅游参观点，发展有特色的旅游产品，提高综合接待能力。加强横向经济联系，积极对外和对内开放，有选择地引进大型商业服务、贸易、办公、文化、金融等设施及科研和设计机构、大学和中等专业院校。应当强调的是，不失时机地扩大利用国内外资金，目的是为了赢得改造和振兴南市区的有利时间差，因此任何闭关自守的思想必须克服。以上这些战略目标旨在提高南市区的城市建设素质和进一步增强南市区的吸引力、辐射力和综合功能，加速城市更新，让旧区焕发出新的活力，促进社会经济的发展和繁荣。

由此可见，改造和振兴是相辅相成的，改造为了振兴，振兴能促进改造，通过两者的密切配合，有机结合，就能使南市区逐步建设成为用地布局合理，有良好的工作环境和生活环境，密度适中，绿化适宜，旧城厢内多处仍保持传统格局和历史建筑文化，经济繁荣、文化发达、社会文明、城市面貌显著改观的开放型、多功能的社会主义现代化新城区。

在具体建设项目的安排上应突出重点，忌分散。应努力使建设计划和城市规划相协调。

二、 开拓思维，积极发展公共绿地

浦西地区开辟公共绿地多年来进展不大，其主要原因是某些观念束缚了我们的思想。长期来，一议论到浦西地区的绿化建设就是两个目标："见缝插针"、"扩大蓬莱公园"，除此以外就无其他设想，细细推敲正是由于长期以来固定不变的指导思想，影响我们开拓思维，安于现状。

1）"见缝插针"的论点有一定的局限性，因为这意味着：有缝就插，无缝就不插，事实是在密集的旧区中"缝"是甚少的。况且插在"缝"中的"绿"由于面积不大，极大部分只能是绿化，而非公共绿地。

2）"扩大蓬莱公园"在近期中也缺少实力。蓬莱公园现在面积是 $2.67hm^2$，规划将来扩到 $7.87hm^2$（范围是：南车站路—瞿溪路—保屯路—车站后路）涉及拆迁 1100 多户居民及纸盒九厂、二十一漂染厂、电话局工程大队、酱菜厂、金刚石工具厂、建筑材料加工厂及区教育局、保屯路小学等 11 个单位。动迁量甚大，要全部实施这一规划十分艰巨，需作较长时期的努力。

所以，要扩大浦西地区的公共绿地需另辟蹊径。

以老城厢为基础发展起来的浦西地区，人口密集，要多开辟大绿地确非易事，应从实际出发，结合南市区的特点，结合老西门、小东门、小南门、半淞园—陈家桥等地区活动中心的建设，综合几条主要干道的辟通、辟宽和浦江大桥的建造，结合旧区住宅改建，进行因地制宜的布局，绿地规模大、中、小结合，形式点、线、面结合，在密集的旧区内以"小"和"点"，即街心花园和街旁绿地为主，所谓"袖珍式"绿地，面积在 $500m^2$ 以上。确立多层次的体系——有公园、古典园林、江滨绿带、浦江大桥公园、街心花园、街旁绿地以及结合古迹、古建筑、宗教建筑的修复，在其周围开辟起保护作用的绿化环境，形成公共绿地。不仅为老城厢镶嵌了数块绿洲，开凿了数扇天窗，更为像南市区之类的人口密集，建筑密度较高的旧区增辟绿地开创了新的道路。

以上这些公共绿地的布局早在 1984 年 5 月制定的《南市区浦西地区公共绿地规划》中都已明确。问题是并未引起足够的重视，以至难以按规划实施。其原因主要是对开辟公共绿地在洁净空气，改善生态环境，美化城市景观，为居民提供游憩场地及是精神文明建设的重要组成部分等意义认识不足。再则是在绿化和公共绿地，加强绿化和增加公共绿地二者的概念上有所混淆。

城市绿化包括两个方面：一是提高绿化覆盖面积，二是扩大公共绿地面积。二者相辅相成，有机结合，缺一不可。提高绿化覆盖率，就是要把一切可以绿化的地方都绿化起来，见缝插绿，有土皆绿。公共绿地，是指供居民游憩的各类公园绿地，如：森林公园、动物园、植物园、综合性公园、儿童公园、广场绿地、林荫道、江滨绿带及小游园（街心花园、街旁绿地）等等。因此，公共绿地确是城市用地的重要组成部分。"七五"期间上海中心城区的人均公共绿地面积将从现在的 $0.7m^2$ 提高到 $1m^2$，到 2000 年时提高到 $3m^2$。我们设想，根据上述规划到 2000 年时南市区旧区的人均公共绿地面积将从现在的 $0.07m^2$ 提高到 $1m^2$，但还需作很大努力。

扩大公共绿地再也不能停留在消极等待的状态，要积极主动，指导思想必须要作战略转移。当前除继续提高绿化覆盖面积和逐步扩大蓬莱公园外，重要的是要按照区公共绿地规划，结合旧区住宅改建和辟路工程，不失时机地开辟街心花园和街头绿地，并将文庙公园的建设提到议事日程上来。在黄浦江大桥建设的同时开辟大桥公园。

三、 克服片面性，完善居住功能的整体效益

当前住房紧张是一个重要的社会问题和城市问题。如何在较短时期内解决大量困难户和无房户住房，研究如何加快建筑质量、居住质量和环境质量很差的棚户区的改建，是一件关系到广大市民切身利益的大事。

城市是一个具有多功能的综合体，旧城改建的内容十分广泛，住宅建设是其中的一个方面，除此以外尚有：调整不合理的工业布局，道路建设，扩大公共绿地，改观主要道路和重要地段的城市面貌，增加各种公共服务设施，完善市政公用基础设施及环境的综合治理等等任务。因此，城市规划和建设必须全面关心，统筹兼顾和综合平衡上述各方面要求，绝不能顾此失彼或厚此薄彼。只顾眼前利益，急功近利，对长远的广泛的问题不去深思熟虑。

当前必须克服只抓住宅面积而忽视增加其他设施面积（公共服务设施和公共绿地等）的偏向。我们主张既要单项效益也要综合效益，既要讲经济效益也要讲环境效益、社会效益和规划效益；要坚决反对损害整体的综合效益（如：侵占绿地，牺牲间距，破坏古建筑及其周围环境等等）的"单项夺魁"的做法；要坚持反对忽视商业服务、幼托、环卫等满足居民日常生活必需和消除职工后顾之忧等设施的建设以及文化、教育、科技等提高人的素质的精神文明设施的建设。

把建筑单纯地看做是"挡风避雨"的"掩蔽所"的原始观点，为数并不多，但对建筑

除满足使用功能外，又是社会文化、精神文明和城市景观的重要组成部分的认识并不普遍。所以不少新建的建筑，尤其是多层住宅不仅标准低，而且忽视了周围的环境综合设计以至于在旧区内虽然建造了许多新住宅，但舒适的居住环境和景观优美的地段，即新建建筑与周围的建筑、道路、广场和绿地等成为整体的为数不多。相反，许多新建地段都遭受乱搭乱建及公共绿地被占之害；其环境又被蒙上了脏、乱、差的"灰尘"，体现不出新和美的姿态。这些现象的产生反映了我们的规划管理和建筑管理的软弱状态及指导思想还停留在单纯以量取胜而非以质取胜的阶段。随着社会的精神文明和文化素养的提高，检验旧区改建的效益应从单纯建造多少平方米的住宅扩大到环境需得到综合治理，并具有整体效益。此外，在指导思想上要把旧区的住宅建设提高到完善居住功能的水平，也是关键所在。

"居住"的含义比"住宅"广泛。它不仅考虑人住的住宅，而且还要研究人和住宅处于什么样的环境中，即要考虑：住宅与住宅之间的关系，住宅与街坊和地区的关系及住宅与我们日常生活的社会和经济等问题的关系。因此，"居住"是较为广泛的社会结构范畴的一个方面。

良好的居住环境有助于成功的生活，但目前旧区改建的住宅都还受到不同程度的较差环境的影响或受到噪声、尘埃和工业废气的影响，亦受到不充足的公共服务和市政公用设施或拥挤的道路和交通的影响。只有通过对改建地段相关联的环境实行统一规划、合理布局、综合开发、配套建设，才能从整体上完善居住功能。有许多住宅设计的外观也十分单调，再加千篇一律、呆板的布局，给居民枯燥和缺乏生气的感受，因此遭到批评。

在单体住宅的外观和建筑群组合上之所以缺乏舒适、和谐的悦目之感，主要是设计者仅顾上对成本的严格计算，使之获得最大限度的住宅数量，很少甚至没有在探求具有较好的设计布置和创造一个真正关怀人的环境上花费精力。建筑师安东尼 F.C. 华莱士博士的见解很有启发性，他认为公共住宅的三个主要目的应是：除了要获得最大限度的居住单元的经济效果以外，还应有一个美丽的"包装"；绝不能在设计整个地区时对某一美学标准的潮流产生"狂热"，以至于使千万人民社会关系的形态冻结在不舒适的方式中达到 50 年或 100 年之久。

本文发表于《上海市居住环境规划与建设》研讨会论文集 1983 年 10 月

探讨加快旧城住宅建设的有效途径

一

近年来，国家为建造住宅作了很大努力，仅 1979 ~ 1982 年 4 年内就建造了 3 亿多平方米，使部分居住困难户乔迁新居。但由于城市人口多增长快，住房欠账过多，财力物力有限，至今在很多城市中，尤其是大城市和特大城市，仍有大量的居住困难户、无房户。如拥有 62 万多人的原上海市南市区，从最近现状调查中发现，在解决住房的困难方面，存在三个难题。

（一） 居住困难户、居住不方便户、无房户数量众多

原上海市南市区住房困难调查，见表 6-1 所示。

原上海市南市区住房困难调查表　　　　表6-1

项目	居住拥挤户(人均居住面积)			居住不方便户					全家居住在公用部位及阁楼户					20~30岁以上女性需要结婚用房的人数
	4~3m²	2~3 m²	2m²以下	小计	父母同12岁以上子女同居一室	成年兄妹姐弟同居一室	三代同住一室	两对夫妻同住一室	小计	阁楼	室内外搭建	灶间	其他公用部分	
户(人)数(人)	76232	20735	26501	67721	39818	19658	5618	2627	16088	12358	398	3158	234	51046
占总户(人)数 (%)	45.4	12.3	15.8	40.4	23.7	11.7	3.4	1.6	9.6	7.4	0.2	1.9	0.1	8.6

这一现状还不包括今后逐年增加数。据《上海市解决困难户住房八年规划》研究组预测，上海市今后 8 年（1983 ~ 1990 年）的困难户还要增加 22 万户，加上现状的 59 万户，总数将达 81 万户。

（二） 棚户简屋住房量多、质差

不仅是外表破旧居住拥挤，更主要的是在内部居住空间存在许多不合理和不卫生的问题。新街棚户简屋区的各种居住和生活质量的状况，充分说明这一事实(表 6-2 ~ 表 6-9)。[1]

新街棚户简屋区用地面积 1.075hm²。住 446 户，1805 人。户密度 415 户 /hm²，人口密度 1680 人 /hm²。

---

[1] 摘自陈运帏、陈业伟.大夫坊与新街两棚户区的典型调查.探讨棚户区改建的途径（二）.上海：同济大学科技情报站，1980。

房屋围护材料表 表6-2

项目		调查户数（户）	户数（户）	占总户数（%）
屋顶	瓦顶	339	81	23.9
	草顶		7	2.1
	油毛毡顶		251	74.0
墙身	竹	345	44	12.8
	泥		3	0.9
	木板		129	37.4
	砖[1]		169	48.9
地面	泥	306	156	51.0
	砖		14	4.6
	三合土		136	44.4
	木板		0	0

房屋使用状况表 表6-3

项目		调查户数（户）	户数（户）	占总户数（%）
破损程度	危房	282	16	5.7
	破损		153	54.2
	一般		111	39.4
	完好		2	0.7
防护程度	进水	438	74	16.9
	透风		42	9.6
	漏雨		244	55.7
	不漏雨		78	17.8
防火程度	易燃	232	167	72.0
	一般		65	28.0

居室净高表 表6-4

居室净高（m）	调查户数（户）	占总户数（%）
2.2以下	262	80.6
2.21~2.5	56	17.3
2.5以上	7	2.1
小计	325	100

合室情况表 表6-5

同室居住情况	占总户数（%）
三代同室	7.7
两代同室	57.0
各代分室	35.3

[1] 砖墙大都是半砖墙，有不少用煤屑和废砖砌成。

阁楼搭建情况表　　　　表6-6

阁楼高度（m）	户数（户）	占总户数（%）	面积（m²）	占总面积（%）
1.2以下	55	24.8	373.6	17.7
1.21～1.59	69	31.1	664.6	31.5
1.60～1.79	73	32.9	732.6	34.7
1.80以上	25	11.2	341.0	16.1
总计	222	100	2111.8	100
阁楼面积占总居住面积（%）	28.2			
搭阁楼户数占总户数（%）	49.8			

居住卫生情况表　　　　表6-7

项目		调查户数（户）	户数（户）	占总户数（%）
日照	无日照	261	171	65.5
	有日照		90	34.5
采光[1]	暗	421	118	28.0
	阴		112	26.0
	一般		181	43.0
	明亮		10	2.4
通风	不透气	442	75	17.0
	差		242	54.7
	一般		117	26.5
	良好		8	1.8

居室厨房合室情况表　　　　表6-8

居室、厨、厕	占总户数（%）
合在一起	71.5
不合在一起	28.5

夏季7月，午后2点，室外温度为36℃时，
室内外温差值表　　　　表6-9

室内外温度差值（℃）	5	3	1～2
占棚户建筑比例（%）	30	20	50

南市区现共有棚户简屋（下文简称棚屋）23000户，居民83000人，占总户数的13.7%。全市有约1/7人尚住在此类棚屋中。因此，改建棚屋区确是旧城改建中决策性研究的大事之一。现在评价居住困难程度时仅以人均居住面积这一项来分析是不够的，它难以反映许多实质性的居住困难问题，相反掩盖了如：房屋的结构和质量，居住情况，拥挤和困难程度，居住卫生条件和居住环境质量等。道理是最简单的，同样是人均居住面积3m²，均属居住困难。但住在独立住宅或新式里弄住宅与棚屋相比，大相径庭。

---

[1] 7月晴天中午，以房屋中点为测点，用测光仪实测，天然光采光明亮度情况划分为四等：20lx以下的称为暗的居室，20～30lx为阴，31～40lx为一般，41～80lx为明亮。但新建住宅室内采光一般都有300lx。

（三） 旧城居住区中总的来说，住房陈旧，建筑质量差的情况也非常严重

如：南市区的新式里弄住宅和新建住宅仅占总住宅面积的18.28%（表6-10）。旧式里弄住宅及简易工房众多，占72.3%。经查勘，极大部分旧式里弄住宅房龄长，结构差，设施简陋。其中可保留较长时期使用的仅占15.1%，即近85%的旧式里弄住宅都属需要拆除、改建之列。这样，连同棚屋一起，全区70.7%的旧住宅（286万 m² 建筑面积），都属拆除、改建的对象。在规划上可保留的住宅仅29.3%。

不同形式住宅参数对比表　　　　　　　　　　　表6-10

项目	独立住宅	公寓	新式里弄	新公房	旧式里弄	简易公房	棚屋
住宅建筑面积(m²)	6276	2312	605726	124503	2811457	112078	380992
占总住宅建筑面积百分比(%)	0.15	0.05	15.00	3.08	69.53	2.77	9.42
居住户数占总户数百分比(%)	0.10	0.05	8.21	2.35	72.94	2.65	13.7

由此可见，旧城中住宅的需要量和改建量非常大，任务紧迫、繁重和艰巨。如何在较短时期内解决大量困难户和无房户的住房问题，研究如何对待建筑质量和居住质量条件很差的棚屋区的改建，是一件关系到广大市民切身利益的大事。

二

世界各国在进行住宅建设时，都注意到当时的经济情况及其他有关因素的制约。

如第二次世界大战后日本住宅的短缺情况极为严重。据1945年统计，缺房户达420万户之多，1亿人口中2000万人缺房。当时无足够财力建设住宅和市政公用事业。行政当局制定了《战灾都市应急简易住宅建设纲要》。经过23年的努力，至1968年才基本解决缺房问题。到1973年日本全国的住宅总套数超过了家庭总户数。至此，日本有关当局宣布，到1973年住宅问题在数量上已解决了。以后是提高住宅质量及改善居住环境问题的年代。日本建设省在制订第四个住宅建设五年计划（1981～1985年）时，根据"为了创造明天居住环境"的原则，确定具体的要求是：到1985年所有的家庭都确保在最低居住水平以上，其中有半数家庭达到平均居住水平以上[1]。这种从实际出发，阶段性努力目标明确的做法，对我们来说很有启迪。举一家四口的居住条件为例（表6-11）。

---

[1] 最低居住水平的标准大致是：食寝分开，就寝分室（11～18岁的同性孩子可同居一室，14岁以上男女孩子分室）。
　　平均居住水平的标准大致是：食寝分开，有一个生活间，就寝分室（5～18岁同性孩子可居一室，11岁以上男女孩子分室）。

一家四口居住水平表　　　　表6-11

居住水平	房间组成	居住面积（m²）	住房使用面积（m²）
最低居住水平	3DK	32.5	50
平均居住水平	3LDK	57.0	80

注：D—餐室；K—厨房；L—卫生间；前面数字表示卧室数。

同时，在旧城改建中，住宅建设要考虑长期性和阶段性目标。住宅的标准和质量，人民的居住水平和舒适程度，都有一个逐渐提高，到日趋完善的过程。它的速度由慢而快，标准由低到高。交替更新不间断地贯穿全过程。这里重要的制约因素是国家的经济发展，财力厚薄，科技发达的程度及规划建设的规模。

再如前苏联在 1950 年时，城市居民人均居住面积 4.23m²，到 1974 年达 7.1m²，共经历了 24 年时间。每户建筑面积 20 世纪 60 年代为 42m²，到 20 世纪 70 年代初才增加到 48m²。

日本 1946～1958 年平均每年仅建造住宅 1000 多万平方米。20 世纪 70 年代后，每年建造住宅都超过 1 亿 m²。每户建筑面积从战后头几年的 41m²，20 世纪 50 年代 57m²，60 年代 60m²，到 70 年代才提高到 77m²。

联邦德国《住宅建设标准》的变化也很说明问题。20 世纪 50 年代每套住宅平均使用面积（居住面积加辅助面积）是 60m²，60 年代为 70～80m²，70 年代提高到 90～100m²。

要分析历史、区别国情和认识现状，明了我们是在怎样的基础上解决住宅困难和短缺问题。当前住宅建设的立足点应是在一定的标准和质量的前提下，首先解决数量的问题——即让大量的居住困难户和无房户能尽快获得住房，使建筑质量、居住质量和环境质量差的棚户区能尽快得到妥善安置。

但加快解决住宅的有无问题，并不意味着可以大量建造低标准的简易住宅。而是在一定的建筑质量和居住质量的前提下，要求结合当前的财力及户型结构，制定切合实际的住宅面积标准，并加以严格控制。还要考虑随着生活水平的提高，居住水平有提高的可能性。也就是说，住宅设计不仅能符合当前近期的面积标准和户室比，也应能适应按远期面积标准进行改建的需要。因此，对广大住宅设计工作者的要求不是降低，而是更高了。

可是，当前在大量居住困难户、无房户的住房尚未解决的情况下，不少地区和城市不顾国家的规定，住宅面积标准不断扩大，动迁标准越来越高，是偏离现实和损害大众利益的。若以每年新建住宅 1 亿㎡计算，把平均每套住宅建筑面积从 50m² 放宽到 55m²，一年就要少建 20 万套住宅，亦即每年将有 80 万人不能住进新屋。因此，目前国家规定一般城镇居民每户建筑面积平均 42～45m² 和 50m²，是适合我国现阶段国情的。面积标准必须相对稳定在这个范围内，以后再逐步提高。随着家庭人口的小型化，据推算，1985 年人均居住面积为 5m²，1990 年增加到 6m²，20 世纪末提高到 8m²，按各阶段的户型结构，一般城镇居民平均每套住宅的建筑面积控制在 45～50m² 是完全可行的。[1] 严格控制每户建筑面积标准，目的是使有限的住宅建筑量能解决较多的居住困难户，否则会推迟解决大量居住困难户和无房户的时限，于国于民均不利。在居住的困难状况和无房户的住房问题基本解决后，再根据国家经济的发展，逐步放宽住宅面积的标准和质量标准及有房户的普遍更新提高。

<h2 style="text-align:center">三</h2>

旧城改建的实践说明，解决居住困难户的住房建设及棚屋区改建的步伐快慢，同旧区住宅改建的选址有很密切的关系。近年来由于仍在原拆原建就地平衡方式下改建，常常遇到旧居住区密度较高，用多层住宅改建，会出现 30% 左右差额。尽管上海的规划用地要发展至 300km²，旧区的人口要疏散开去以降低现有的密度，但由于近远期的过渡规划尚不具体，又无足够的补贴基地弥补旧区住宅改建的不足。于是出现了改建基地只能在原地打转的做法，在选址上较分散、零星、小型，有些地方还见缝插针，就事论事，迁就现状，缺乏一定范围的整体性和战略性。还出现避密求稀，避大就小，避相对集中求分散，避居住质量和环境质量很差的难改地段而求易做地区的偏向。这种同城市总体规划利益相违背的指导思想必须改变。

旧城居住区的住宅改建基地的选址应具有多方面的规划效益。住宅改建必须在城市总体规划的指导下同旧城改建相结合。选址要相对集中，成街成坊。要结合地区的主要道路和重要地段的改建，结合建筑质量和居住环境质量很差的棚屋区改造，并有利于能比较集中和经济地配置相应的公共服务建筑和市政公用基础设施。

原上海市南市区在编制"六五"计划（1981～1885 年）及"七五"计划（1986～1990 年）旧区住宅改建规划时，遵循了上述原则。改建基地相对集中在四条主要道路和主要地区上。规划结果能具有以下多方面效益。

1）提供能建造 100 万 m² 左右新住宅的基地，辟通两条主要道路，拓宽两条主要道路，建设三组高层建筑群，改造四个大棚户区（共拆迁 6200 户棚户）。增加街旁花园等公共绿地面积 4hm²。相应配置独立公共建筑（教育、文化、体育、医疗卫生、邮电、出租汽车站、菜场、浴室、商业服务等）约 34 个项目，市政公用设施（供电、供水、下水、煤气、环卫、道路等）若干项目。

2）旧区住宅改建基地共拆迁 15300 户。其中：

（1）拆迁棚户 10130 户，占总拆迁户数的 66.2%，占总棚户数的 44.1%。其余 33.8% 的拆迁户属简屋和少量旧里的住户。

（2）拆迁棚户块（面积较小的地块）56 个（用地面积为 24hm²），占全南市区棚户块总数的 44%。

（3）拆除棚户建筑面积 14 万 m²，占棚户总建筑面积的 40%。

（4）旧区住宅改建基地的拆迁户中，居住面积在 4m²/人以下的各类居住困难户及待

---

[1]　1990 年控制在 45m²，到 2000 年控制在 50m²。

房结婚女青年达 12300 户（人），占拆迁总户数的 80.4%。

（5）新住宅建成后，全区新公房和新式里弄以上住宅的比例，将由现在的 18.2% 上升到 45%。

由此可见，旧区住宅改建基地选址的恰当与否，会大大影响多方面城市规划综合效益的获得。要达到通过住宅建设能促进旧城改建的目的，城市规划当局和城市规划工作者就需认真严格把好"住宅改建基地选址"关。

四

实践证明，城市的住宅建设要由国家全部包下来是不现实的，非当前财力所允许。要加快住宅建设必须调动各方面的积极因素，广泛开辟投资渠道和房源。走多途径、多方式、多层次、多标准的道路。

所谓多途径、多方式，即除国家、地方投资的统建 [1] 住宅建设外；应积极组织系统集资建造住宅；大力支持和配合工厂企业单位调整用地、挖潜建造住宅；鼓励民建公助（联建公助），私房自行翻新 [2]（或联合翻建）（表6-12）；发展商品住宅。这实际上就是发挥国家、地方、企业和个人四方面的建房积极性。

私房自行翻新　　　　表6-12

户数（户）					面积（m²）				
合计	危	困	婚	其他	合计	危	困	婚	其他
1313户	588	269	395	61	50354	22891	10012	14760	2691
100%	44.8	20.5	30.1	4.6	100%	45.4	20.0	29.3	5.3

注：翻建后，净增建筑面积24244m²。比原面积增加93%，将近一倍。平均每户增加18.5m²。从面积数量上暂时缓和及解除危、困、婚的燃眉之急。

此外，在旧城改建中，我们不能忽视大型公共建筑和市政公用设施的建设及工业用地调整，对促进旧城改建的巨大推动力和加快住宅建设的积极成效。

1）为正在建设的上海电信大楼，拆迁了3000多户居民。将建的上海新铁路客运总站，要拆迁约7000户住户。

2）为沟通上海中山环路，须将中山南路1.8km长的某路段拓宽到40m。这一工程将使2000户住房迁入新居，拟建13万m²建筑面积的新住宅。涉及105个单位的用地调整，计划15个工厂需迁往近郊工业区（现已落实10个）。由于沿线建设条件较好，因此多处

[1]　从 1976～1982 年，南市区旧区改建中，国家投资统建新住宅，平均每年建造 3 万 m²。
[2]　南市区 1982 年私房（基本上全是棚户住屋）自行翻建的户数1313户，翻建的面积达50400m²，基本上都从平房翻成2层楼房。翻建的原因都是：解危、解困、结婚。

规划建造高层建筑，并开辟 2 万 m² 的公共绿地，对改变旧城面貌起显著作用，具有较好的经济效益、社会效益和环境效益。

3）上海南区热网工程将来建成后，将有 300 多户居民因动迁而住进新屋，并拆掉 215 个工厂的 270 根高 25～30m 的烟囱。以电厂为中心的 3.5～4km 为半径的区域内，每年少排 9000t 灰（每天少排灰 36t）。在上海市区有关道路上每日减少 138 辆运灰卡车的往返。

4）上海缝纫机台板五厂和七厂都是"一厂多点生产"类型的工厂，共分散在 7 处，与周围居住混杂，矛盾很大，合并一处建造多层厂房后，收到了多方面的效益：改善了环境污染，消除了原各车间对周围居民的"三废"危害（有毒气体苯、木屑、烟尘、噪声等），减少车间之间的厂外运输费用，提高了工厂的经营管理效率和劳动生产率，产值逐年上升，促进了生产的发展，仅在两处腾出的车间用地建设住宅，就使 223 户居民迁进了新屋。

可见，当前大城市中存在的住宅、交通、环境污染三大问题，有着一定的内在联系和相互制约的关系，必须综合治理才能具有综合效果。

所谓多层次，多标准，即按不同的地段（城市中心区、分区中心区、一般地区、市区边缘或郊区），不同的经济收入，不同的工作和职业及原有的居住基础，提供多种类型和标准的住宅；适当允许有一定的差别，有较大的选择余地。这非但符合我们目前的实际情况，也是国外住宅建设的实践和经验。在建筑设计上要做到面积符合国家规定，但间数多，以便"住得下，分得开"。

此外，在主要干道和重要地段，成街成坊改建的住宅建筑应有一定的标准、质量、稳定性外，允许有一些次要地段的新建住宅将来进行第二次改建（如：自行翻建的私房及零星危房和棚屋的过渡性改建建筑），以解决目前居住困难的燃眉之急。问题是第二次改建必须如期兑现。

五

旧城中，一方面感到住宅建设用地紧张；另一方面则未对有限的住宅建设用地节约使用。应当从宏观的角度来理解节约城市用地的广泛含义和重要性。像上海这样的特大城市除了眼前的住宅和住宅建设用地的短缺和紧张外，在城市现代化建设的进程中，各种建设对城市用地的需求都在不断增加。

1）在密集的市区中，布局不合理或有严重"三废"污染的工厂企业的调整用地。

2）高效率的道路系统和交通运输设施的建设（拓宽现有道路，建造高速干道、立体交叉、环路和停车场等等）。

3）为改善人们的休憩条件，洁净空气，美化市容和提高城市环境的质量，公共绿地需要大幅度增加。

4）随着物质文明和精神文明的建设和提高，必须为社会和市民提供大量的教育、科技、文化、娱乐、艺术、体育、社交、疗养和休憩等设施。

5）上海是对外开放的国际性城市，对外关系和贸易的日益发展和扩大，需要不断兴建更多更新颖的涉外机构、经济贸易和旅游设施……

此外还要为城市发展留备用地。因此，珍惜和节约城市用地有着重要的战略意义。

节约城市用地的途径是多方面的。其中，发展高层住宅——"向空中要地，向高层要面积"，是节约居住建设用地的方法之一，这在国内外城市建设的实践和经验都已充分证明。在对高层住宅与多层住宅作经济性的比较时，不仅仅视单体造价，还应从高层住宅能节约城市用地，加快住宅建设速度和解决住房问题的重要作用进行全面评价。此外，从目前上海的城市现状看，适当发展高层住宅能促进旧城改建，加快旧城面貌的改观；能改变在近期因旧区密度过高，用多层住宅改建，拆建不能平衡而造成改建日益困难的僵持局面；尤其能使众多的棚户区改建指日可待；还能松动和疏解过密的市区人口；大面积增加公共绿地面积；腾出建造大量公共建筑、市政公用基础设施、道路、交通所需用地。因此，在城市建设用地十分紧张的上海，发展高层住宅有着城市规划、经济发展、社会、交通、环境等多方面效益的积极意义。为节约建设用地，可适当建些高层住宅：如北京，在三环路以内兴建住宅，高层住宅应占 1/3 左右；郊区新建居住区，高层住宅应占一半左右；还应建设高层住宅小区。这是富有远见的规划建议。上海不宜再停留在高层住宅要建与否的讨论，而应结合上海的实际情况着重研究建多少（恰当比例），怎样更好地建设，包括规划布局的研究，类型、标准和层数的选择，设计、施工的改进，与周围道路、交通、环境的协调及发挥高层住宅经济效益的最佳状态等问题的研究。

从城市的宏观和长远利益出发，发展高层住宅具有多方面的效益是无可置疑的。这些综合效益远远超过了诸如高层造价高等不利因素。问题的关键是高层住宅的建设必须在城市总体规划和高层住宅建设规划的指导下，有计划、有比例地建造，才能求得各方面的协调平衡，获得较大的综合效益。

六

总之，居住问题是人类生活中衣、食、住、行、用的五大基本要素之一。住房是人类生存的基本条件，它直接影响每个人的工作、生活和学习；迅速改善居住条件和环境条件，对减少各种社会纠纷和矛盾，增强邻里和睦，促进安定团结，改善卫生条件和城市面貌，提高城市环境质量都有积极作用；并大大有助于促进社会的精神文明建设和国家的四个现代化建设。因此，住宅问题是一个重要的社会问题和城市问题。必须加以认真对待。但城市住宅问题的解决确非易事，是一件非常复杂、艰巨和长期性的工作。住宅建设的成功经验和失策教训告诉我们，城市的住宅建设绝不能孤立和就事论事地进行，一定要在城市总体规划的指导下，与旧城改建相结合，即：与改善不合理的工业布局和工业用地的调整相结合；与改建棚户、危房地段相结合；与改观主要道路和重要地段的旧城面貌相结合；与交通阻塞严重，环境质量脏、乱、差地段的改善相结合；与扩大城市公共绿地相结合；与公共建筑和市政公用设施的建设相结合；与降低旧区密集拥挤的状态相结合。这样，非但能加快住宅建设，还能促进和加速旧城改建。

本文发表于《城市规划汇刊》1984 年第 3 期

注：1987 年 6 月 28 日至 7 月 1 日在同济大学和美国伊利诺伊大学举办的"中美居住形态比较国际学术讨论会"——联合国国际住房年学术活动会上宣读本论文，论文题目易名为《旧城中的居住问题》。

建设 21 世纪新外滩的设想

　　外滩是当今上海城市主体轮廓线的剪影，是城市建筑艺术的宝贵财富。老外滩是 19
世纪末和 20 世纪初形成的，仅利用了黄浦江沿江地段的一小部分，从外白渡桥到金陵东路，
建筑群全长仅 1.5km。为此，我们建议有计划、有步骤地按照"面向世界、面向 21 世纪、
面向现代化"的要求，逐步开发建设现代化的新型外滩，把它列入《上海市总体规划》，
作为我们改造上海、振兴上海的远景设想和奋斗目标的重要内容之一。

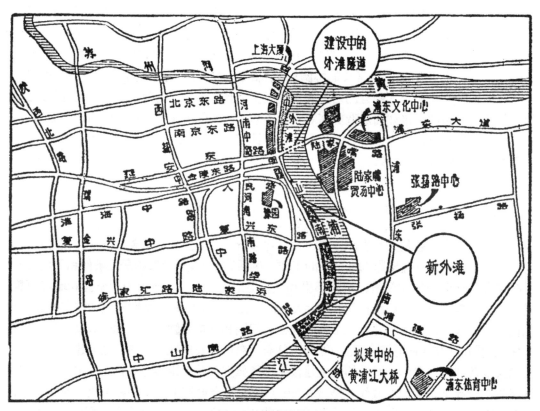

图 7-1　外滩平面图

　　我们建议建设的新外滩，从金陵东路到陆家滨路，全长 3.5km（图 7-1）。现在这里除
金陵东路售票大楼、十六铺客运总站和大达码头等几个大单位外，其他都是些小型港区、
仓库堆栈、粪码头、垃圾码头、零星日用杂货小码头以及商铺、厂房和住宅，大多破破烂烂。
黄浦江与中山东二路、中山南路之间的这块狭长沿江区域，总面积 42hm²，仅有 3700 住户，
13000 居民。除保留上述几个大单位外，其他都应拆迁。新中国成立前老外滩是全国金融

中心和贸易中心;新中国成立后,这些功能已大大削弱。建议建设新的外滩,与老外滩衔接,结合十六铺和南市区的旧区改造,可以形成国际金融中心、贸易中心和信息中心,并伴以高级宾馆、游乐场、大酒家以及国际财团、跨国公司、大产业集团驻沪机构等。如果老外滩代表20世纪二三十年代的话,新外滩应代表21世纪。

新外滩的地理位置非常优越,交通便捷。它面向黄浦江,背靠中山环路。北有延安东路隧道,南有拟建的陆家浜路浦江大桥,能与浦东连接。还有几个客运轮渡站(东门路、董家渡路和陆家浜路)可与浦东的张扬路中心、塘桥和南码头等地区相连接。十六铺、大达等码头沟通长江和沿海。一旦地铁建成,乘地铁可迅速到达铁路客运站和全市各主要地区。浦西有3条主要的东西向道路与新外滩相通:①全市3条东西向主要干道之一的陆家浜路可连接徐家汇路、肇嘉浜路、漕溪北路、体育活动中心和华亭宾馆,接沪闵路,可抵闵行开发区。②由复兴东路向西,经复兴中路、复兴西路、淮海西路,过中山西路接虹桥路可到外事活动中心和龙柏饭店,抵虹桥国际机场。③十六铺是全市闻名的集市贸易中心,由东门路向西,经方浜路可到豫园和豫园商场,这里是上海老城厢保护区,也是著名的旅游点。黄浦江沿岸除开辟江滨绿化和大桥公园外,还可布置若干浦江游览码头及浦东陆家嘴经济贸易中心直航的专用码头。

上海与世界各国一向有密切联系,我们相信,建设21世纪的新外滩一定会使外国的国际财团、跨国公司、实力雄厚的企业家感兴趣。

本文发表于《世界经济导报》1984年10月29日

并在1984年10月30日上海人民广播电台"早新闻"节目中广播

注:本文与陈凤歧先生合作,由本人执笔,文中个别文字有所调整。

旧城改建中工业布局的用地调整规划

市区工厂过分集中，许多工厂分散在居住区内，与居住相互混杂严重，是上海旧市区工业现状分布的两个特点。为疏解过分集中于市区的工业，改变历史上遗留下来的不合理布局，消除工厂与居住相互混杂的严重状态，需要对旧市区内的工业网点进行调查和分类，以便制定调整规划。

一、相对集中生产点过于分散的工厂

本文以上海南市区为例，探讨在旧城改造中，调整工业规划的具体实施和经验。

在旧城中，有许多中小型工厂大部分都是厂房简陋，设备陈旧，技术和工艺落后，场地拥挤，建筑密度高。因"三废"治理条件差，生产过程中产生的废气、废水、尘埃（烟尘、粉尘、木尘）和噪声、热量、振动，对周围的居住环境影响甚大。造成这种现状固然有其历史遗留的原因，但长期以来过分强调以挖潜为主作为发展生产的指导思想也是问题的症结所在。在众多的矛盾中，场地拥挤是个很主要的问题，而且情况十分严重。上海在1965 年，每万元产值占用厂房面积是 9m²，1980 年下降到 4.9m²。如上海搪瓷六厂，1950年时，全厂人员仅 201 人，产值 77.63 万元。至 1980 年底，人员发展到 1076 人，产值达2834 万元，人员比 1950 年增加 5.12 倍，产值增加 36.7 倍。1980 年的利润为 716.19 万元，比解放初增加 115.60 倍。但房屋建筑仅添建 2.07 倍，全厂危房占 31.6%，棚屋占 18.15%。上海手表厂因场地拥挤，在厂内各建筑物内搭了 70 个阁楼。

有些工厂靠"马路仓库"解决场地紧张的矛盾，严重影响交通、市容和卫生。有的工厂向近郊农村生产队借用场地作仓库堆栈，如：上海装潢盒厂因场地小，不得不在郊区农村租用 4000m² 房屋存放木料，每年租金 15 万元。

一些中小型老企业由于场地狭窄，连职工"最低要求"的生活设施——食堂、浴室、厕所、更衣室、医务室等都不甚完善。表 8-1 是最近上海市总工会对毛巾被单、电机、玻璃、文教、服装等 5 个公司的 165 个工厂进行企业的基本生活设施的专题调查（按国家有关部门制定的《工业企业设计卫生标准》检查）。

企业基本生活设施的专题调查表 表8-1

状况	生活设施较齐全	生活设施缺的	挤、差	严重挤差
工厂数（个）	25	54	43	43
百分比（%）	15.2	32.7	26	26

　　职工吃饭难、洗澡难、上厕难、更衣难、治病难的问题十分严重,给职工的生活带来不便,对生产的发展和调动职工的积极性带来不利影响。但要解决工厂的场地拥挤并不容易,因这类工厂大部分都在密集的居住区中,要扩展用地很困难;也不能就事论事解决,必须从规划上通盘考虑,综合治理,调整用地。

　　旧区工厂分布的另一特点是许多工厂都是一厂多生产点,车间分布过于分散。据不完全统计,目前上海市区有工厂4670户,但实际分布的生产点有10000多个(表8-2)。

南市区市区部分工厂生产点分散情况表　　　　　　表8-2

一个工厂生产点数(个)	1	2	3	4	5	6	7	8~10以上
工厂数(个)	110	61	33	30	20	13	6	12
占工厂总数的百分比(%)	38.6	21.4	11.6	10.5	7.0	4.6	2.1	4.2

　　上海市南市区的旧区每平方公里平均有41.2个工厂。除一厂一个生产点的工厂外,其余61.4%,175个工厂分散在704处,平均每个工厂分散有4处生产点(车间)。如:上海建华服装厂分散23个生产点,上海床罩厂的车间和仓库共分散在13处,仅有416个职工的上海标本模型厂更是分散,跨5个区(黄浦、南市、卢湾、静安、徐汇),车间分散在11处。

　　一厂多生产点的工厂造成工序间断多,生产连续性差,分散的车间之间的短距离厂内运输成了厂外运输。有的生产点相互间距离较远,使生产过程中工序之间的连续变成"半成品"的周转环节,交叉、往返的运输增加了生产成本、能源消耗和城市道路的交通负荷,影响产品质量和生产效率的提高,也使企业管理不够集中。如:上海针织二十厂,由于工厂的车间分散在5处,仅漂染车间和厂部织造车间之间(相距1.2km)的运输费、包装费和管理费,每年就需花50万元之多。

　　不少工厂由于生产点较分散,又与居住混杂相间,"三废"和噪声严重影响周围居住环境[1],厂群矛盾很紧张。于是在一时难以治理的条件下,纷纷将那些危害周围居民较大的生产工序和零部件加工分散下放到郊县社队企业外包生产或街道工厂加工,有的甚至发到外省市或农村加工。如:上海指甲钳厂不得不把混杂在居住区内的8个污染车间外迁到郊区农村社队企业和街道工厂。"三废"暂时搬了家,但该厂在市区内的车间实际上仅从事少量的装配生产、供销业务合作中转仓储之用,大有"名存实无"之态。

　　事实证明,这种场地狭小拥挤、厂房简陋、生产点分散的现状,带来了下列不良后果:

　　(1)难以规划合理的工厂总平面布局,难以改建或扩建厂房以发展生产。

　　(2)妨碍新设备的引进、新技术和新工艺的采用及建立完整的治理三废的装置。

---

[1]　上海南市区环境监测站对151家工厂(市属101户,区属25户,街道工厂25户)作噪声污染调查测定,与《上海市区域环境噪声标准》对照,白天在60dB以下,基本符合标准的仅20户工厂,占总数13.25%,其余131户厂都超标,占总数86.75%(其中超过70dB的厂占45%)。

（3）影响产品质量的提高和产品的升级换代。

（4）不利加强企业管理，提高劳动生产率，节约能源和运输费用，降低生产成本，大大阻碍企业素质的提高。

因而，当前对工业进行合理的调整已成为旧城改造的迫切任务之一。

下面3个实例的合理调整用地富有成效，从中能得到很多启示，简介如下：

实例1 原上海缝纫台板七厂的徽宁路南北两边，生产点分散4处(图8-1)。厂房简陋、生产条件很差。1973年，台板七厂计划在路南翻建厂房。住宅建设部门拟在路北改建住有72户棚户块，但因该棚户地段与台板七厂3个车间混杂相间，难以成片改建。于是在城市规划部门的协调下相互对调用地：台板七厂让出路南的1962m²车间用地建造住宅；路北的棚户块1662m²用地调给台板七厂。合理调整用地后，生产和居住分别相对集中，各得其所，皆具有良好的环境。台板七厂由4个分散的生产点集中一处，建造了建筑面积为6095m²的5层楼新厂房（图8-2）。采用新设备、新工艺，改善了生产条件，提高了劳动生产率。1975年竣工投产后，一年半就回收了全部基建投资。

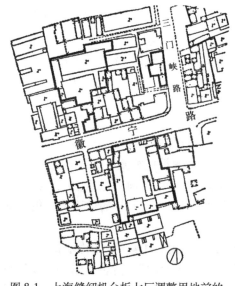

图8-1 上海缝纫机台板七厂调整用地前的
现状图

图8-2 调整用地后的情况图

上述实例说明了只要坚持不懈努力，旧城中不合理工业布局的用地调整是完全可行的。

实例2 上海东方造纸机械厂分设3个生产点，在市级干道陆家浜路的两侧（图8-3）。北侧有2个生产点：露天铸体（毛坯、型钢）仓库及木模车间、铜铣车间、金属仓库。南侧是厂部，加工和装配等主车间。生产点之间跨干道来回运输，影响交通。

由于陆家浜路大兴街已被城市总体规划定为地区级商业活动中心的建设基地，因此造纸机械厂北侧的2个车间必须搬迁（用地面积合计3568m²，厂房建筑面积2324m²）。城市规划部门建议相对集中到厂部南侧的丽园路处。调整用地的方案（图8-4）：

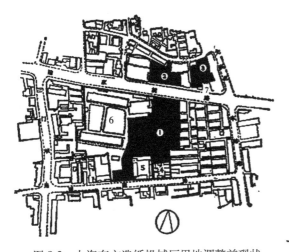

图 8-3　上海东方造纸机械厂用地调整前现状

1—厂部、加工和装配车间；2—露天铸件仓库（毛坯和型钢）；3—木模车间、铜铣车间、金属仓库；4—住有 42 户居民的棚户块；5—徽宁路第二小学；6—上海南市区人民政府；7—住有 129 户居民的棚户地段

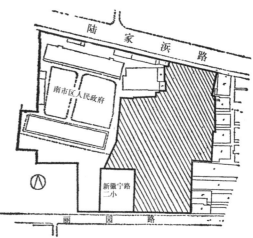

图 8-4　调整用地后情况图

1）拆除住有 42 户居民的棚户块（用地面积 860m²，调给东方厂。

2）将徽宁路二小向西移位，与东方厂相互调地。即徽二小学让出东侧的 1050m² 用地给东方厂，东方厂让出西面的 820m² 用地给小学。在新址建造 1300m² 建筑面积的新教学大楼。

3）东方厂西端的 300m² 用地调拨给南市区人民政府，以扩大区政府入口处的用地面积。

如此"调进调出"，东方造纸机械厂虽仅净增 800m² 的用地面积，但原分散的三个生产点可相对集中一处，加强了企业的集中管理。合理调整用地后，厂部南边较以前开阔完整，可建造 5000m² 建筑面积的

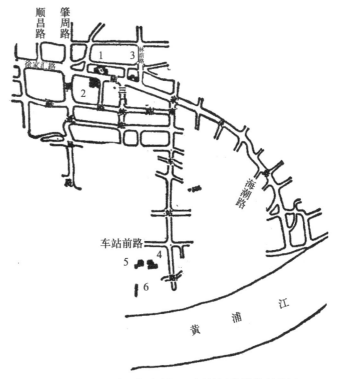

图 8-5　上海缝纫机台板一厂调整用地前的现状图

1—厂部，用地面积 5172m²；2—木工车间，用地面积 2477m²；3—旋切车间和机修车间，用地面积 1529m²；4—油漆车间，用地面积 1424m²；5—装配车间，用地面积 853m²；6—板材干燥场，用地面积 540m²

车间。此外，还给予该厂投资建造7300m²建筑面积的新住宅，以弥补调整用地之不足。

实例3 上海缝纫机台板一厂生产点分散6处（图8-5），工序间断联系不便。除厂部有二幢4层和5层厂房外，其余各车间的厂房都甚简陋。随着生产的发展，"三废"危害（木尘、苯气、噪声）越来越严重，矛盾甚突出。大量木尘及油漆工艺中产生的甲苯，严重污染环境。噪声竟达110dB之高，不仅生产工人的身心健康受损，也严重影响周围居民的休息和睡眠。

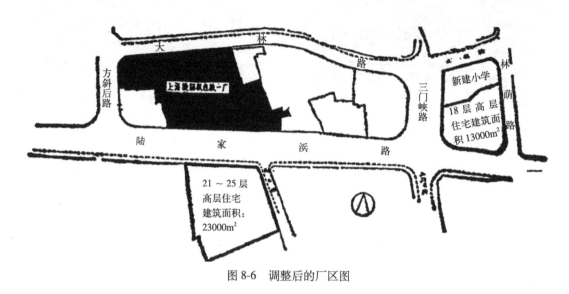

图8-6 调整后的厂区图

调整措施如下（图8-6）：

1）将分散在6处的车间相对集中合并在厂部一处。

2）台板一厂调出5处车间给规划部门，用地面积总共为6823m²。调进厂部周围的2060m²用地。在调进的用地上需搬迁一所小学（占地面积1295m²，校舍系平房，建筑面积600m²，6个班级）。拆迁住有50户居民的棚户块（图8-5）。

3）在新址重建一所小学以偿还调整给台板一厂的用地。新建小学的用地面积为1750m²，建5层楼教学大楼，建筑面积2400m²，可容纳18个班级。新建小学的基地原为住有129户居民的棚户地段（图8-5）。

4）台板一厂调出的两处车间改为住宅用地。如：木工车间处②（图8-5）将建21层和25层高层住宅，建筑面积为23000m²。为扩大建设基地，拆除了南邻的114户棚户。旋切和机修车间③处将建18层高层住宅，建筑面积13000m²，拆除了邻近住有80户居民的旧式里弄住宅。

5）台板一厂调出的另三处车间都位于工业街坊内。其中一处调整给废钢铁加工厂，另两处车间作为调整混杂在密集旧居住区中外迁工厂的备用地。

调整后的综合效益为：

1）经过上述合理调整用地后，共拆除373户棚户，新建可容纳660户居民39000m²建筑面积的高层和多层新住宅。

2）相对集中一处后的上海缝纫机台板一厂，由于扩大了厂区，就有可能合理布置工厂总平面。拆除了旧厂房，新建2幢生产大楼：一幢为8层楼的油漆装配大楼（高度43.5m），建筑面积8120m²；另一幢为6层楼的木工大楼（高度30.8m），建筑面积8570m²（图8-7）。

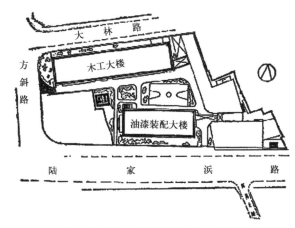

图8-7　调整用地后的上海缝纫机台板一厂改建总平面图

3）改观了市容和厂容，有利于工厂实现文明生产，加强企业集中管理，改善了生产工人的劳动条件。提高了产品质量，减少了大笔往返运输费，节约能源，降低成本，提高了劳动生产率。

4）因新建厂房采用了新工艺，设备改进，工序布置合理，"三废"治理基本得到解决。

从以上3个工厂调整用地的实例可以证明：

1）调整为了发展，发展必须要调整。合理调整工业布局和土地使用体现了城市规划为工厂技术改造和治理"三废"服务，为工业生产的发展服务，为现代化经济建设服务的宗旨。

2）工业企业的技术改造一定要与旧城改造相结合，改善生产条件一定要与改善生活条件相结合，才能取得综合治理的效果。而合理的用地调整能健全城市用地功能的合理性和完善性，又能进一步促进旧城改建。

3）合理调整用地能使许多问题得到综合解决。所谓拔掉一个，松动一块；调整一个厂，综合治理一大片。调整后的工厂用地紧凑节约，发展合理，又加快了棚户简屋的拆除和改建，挖掘了住宅建设用地，纯化了工厂与居住相互混杂的地区，既改善了生产环境，也提高了居住环境的质量，使涉及调整用地的地区得到了改造，拓宽了道路，铺设了新的地下管网，补充了公共服务设施，改变了城市的市容和面貌。

二、市区内开辟工业街坊的必要性

特大城市和大城市中工业布局一般有5个层次，即卫星城、近郊工业小城镇和郊县小城镇、市区边缘的工业区、市区内的工业街坊及具有独立地段的工业点。

将那些工业与居住相互混杂严重，住宅建筑质量很差，工厂比较集中（工厂用地占街坊总用地在60%～70%以上），交通运输条件较好的街坊，开辟为工业街坊[1]很有必要。其优点是：可使位于工业街坊内的工厂能有适当的发展余地；为一些混杂在密集居住区内厂群矛盾很大、外迁郊区条件不具备的工厂，提供迁建的厂址；也可为散布在邻近各居住

---

[1]　上海市中心城，在旧区工业比较集中的地段开辟了70个工业街坊，用地总面积为17.55km²，其中现状工业用地为14.17km²，可调整为工业的用地是1.6km²（这些用地的现状均为工厂混杂，建筑质量较差的居住用地）。

性街坊内的街道工厂按行业合并建设生产大楼提供基地。

以市内某工业街坊为例。街坊用地 4.175hm²，工厂等用地占街坊面积的 61.6%，有 16 家工厂。该街坊中的居住用地绝大多数是陈旧简陋的住房。

见表 8-3 所示，旧住宅和简屋棚户占总住宅用地的 92.4%，占住宅总建筑面积的 85%，占总居住户数的 91%。而这些住房都可以予以拆除，改作工业用地。

表8-3

住宅类型	用地面积（m²）	建筑面积（m²）	居住户数（户）
独立住宅	500	713	19
新工房	320	910	32
新式里弄	410	536	19
旧住宅及简屋棚户	15024	12184	693
合计	16254	14343	763

保留或安置在工业街坊内的工厂原则上应是耗能少，运输量小，占用土地少，基本上无"三废"污染。工业街坊可按已有工厂的行业分别定为机电、轻工、纺织、食品、仓库堆栈或综合性工业等不同性质。

上海市南市区在市区部分规划了 5 个工业街坊。表 8-4 是其中四个工业街坊的现状用地结构情况。

工业街坊现状用地结构情况表 表8-4

街坊编号	街坊总用地面积(hm²)	街坊内的工厂数(个)	工厂用地占街坊用地(%)	居住用地(今后的工业用地)(hm²)	拆迁户数(户)	工业街坊的性质
201	4.175	15	61.1	1.6254	763	轻工、纺织
206	3.30	5	77.0	0.77	293	轻工、纺织
213	5.3475	8	69.0	1.6687	358	机械
214	11.40	21	68.0	3.248	1076	机电、仪表等综合性工业

4 个工业街坊可提供工厂发展用地 7.3121 hm²，能使 2490 户居民乔迁新居，脱离与工厂混杂深受"三废"危害之苦的境地。

此外，即使是工厂较为集中的工业街坊亦存在工厂之间需合理调整用地的情况，使工厂的布局和土地使用更趋合理。图 8-8 为一工业街坊的局部现状。4 个工厂相互交叉分割，用地情况十分混乱，生产上和管理上都非常不方便。图 8-9 是规划部门为 3 个厂制定的合理用地调整的规划方案，3 个厂都表示很满意，现正积极进行调整之中。

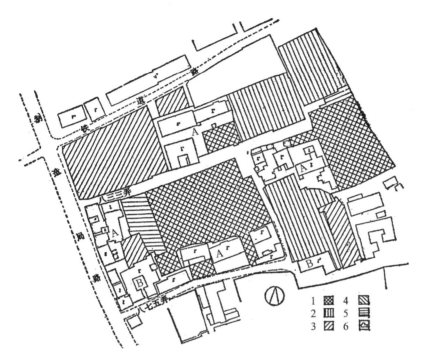

图 8-8　上海车辆配件五厂、上海异型铆钉厂和上海机床铸造二厂的用地现状图

1—上海机床铸造二厂；2—上海异型铆钉厂；3—上海车辆配件五厂；4—石油化工研究所仓库、汽车库；5—红光冶炼厂车间
A—住有 93 户的居民块，已动迁 61 户；B—住有 24 户的居民块，第二期动迁

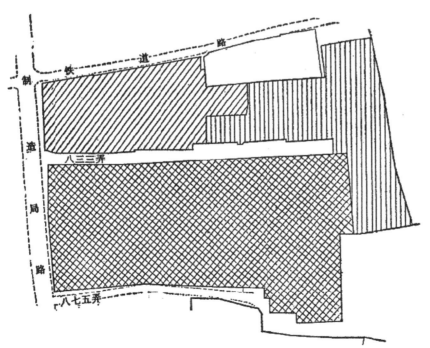

图 8-9　上海车辆配件五厂、上海异型铆钉厂和上海机床铸造二厂用地调整的规划方案图

诚然，有了工业用地的调整规划和工业街坊的设置，还应制定相应的立法和政策，以促进规划的实施。笔者建议：

1）对积极执行旧城工业用地调整规划的工业企业应实行相当的优惠政策，如迁厂和建厂所需资金给予低息贷款，甚至部分无息贷款或国家财政拨款。

2）新厂建成投产后的一定年限内准予减税或免税。

3）职工因上下班距离增远应给予一定的经济上的补贴或调整住房，使居住能接近工作地点。

4）工业街坊内的居住拆迁户在动迁和分配新屋时，居住面积应予以优惠。

5）工业街坊内的居住拆迁户的建房费用应由市有关部门拨专款资助。

以上这些问题都是能否顺利实施工业街坊和工业布局用地调整规划的关键问题。

本文发表于《城市规划》1985 年第 6 期

高效率高质量城市环境的特征

城市的主体是人。一切为人着想，应是城市规划的主导思想。现代化的城市应使社会生产和经济得到最充分的发展；使人们工作思想集中，精神焕发；居住环境舒适、和谐、优美，为促使人发挥更大的积极性和创造性提供尽可能好的条件和基础。

波兰建筑师海琳娜斯基·勃涅英斯卡的见解很是精辟："我们必须了解人，以便从时间上和空间上不仅使人的需要满足，而且使人的愿望能得到协调一致。"因此，人们对城市寄予莫大的期望。不少国家的城市规划和建设的纲领及指导思想规定得很明确：要建设一个健康、文明而又富有个性、有活力、有特征的城市，一个绿色的、理想的、有生机的城市，一个保留和传承优秀的历史文化遗产，保护自然条件，充实精神生活，具有独特文化魅力的城市。

因此，城市规划的根本任务是：全面组织社会的经济和生产，广泛地满足人民日益增长的物质生活、文化生活和精神生活的需求，创造一个高效率、高质量的城市环境。所以，"规划师、建筑师为未来制订蓝图，他们担负着组织一个新世界的社会职责"。

一、 城市规模应与环境容量相适应

有关城市特性的论点：古罗马的祖先认为城市是优雅和理智的结晶。后来人们又进一步理解城市是一个文化的中心。城市是一件艺术品。法国城市规划建筑师勒·柯布西耶认为：城市是一个生物体。它有心脏和实行它的各种特殊功能所需的器官，要始终保持天然的生命力，避免衰退为庞大的寄生体……

在欧洲，不少城市都具有完善的公共活动设施，如：歌剧院、电影院、话剧院、博物馆、艺术展览会、音乐厅、图书馆、游泳池、棒球场、体育场、超级市场、商业中心、大片绿地和森林公园。自然景色都得到了极好的保护。由于这些设施都有不同的个性，因此在建筑形象和艺术感受上都风格迥异，各具魅力，使城市具有诗一般的意境，车行和步行交通分离，空气洁净清新，城市环境宁静、优雅。

人口不多的意大利威尼斯城，至今已有1000多年历史，还保持着精妙绝伦的历史文化艺术古城的特色。瑞士国土仅40000多平方公里，建设了3050个小城镇。全国66%以上人口住在这些规模不大，设施齐全，绿化建设和自然景色融汇一体的小城镇里。

相反，有些百万人口或更多人口的城市，人口高度集中，建筑密集，市中心拥挤，绿化贫乏，环境质量很差。工作远离居住地点，上下班出行时间长，交通拥挤。有些新建的住宅区，由于社会服务设施配置不全，居民甚感不便。城市规模太大，又使人与大自然环境的联系被隔断。这些"烦恼"的产生，一方面是由于缺乏经验和预见性；另一方面是因为人口的激增和膨胀，与城市的用地规模、规划结构、道路系统及交通运输设施不相适应。

当然，大城市的存在和发展是必然的。它是一个国家或地区的政治中心、经济中心、文化中心，科技中心的所在地，是一个国家的物质文明、精神文明的窗口。但城市人口的增长要有计划性和预见性，并且城市的规划结构、住宅建设、社会服务设施、道路交通和市政公用基础设施等方面都要相应发展，与之适应。否则，就会造成城市用地规模与人口规模之间，各项用地和设施之间，城市人口与环境容量之间失去平衡，生态也遭受破坏，并产生许多矛盾。

二、 高效率是现代化城市的特征之一

高效率、低消耗，同低效率、高消耗是相对而言的。居民上下班或到城市各处活动（购物、社交、文化娱乐、学习等等），究竟要花多少时间，消耗多少能源，这是城市现代化与否的重要标志之一。先进的城市和规划应使人们能花比较经济的时间和较少的能源消耗到达任何地点。否则，不仅时间浪费和能耗增多，而且体力消耗大，精神负担重，交通事故频繁。

高效率的城市还应对城市的生产发展起良好的促进作用。使工厂企业的原材料、产品的运输和商品的周转，同车站、机场、码头、港口、仓库、堆栈之间的联系及协作工厂之间的衔接，都能拥有最合理、便捷、经济的布局关系和货运运输条件。而这一切都取决于各有关功能要素间紧凑协调的布局，以及用地组织及货运干道系统和交通运输规划的密切配合。

城市效率的高低同城市的规划结构、工业布局、道路系统、交通方式、公交运输工具、交通管理方法、通信方式等都有密切的关系。

1）单一中心封闭式布局、同心圆式（俗称"摊大饼"式）发展的大城市，市民购物、文化娱乐、游憩活动都涌向市中心，必然会造成市中心过分拥挤，道路和交通运输负荷大，所花时间多，消耗能源大，居住地点普遍距工作地点太远，造成钟摆式交通，职工上下班出行时间长，疲劳程度高。如能通过用地组织的适当调整，使大部分职工能就近工作，并用多中心布局结构，形成一片片具有相对独立平衡的"工作—居住—学习—休憩—社会活动"的综合区，就能避免上述缺点。而且有利于城市旧城改建的步伐。如：苏联莫斯科，市区人口 800 万，总体规划采取分解成片的多中心发展方式。除市中心片外，全市分为 7 个规划片，各规划片相对独立，自成系统，各具特色，分别建立一个市级水平的中心，配备一整套高级的社会服务设施和大片绿地。由于每一个规划片的居住、工作、休息三者都基本平衡，社会结构和生活组织协调。因此，大城市的种种弊病可望克服。规划片之间被楔状绿地或自然线路（河）分隔开。七个规划片和片中心与市中心片和市中心组成一个有机的八大片多中心的城市规划结构（图9-1）。

2）在地形和自然条件适宜的情况下，采用带形城市（又称线形城市）的规划结构，能使工业区和居住区的相互位置具有良好的关系。居住和工作接近，简化城市交通，减轻交通负荷，使居住区能接近大自然，拥有良好的优美的居住环境，发展上具有相当的灵活性（图9-2）。

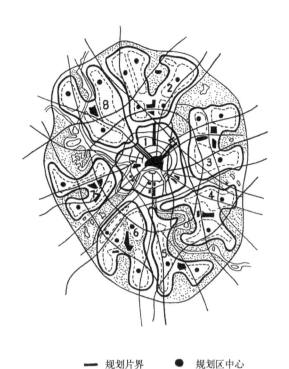

图 9-1 莫斯科八大片多中心规划结构图
（数字是规划片的编号）

——— 规划片界　　● 规划区中心
------- 规划区界　　◣ 规划片中心
——— 交通干道　　⣿ 公共绿地

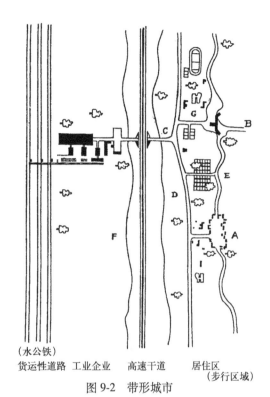

（水公铁）
货运性道路　工业企业　　高速干道　　　　居住区
　　　　　　　　　　　　　　　　　　　（步行区域）
图 9-2　带形城市

A—分散布置的低层住宅群；B—集中布置的高层"居
住单元"建筑；C—通往工厂的道路；D—居住与公共
活动设施间的汽车道路；E—禁止汽车通行的步行林荫
大道；F—防护隔离带，其中有高速干道

　　"手指状规划"（Finger Plan）是从带形城市的结构派生出来的（图 9-3），是放射式和
带形相结合的结构模式。城市的新区沿着从城市中心区放射出来的高速干道和铁路线（交
通走廊），呈手指状发展。在每一个手指的"根部"（Root）都有一个工业区，手指内也有
几个小型工业点。因此，每个"手指状建设区"（Built-up Finger）内，工业和居住的相互
位置有着良好的关系。由于"手指状建设区"较狭，因此与四周的自然田野和风景、森林
能达到大面积接触。手指之间的楔形绿地不仅起分隔作用，而且使每个指状建设区都具有
良好的绿化环境和居住环境。由于提供了良好的交通设施，具有健全的运输机能，手指和
"手掌"（Palm）及手指之间（通过环路）的联系都甚方便。带形城市的多股线状高速交通
系统较网状或环状交通便捷、高效。

　　巴基斯坦首都卡拉奇的发展规划兼收了手指状和带形城市规划结构的特点，并良好地结
合自然地形条件（图 9-4）。澳大利亚的墨尔本城总体规划亦属此结构。显然，带形城市的结
构也类似"多中心分片"，但非围绕市中心。新建的系列副中心与市中心在一条的延长线上。

　　研究各种规划结构的模式绝非"形式主义"。城市规划的实践证明：合理的规划结构
是为形成合理的城市经济结构、基础结构、服务结构和高效率的道路系统、交通网络的基
本条件，是提高城市经济效益的关键，是创造高效率、高质量城市环境的基础。

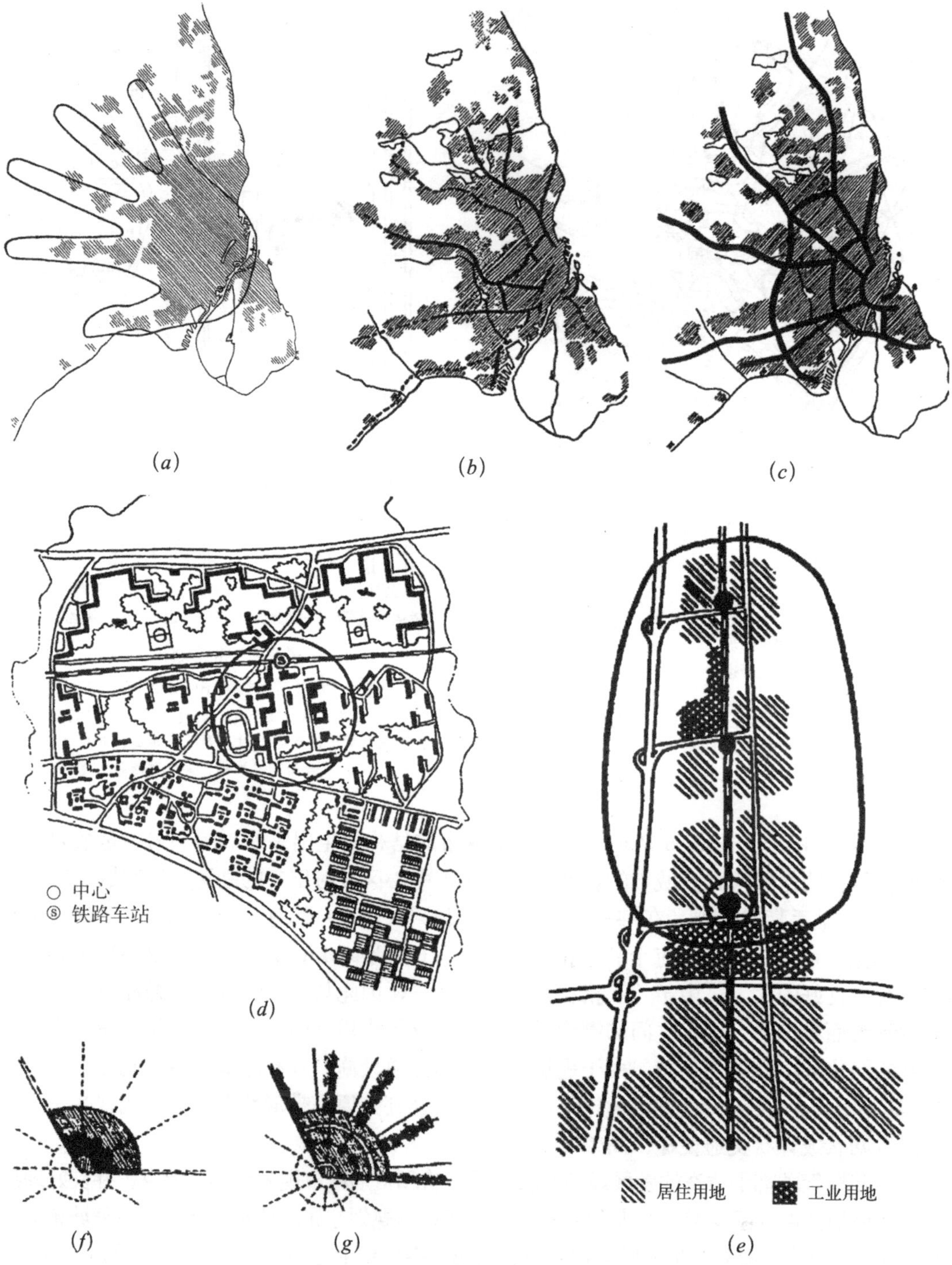

图 9-3 哥本哈根的手指状规划图

(a)"手指状规划"模式图;(b)城市铁路系统;(c)城市主干道系统;(d)可住 1~2 万居民的"居住单元"的规划设计,圆圈表示中心,S 是铁路车站;(e)"手指"的规划结构示意,由几个居住单元组成,在"根部"中心设有服务于整个"手指"的各种公共设施;(f)工业分布现状;(g)疏解工业的规划方案

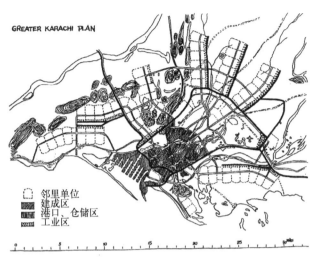

GREATER KARACHI PLAN

　邻里单位
　建成区
　港口、仓储区
　工业区

图9-4　巴基斯坦首都卡拉奇的发展规划方案图

日本城市规划大师丹下健三主张，对待大城市不是消极地限制它的发展，而应积极地改造它的结构，重新发展下去。他认为城市规划必须从功能方法转变为结构方法。

1）城市是否具有良好的市政公用基础设施也是体现城市高效率的重要条件之一。一个城市如果道路网络不全，交通拥挤阻塞，电话通信联络不畅（电话的普及率和接通率低），自来水水质差，污水排放不畅，治污能力差，河浜黑臭，供水供电紧张，煤气普及率低，垃圾粪便消纳滞困，铁路、港口、机场等对外交通不畅通，绿化贫乏，环境污染——这些现象都是城市"老化"的表现，必然会严重影响经济和社会的发展，影响人民的正常生活和工作，不能适应对外开放的要求，制约城市的改造和振兴。

2）大城市发展的历史告诉我们，交通问题能使一个城市健康发展或陷入窒息、瘫痪状态。世界上一些比较现代化的大城市，不仅具有现代化交通管理体系，而且还建立多层次综合道路交通体系。如：地下铁道、地面铁路、高架道路、高速干道、立体交叉、放射干道和多圈环路等，对各种交通进行分流和疏导，提高车速和道路通行能力，加上各类公共交通工具、停车场（库）的衔接非常密切，所以市民到达市内任何一地，职工上下班的出行时间都能保证在 30～40min 以内。因此，城市的交通功能，也是衡量城市生活质量的好坏，效率的高低，规划布局优劣的重要标志。影响城市交通问题的主要因素是城市的规模、城市的规划结构、各功能要素的布局和道路交通的规划。

3）在"时间就是金钱，效率就是生命"的当代社会中，城市规划要为高效率地收集、贮存、加工和传递、交流信息提供各种现代化的通信设施和布局。贸易金融、生产交换、商品流通，技术服务、信息情报、经济咨询，社会服务、调节管理等都要求"通"和"快"，以缩短信息流通的时间。信息的生命力在于流动，流动的速度越快，获得的价值就越高，这也是"信息就是资本"的道理所在。据日本计算，如用电话、电报、传真等联系业务，比出差或面谈业务节约 60% 的交通能源。因此，现代化的信息系统，是衡量城市高效率和现代化的重要标志。

从某种意义讲，"城市改建是促进社会改进的一种手段"。城市的布局忌松散，宜紧凑。城市内不同的区域和不同功能的用地，其容积率和密度都应因地制宜，疏密有致，高低得体，各得其所。城市各中心区域的土地更应经济利用，多层次立体化开发（地上及地下），综合经营（发展综合楼，多功能综合区），以提高土地使用率和获取缩短路程、简化交通、节约用地等多方面的效益。法国巴黎的拉德方斯街区及日本东京的新宿副中心规划都是十分卓越的实例。

城市是一个有生命的肌体。它在不断地发展和进步。城市的发展和规划同整个国家的政策、国力、财力、科学文化水平等有密切的关系。它的发展，也促使城市相应得到发展。因此，城市规划应有弹性，留有余地，以便随着形势的发展和变化，能定期进行充实。城市规划要适应开放和改革的形势及今后社会朝着更高级形式发展的需要，要不断地完善新的规划结构。

三、 高质量的城市环境是现代化城市的标志之一

1）文明的城市应具有优美的生活气氛和居住环境。宜于休息，不受机械的噪声和工艺过程产生废气的侵袭。不受任何交通工具的威胁和伤害，人车分行，能悠然漫步和自由地凭眺四周绿色的景致。有利于人们思考问题和观察问题。小学生上学不必穿越干道。儿童有邻近的儿童游戏场供嬉戏游玩。居民选购日常生活必需品方便，并有便捷的交通到达城市各地，进行广泛的物质生活、文化生活和精神生活方面的活动。

捷克斯洛伐克的理论家提出"人的再生产"问题。他们认为用于增强人的身心健康、知识积累和智力开发的投资是促使国家经济发展，增加社会总产品和国民财富的前提。因此，一座对人关怀的城市，不仅要有人格化的生活环境，而且要求城市充分提供人们对物质、文化、体育、娱乐、艺术、教育、科研、社交、旅游、保健、疗养、休憩、绿化等丰富多彩的设施，并具有广泛的自由选择的权益。城市规划必须是指导生活，而不是控制生活。

2）有些国家提出城市规划的目标是，建设一个真正使人感到有生活意义的充满人性的城市，创造富有人生情趣的生活空间。将城市建设成为一个民主的城市，环境优美的城市，高度文化的城市。

可见，城市规划不仅是解决组成要素的用地布局，还应注入美好的社会环境和舒适的心理环境的血液，使整座城市富有活力和生气，富有时代气息。所以，城市不是大量建筑物和构筑物的堆砌。住宅区不是一架庞大的单调、枯燥、无生气的居住机器。一座优美的城市犹如一首激动人心的抒情诗，城市总的艺术和旋律，以其和谐、优美的主题和各具特性的大小建筑群体空间相交织，富有韵律地构成一部完美的乐章。组成城市的大、小建筑群体的内容十分丰富，人们欣赏各建筑群体空间，或停留，或流动。一个空间一个空间地领略；一段街一段街地浏览。由几个单体建筑组成的每个空间，以它不同的物质功能及体量、尺度、比例、色彩、气氛等形象，构成不同的意境。经过精心推敲、高低起伏、跌宕有致、层次丰富和韵律多变的建筑群，满足了人们对物质、文化、精神生活享受的全面需要。

美国城市规划建筑师维克托·格伦认为，城市规划工作者应当是一个富有想象力的建筑师和诗人，应当是一个使人感悟的鼓舞者。而所有这些都是通过规划师所精心构思的总体规划图体现出来的。

对城市总体规划艺术的创造和优美的居住环境的组织，至今未引起足够的重视。尤其是住宅区的布局，千篇一律的模式，呆板单一的布置，使人感到枯燥，缺乏生气。形成这

种现象的因素较多。主要原因是对城市的特征缺乏深刻的认识。城市有它自己的特征、个性、生活、气氛、环境等艺术面貌，尤其是大城市。其次，城市规划师和建筑师需要有脱俗、探新的进取性也是关键所在。

如：日本大阪的南港新村，居住环境优美、宁静，气氛和谐，绿化宜人，具有自然魅力，景观变幻丰富，是城市规划师、建筑师、环境设计师、园艺师和雕塑家共同合作、精心设计的智慧结晶。新加坡国立大学建筑系诺尔曼·爱德华副教授说："新加坡给人最深刻的印象是高效、清洁、青翠、高楼大厦、生气勃勃的生活方式，反映出这个国家 20 年来在经济增长和物质进步方面所取得的惊人成就。"

3）城市绿化是体现城市现代化和精神文明的重要标志。可是，由于人口激增，城市的很多空地都被大量的建筑物、构筑物、高速干道、立体交叉等蚕食了。不少城市，各种人为的物质量约占城市总量的 90% 以上，而植物量则很少。上海，公共绿地平均每个居民仅有 $0.46m^2$。这不仅使城市缺乏洁净的空气、充沛的阳光和游憩的重要内容，而且难以形成优美如画的城市面貌和环境。

绿色是生命的颜色。美学家说，绿色能唤起人们对自然的爽快的联想。诗人说，绿色能给人眼睛和心灵一种真正的满足。世界上很多美丽的城市，花园和城市的界限很难有明显的区别。有人把澳大利亚堪培拉称为花园里的城市或城市里的花园，整座城市全掩映在绿荫里，沉浸在绿的氤氲中。人口仅 28 万的德国波恩，却拥有 $45km^2$ 的公共绿地。全市仅公园就有 1200 个，平均每人享有公共绿地面积 $160m^2$。凡有人居住和活动的地方就有绿地——经过精心设计的花、树和草坪的种植和覆盖，被誉为绿色的首都。绿化已成为人们居住不可缺少的组成部分，它对人的健康和生命，对城市的环境和面貌，关系密切，休戚相依。但在我们的实际工作中，往往被弃置度外。这不能不认为是缺乏远见的表现。

除人工绿化外，把自然环境中的各种优美的因素和天然景色组织到城市中来，是高质量城市环境的又一标志。一些具有天然魅力的自然因素是使城市获得个性的重要因素。它有助于确定城市总体规划空间艺术结构的布局原则。城市规划工作者对自然因素应具有特别敏感的才能。要善于发现，巧妙地使它们成为城市的有机组成部分。外国的田园风光，中国的天然野趣，都是人们对大自然景色的赞美。优美质朴的自然绿化环境和城市中各种绿地（人工绿化环境）有机结合成为绿化系统，构成了城市总的绿化环境。如将文物、名胜、古迹等组织到城市中来，更是锦上添花，增加了城市的传统文化的色彩（如：宁波市的天一阁藏书楼，西安市的钟楼和鼓楼等等）。

不论是紧贴城市或楔入城市内的大自然绿化，都能弥补城市儿童很少看见田野小动物的缺陷。掩映在绿荫之中的莫斯科给居民带来了大自然的欢乐，它不光吸引了游人，而且吸引了许多动物。在红场列宁陵墓周围 100m 的地方常可看到冬眠的石貂；在大雾弥漫的天气里，野猪多次闯进大厦的前厅。

英国伦敦的新城哈罗，是将自然绿化、人工绿化和城市建筑浑然一体的成功之作（图9-5）。城市规划巧妙地利用了地形，保留了名贵的树丛和独木，河、溪穿越在绿化系统中。而且还将一个景色秀丽，未经扰动，保持天然状态的谷地引入市内，作为游憩之地，成为新城绿化系统的"点睛"之笔，颇有独到之处。

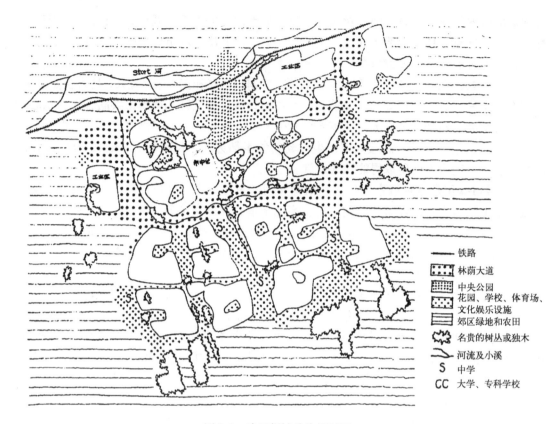

图 9-5　哈罗新城总体规划图

前苏联建筑科学院院士恩·巴兰诺夫对现代城市中绿化的重要作用提出了很有远见的评价："如果认为中世纪、即 18 世纪、19 世纪或 20 世纪初期，建立城市面貌最重要的因素是石头，则 20 世纪后期是绿化。"

伸展在绿化系统中的曲折、流畅、自然的步行道，将各种活动中心有机地串联成为一个整体，使绿化系统—公共建筑系统—步行道系统三者结合，构成城市总的公共活动、游憩系统。印度昌迪加尔的城市总体规划是个很好的实例（图 9-6）。

客观存在的优美的自然要素怎样和城市各物质要素的布局融汇一体，既满足功能上的要求，又能创造出丰富的景观，富有色彩和韵律的城市轮廓线，这取决于城市用地的选择和安排。如阿尔及尔（阿尔及利亚民主人民共和国首都），位于海边峭壁之下，原来较混乱，由于将城市各物质要素的布局作了协调和安排，又重新建立了秩序。阿根廷首都布宜诺斯艾利斯原是一个"没有希望的城市"，经过了"几次大的手术"，获得了光彩。城市各主要物质要素的选址和布局，与地形和自然条件的配合十分贴切、和谐。匠心独运的布局，既满足城市规划结构和功能上的要求，又具有城市整体美的表现力和富有韵律的城市轮廓线，显示了规划师在艺术创作上的造诣很深。英国小说家斯沃夫特认为："最好的字句在最好的层次。"意思是，找最好的字句要靠选择，找最好的层次要靠安排。选择与安排，剪裁和组合，是任何艺术创作获得整体美的重要核心。正如法国雕塑家罗丹所说的："一件真

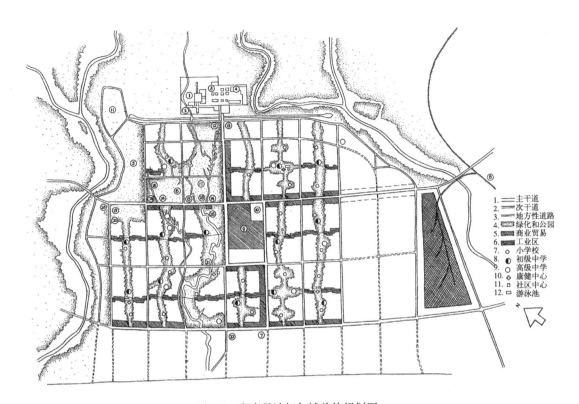

图 9-6　印度昌迪加尔城总体规划图

正完美的艺术品，没有任何一部分是比整体更加重要的。"

　　总之，质量是一个由各方面要素综合发展水平的概念。优越的物质环境，舒适的居住环境，美好的社会环境和心理环境，使整个城市透发出色彩斑斓的和谐的气息，而所有这一切都建立在社会的高度的物质和精神文明的基础之上。

本文发表于《城市规划汇刊》1986 年第 5 期

棚户区居住质量的评定方法

在旧城居住地区的改建中，由于每年的拆建数量有限，如上海南市区每年拆迁量为800 ~ 1000户，其中棚户占500 ~ 600户，而南市区共有棚户33000户，因此，各棚户区的改建必然会有先后。它的依据是什么？是实际工作中需要回答和解决的问题。最近通过对2个棚户区的典型调查，在资料整理、分析过程中，就棚户的居住质量方面进行了分类、指数化和评定，试图摸索一个棚户地区居住质量的简易评定方法，来指导实践，下面就评定方法作一介绍。

一、 棚户区居住质量的评价内容

构成棚户区居住质量的评价内容应以涉及每户有关生活居住的共同性因素为主。可归纳成4个主要方面，这4个主要方面可包括20个项目及86个评价因素：

评价因素应做到重点突出，简单扼要，并能综合反映出棚户区的居住质量概貌。4个方面，20个项目，86个评价因素，是评价旧城棚户区居住质量的内容。所以对不涉及居住质量的有关近邻环境或其他方面的因素都暂不作为评价的因素。如：日常公共设施的服务情况，周围工厂造成的环境污染，小气候，上、下水道等市政设施的使用质量，道路的路面结构，公共交通使用的便捷程度，绿化场地的配置，景观等等。

组成棚户区居住质量的4个方面——房屋结构、居住情况、居住卫生和拥挤程度——是一个整体，既有共存制约的一面，又有主从关系和起主导作用或被影响的一面。"房屋结构"，能反映棚户区建筑的结构、材料、质量和破损程度，以及防火、防护的现状。"居住情况"，能说明居民在居住方面的困难、拥挤和各种各样的居住状态。"居住卫生"，能揭示棚户居民的居住和生活上的不卫生状况以及严冬酷暑的生活条件。"拥挤程度"，能看出棚户区的居住密集和环境拥挤的情景。但是很明显，"房屋结构"和"居住情况"是棚户居住质量评价的主要方面。"居住卫生"中所反映的各项内容，都是受到这2个主要方面的各项因素影响的。"拥挤程度"是棚户区的特有形态，它既反映了居住密集、拥挤的程度，也是影响"居住卫生"的因素之一。

1. 房屋结构
   1) 屋顶——①草顶；②油毡顶；③瓦顶
   2) 墙——④竹；⑤泥；⑥板；⑦砖
   3) 地面——⑧泥；⑨砖块；⑩水泥；⑪木板
   4) 破损程度——⑫危房；⑬破损；⑭一般；⑮完好
   5) 防火——⑯易燃；⑰一般
   6) 防护——⑱进水；⑲漏雨；⑳透风；㉑尚可

2. 居住情况

7）居住面积——㉒ 1m²/人以下；㉓ 1.1 ~ 2m²/人；㉔ 2.1 ~ 3m²/人；㉕ 3.1 ~ 4m²/人；㉖ 4.1 ~ 6m²/人；㉗ 6.1 ~ 9.9m²/人；㉘ 10m²/人以上

8）合住情况——㉙三代同室；㉚二代同室；㉛各代分室

9）厨房和居室的关系——㉜烧与住合；㉝烧与住分

10）家具面积率——㉞ 70% 以上；㉟ 60 ~ 69%；㊱ 59% 以下

11）屋室净高——㊲ 2.2m 以下；㊳ 2.21 ~ 2.5m；㊴ 2.51 ~ 2.79m；㊵ 2.8m 以上

12）阁楼搭建情况

有阁楼，净高在
㊶ 1.2m 以下；
㊷ 1.21 ~ 1.59m；
㊸ 1.60 ~ 1.79m；
㊹ 1.80m 以上

无阁楼
㊺住房宽敞，在 10m²/人以上
住房较挤
㊻ 2.1 ~ 4m²/人；
㊼ 2m²/人以下

3. 居住卫生

13）日照——㊽冬至中午前后无日照；㊾有一些日照

14）通风——㊿无；51 差；52 一般；53 良好

15）采光——54 暗；55 阴；56 一般；57 明亮

16）温度

冬季温度 0℃时，午夜室内温度
低于室外
58 3 ~ 5℃；
59 1 ~ 2℃；
60 室内外温度相等
高于室外
61 1 ~ 2℃；
62 3 ~ 5℃

夏季温度 35℃时，中午室内温度
低于室外
63 3 ~ 5℃；
64 1 ~ 2℃；
65 室内外温度相等
高于室外
66 1 ~ 2℃；
67 3 ~ 5℃

17）朝向——68 北；69 西；70 东；71 东南、南

　　在居住质量评价的 4 个方面中，每个方面的若干分项目之间也有主次的关系。

　　1）"房屋结构"中，屋顶和墙身是一幢房屋的骨架，房子的破损和易燃、透风、漏雨与否，都与屋顶和墙身所用的材料及其建造方式和使用损坏程度有关，因此屋顶和墙是房屋结构中的主要评价因素。破损程度及防护情况则关系到居民的生命和居住的安全保障，因此也

$$4.\text{拥挤程度} \begin{cases} 18)\ 建筑密度——⑫\ 90\%\ 以上；⑬\ 80\% \sim 89\%；⑭\ 70\% \sim 79\%； \\ \qquad\qquad\qquad⑮\ 60\% \sim 69\%；⑯\ 59\%\ 以下 \\ 19)\ 人口密度——⑰\ 2400\ 人/hm^2\ 以上；⑱\ 2000 \sim 2399\ 人/hm^2； \\ \qquad\qquad\qquad⑲\ 1600 \sim 1999\ 人/hm^2；⑳\ 1200 \sim 1599\ 人/hm^2； \\ \qquad\qquad\qquad㉑\ 1199\ 人/hm^2\ 以下 \\ 20)\ 建筑面积密度——㉒\ 12000m^2/hm^2\ 以上；㉓\ 9000 \sim 11999m^2/hm^2； \\ \qquad\qquad\qquad\qquad㉔\ 8000 \sim 8999m^2/hm^2；㉕\ 7000 \sim 7999m^2/hm^2； \\ \qquad\qquad\qquad\qquad㉖\ 6999m^2/hm^2\ 以下 \end{cases}$$

应列为较重要的评价因素。至于防火，因为棚户房屋基本上都是易燃的，因此列为次要的评价因素。

2）"居住情况"中，现状每人所占居住面积无疑是最重要的因素。阁楼的有无，对棚户区的每户居民所占的居住面积多少，也是至关重要的。居室净高对居住的空气清新、通风、卫生和舒适情况有很大影响。因此，每人所占居住面积，阁楼的搭建情况和居室净高等3个项目，应是"居住情况"中的主要评价因素。合住情况，是反映每户居住上的拥挤情况。厨房和居室的合与不合及居室家具面积率，只是反映居室的拥挤和凌乱的情况而已。厨房和居室在棚户区中大都是混杂在一起的，面积分开使用的为数较少。由于居室小而简陋，日常必需的家具又必须设置，故棚户区住户，家具面积率普遍较高。评价时就不能作为主要因素。

3）"居住卫生"中的每一项目都是影响人们的居住卫生和健康条件的。其中尤以采光和室温直接影响人们各项生活起居活动，因学习、休息和睡眠等被列为主要评价因素。当然，棚户的夏天室温高低同通风、朝向、居室净高和屋顶、墙身所用的材料及棚户地段的"拥挤程度"等都有关系。棚户区中因为房屋间距太小，因此即使朝南的住房，在冬季，冬至中午前后无日照的也很普遍，评价时也不作为主要因素。

4）"拥挤程度"中的3个因素——建筑密度、人口密度和住宅建筑面积密度都是互相关联的。因此基本上不分主次。

二、 棚户区居住质量的评定方法

要客观如实地反映现状情况，不仅需要深入细致地做大量的调查研究、分析、统计工作，而且要对所评价的因素给以不同的指数化。从综合的分数值就可区分出各棚户区的居住质量的优劣情况。这样就能排除个人的武断与偏见，避免由于各人的认识不一或掌握尺度不一而产生判断各异、众说纷纭、难以一致的局面。

为此，将构成棚户区居住质量的4个方面、20个项目、86个评价因素分别指数化。为适应一般的习惯，采用加分法。根据每个评价方面、项目和因素的主次关系，有所侧重地提出一个建议的百分比数值（表10-1），总分为500分，累计分数值的多少即表示棚户区居住质量的优劣程度。它可以进行综合评价，也可以为某一目的而选取单项或几项进行比较。

评价棚户区居住质量4个方面、20个项目、86个因素的评分标准建议表　表10-1

项目	分数（分）	占总分（%）
房屋结构	155	31
居住情况	165	33
居住卫生	122	24.4
拥挤程度	58	21.6
总计	500	100

房屋结构155分

项目	分	占%	分项及加分（分）									
1.屋顶	38	24.5	（1）	草	5	（2）	油毡	15	（3）	瓦	38		
2.墙	38	24.5	（4）	竹	5	（5）	泥	10	（6）	板	20	（7）	砖	38
3.地面	17	10.9	（8）	泥	5	（9）	砖块	10	（10）	水泥	17	（11）	木板	17
4.破损程度	25	16.2	（12）	危房	5	（13）	破损	8	（14）	一般	15	（15）	完好	25
5.防火	12	7.7	（16）	易燃	5	（17）	一般	12					
6.防护	25	16.2	（18）	进水	2	（19）	漏雨	3	（20）	透风	5	（21）	尚可	25

居住情况165分

项目		分（分）	占（%）	分项及加分（分）										
7	居住面积	50	30.3	（22）	1m²/人以下	3	（23）	1.1～2 m²/人	7	（24）	2.1～3 m²/人	13	（25）	3.1～4 m²/人	20
				（26）	4.1～6 m²/人	30	（27）	6.1～9.9 m²/人	40	（28）	10m²/人以上	50			
8	合住情况	25	15.1	（29）	三代同室	5	（30）	二代同室	15	（31）	各代分室	25			
9	厨房和居室关系	15	9.1	（32）	烧、住合	5	（33）	烧、住分	15						

续表

项目		分（分）	占（%）	分项及加分（分）								
10	家具面积率	15	9.1	(34)	70%以上	5	(35)	60%~69%	10	(36)	59%以下	15
11	居室净高	30	18.2	(37)	2.2m以下	7	(38)	2.21~2.5m	18	(39)	2.51~2.79m 25	(40) 2.8m以上 30

12	阁楼搭建情况	30	18.2	阁楼净高	(41) 1.2m以下 8		无阁楼	(45) 住房宽敞的情况下 10m²/人以上	30
					(42) 1.21~1.59m 12				
					(43) 1.60~1.79m 16		住房较挤：	(46) 2.1~4m²/人	6
					(44) 1.80m以上 20			(47) 2m²/人以下	3

居住卫生122分

项目		分（分）	占（%）	分项及加分（分）								
13	日照	20	16.4	(48)	冬至中午前后无日照	5	(49)	冬至中午前后有日照	20			
14	通风	25	20.5	(50)	无	5	51 差 10	(52) 一般 17	(53) 良好 25			
15	采光	28	22.9	(54)	暗	5	55 阴 10	(56) 一般 18	(57) 明亮 28			

16	温度	29	23.8	冬季温度0℃时，室内午夜温度 14.5	低于室外	(58) 3~5℃	1	夏季温度35℃时，中午室内温度 14.5	低于室外	(63) 3~5℃	14.5
						(59) 1~2℃	3			(64) 1~2℃	10
					室内外温度相等 (60)		5		室内外温度相等	(65)	5
					高于室外	(61) 1~2℃	10		高于室外	(66) 1~2℃	3
						(62) 3~5℃	14.5			(67) 3~5℃	1

17	朝向	20	16.4	(68)	北	5	(69)	西	10	(70)	东 16	(71) 东南、南 20

拥挤程度58分

项目		分（分）	占（%）	分项及加分（分）		
18	建筑密度	20	34.5	(72)	90%以上	5
				(73)	80%～89%	8
				(74)	70%～79%	11
				(75)	60%～69%	15
				(76)	59%以下	20
19	人口密度	20	34.5	(77)	2400人/hm²以下	5
				(78)	2000～2399人/hm²	8
				(79)	1600～1999人/hm²	11
				(80)	1200～1599人/hm²	15
				(81)	1199人/hm²以下	20
20	建筑面积密度	18	31	(82)	12000m²/hm²以上	5
				(83)	9000～11999m²/hm²	7
				(84)	8000～8999m²/hm²	10
				(85)	7000～7999m²/hm²	14
				(86)	6999m²/hm²以下	18

从棚户区居住质量的 4 个方面、20 个项目、86 个因素的评分标准建议表中可以分析出：

累计总分 104 分～165 分，为很差；

累计总分 166 分～271 分，为低于及格标准；

累计总分 272 分～296 分，为及格；

累计总分 297 分～406 分，为尚可；

累计总分 407 分～500 分，是棚户中较好的。

必须指出的是，即使是满 500 分，在与城市中其他居住类型相比时（花园住宅、公寓大楼、新式里弄、旧式里弄、新建工房等），其居住质量仍然是很差的。它只是在确定各棚户区改造先后顺序时起相对性的作用而已。不应对棚户区中好的居住质量有任何错觉。因此，这里指出的居住质量的评价内容、方法和评分，仅适用于旧城居住区内棚户区居住质量的评定。对其他住宅类型地段的居住质量评价应另列内容及分数值。当然，各项分数值的分配，推敲得还不够，也还需进一步研究。但这一建立在指数化上的简易的评定方法，在实地调查中已感觉到一些差异，在评价举例中得到了证实，所以感到是切实可行和有效的。

本文发表于《旧城改建规划》1986 年 5 月

注：

1979 年由当时的国家城建总局下达的"现有大中城市改建规划"研究课题,共有 10 个项目,其中"上海市棚户区改建途径探讨"由同济大学建筑系城市规划教研室负责,负责人为陈运帷教授,南市区人民政府城市建设办公室协作,我具体参加了这项科研工作。

该研究项目从 1979 年 12 月至 1981 年 12 月,历时 2 年。"棚户区改建途径探讨"的研究成果归纳为 3 篇文章:《情况浅议与初步设想》、《棚户区居住质量的评定方法》、《棚户区改建中住宅建筑面积定额的选定》。此外,还有一册《棚户区概况照片集》及南市区的"新街"和"大夫坊"两个棚户区的改建规划图。3 篇文章刊登在 1986 年 5 月由《城市规划》杂志编辑部将 10 个研究专题汇编成的名为《旧城改建规划——阶段成果汇编》一书上。

《棚户区居住质量的评定方法》一文,由我负责研究和执笔撰写。

住宅建设与社会效果

住宅建设要注意社会效果，而这个问题至今尚未引起足够重视。城市规划不仅是研究土地利用问题，还要同时关心城市的社会组织、生活方式及社会对心理的影响等问题。在研究住宅设计的技术经济性和选址的环境效益时，也要充分估计可能引起的某些社会问题。

一、 拆迁户"自行过渡"带来不少问题

当前上海旧区住宅建设形势很好、规模很大。各区历史悠久的棚户区都已列入改建计划，在陆续开工之中（如：南市区的西凌家宅、普陀区的药水弄、徐汇区的市民村、虹口区的久耕、寿椿里等）。但因缺乏周全的前期工作计划和动迁居民的周转用房，求快心切，都采用一次动迁，号召居民"自行过渡"。据不完全统计，目前上海市区已有 5 万多户拆迁居民处于"自行过渡"状态。时间一久，产生了未意料到的种种矛盾，产生了新的社会问题。

所谓"自行过渡"，除少数投亲靠友外，绝大多数是到农村租借住屋，地点都很偏远。自行过渡早的居民尚能租到有自来水的地段，后来只能租到吃井水的地段，大大增加了职工上下班出行的距离和时间。

房租贵，每平方租金达 2.5 元，而且还有上涨的趋势。租屋合同期一年，以后每年续订，当然房租要加码。动迁居民每月 8 元的自行过渡费不够付房租，增加了开支。由于户口不迁，居民的粮、油、煤关系仍留原地，于是粮、煤都得按月在原住地购买后运到临时过渡处，给生活带来了很大的不便。学生上学因不能转学，要自购公交月票，往返读书。幼儿和托儿的入幼儿园和托儿所也较困难。由于农村尚有封建迷信的残余思想，有些房东规定房客不准死人，不准结婚，不准生孩子，否则认为不吉利。通常高层住宅建设，从动迁—设计—建造—分配，周期长达 5 年左右。给自行过渡居民带来生活不便、精神压力、经济负担和情绪波动之苦，形成了新的严峻的社会问题。

此外，自行过渡费的开支也很可观。以南市区海潮棚户区住宅改建基地为例，算一笔经济账很发人深省。该基地拥有居民 6000 人，1600 户。

1）按规定，自行过渡费每人每月 8 元，则每年须付 57.6 万元。

2）基地建设周期如为 5 年，则总计为 288 万元。

3）搬迁时的一次性奖励费为每人 50 元，总支出为 30 万元。

4）两者合计 318 万元。

5）海潮基地系高多层结合，规划建造建筑面积 14 万 m^2，318 万元自行过渡费折合到

每平方米建筑面积需增加造价 22.71 元。

推而广之，全市 5 万多户动迁居民，所付出的自行过渡费是庞大而沉重的。

造成这种新情况原因有三：一是住宅建设单位图省力，总认为动迁户领取了自行过渡费后，有钱什么困难都解决了，但实际情况完全不如人愿。二是片面追求拆迁规模和速度，以显示工作的"声势"和"成效"，完全缺乏周全的工作计划。未在实事求是的可行性研究基础上制订出最有效率、最经济的分期建设计划、分期动迁计划（包括动迁居民的临时或永久的安置）及逐步回房计划，造成过早动迁、过多动迁、基地长期晒太阳的局面。三是住宅建设单位缺乏长期的工作措施，既不算经济账又不关心拆迁户的生活和工作。

仍以海潮棚户区住宅改建基地为例，试算三种安置过渡动迁户的方式所反映的经济效果（表 11-1）。

海潮棚户区住宅改建安置过渡情况表 表11-1

1	付给每位居民自行过渡费及一次性搬迁奖励费318万元
2	全部建临时过渡房 （1）每户20m²，造价120元/m²，需3.2万m²建筑面积，费用384万元。 （2）租地费：（0.03元/m²/天）×365天/年=11元/m²年，5年为55元/m²，租借5万m²用地，需租费275万元。搭建临房费用合计为659万元。 （3）向农村租地合同5年，言明到期后临时房归农村所有
3	为长远之计，建造专用动迁周转用房（适用30年，4层楼，标准一般） （1）每户平均40m²，造价250元/m²，1户1万元，需6.4万m²建筑面积，费用1600万元。 （2）征地3hm²（45亩），征地费3万元/亩，需费135万元。建造专用动迁周转用房费用合计为1735万元。 （3）假定高层住宅基地平均5年周转一次，可用6次，则每次分担费为289万元

从以上三种方式分析，建造一批专用动迁周转房较其他两种方式经济，而且使动迁户安定。因此，出于对动迁户的关怀和负责，节约国家建设资金和具有稳定的长期的工作秩序，住宅建设主管部门应将此问题提到议事日程上来。问题是谁来建造。因单位集资建房机构都是临时性的，房屋建成，机构解散，万事不管。所以应由住宅建设主管部门统一建造，然后可出租给各集资建设基地。

二、 新建住宅区忽视设施配套

为解决住房紧缺，从 1979 年以来上海开始大量开辟新居住区，浦东也开始大量建造新住宅（如：上南、上钢、德州、雪野、南泉、临沂、潍坊、梅园、泾西等新村，"七五"期间还要兴建竹园、泾南、泾东、塘桥等新村），这对缓和住房困难和疏解旧区的人口起了很大作用。但在实践中也产生了一些问题。

新居住区的建设仅从建造住宅为出发点，只抓住宅不充分兼顾其他方面的需要，认为多建 1m² 的公共建筑就是少建 1m² 的住宅。因此忽视了商业服务、文化娱乐、医疗卫生、教育体育等设施的配套建设，给居民生活上带来很多不便，近年来浦东人口发展很快（表11-2），如南市区的浦东地区人口每月递增 500 多户，但公共服务设施则未相应扩大，仅以商业服务为例：

南市区浦东地段人口发展情况表　　　　　　　　表11-2

年份	人口（户）	人数（人）	备注
1960年	11521	59867	
1979年底	17200	69823	20年增加5679户，9956人
1986年7月底	52172	172334	5年多增加34772户，102511人

注：1984年：网点199户，财贸职工3500人，营业额7000万元；
　　1985年：网点220户，财贸职工3700人，营业额14000万元。

在浦西，一家粮食店供应 2000 户，浦东要供应 4000 户。可以想象居民购物不方便的情景了。

再则，建设中的每个新村的规划结构（人口规模和公建配置）都是以"居住区"为单位，于是一个一个"新村"的建成也就是一个一个居住区的集合，成为典型的"卧村"。公建配置处于初级阶段———一处（街道办事处）三所（派出所、粮管所、房管所）、居住区中心、中学、小学、幼儿园、托儿所和为居民日常生活服务的商业服务设施。大量的地区级物质、文化、精神等公共设施的建设都尚未提到议事日程上来。目前因无电影院、文化馆、图书馆、体育场、游泳池，带来文化、精神生活的枯燥是不言而喻的了（连产妇生孩子都要过江到浦西的医院）。因此，现阶段浦东地区的新居住区住宅建设缺乏真正的城市生活，应引起足够重视。以浦东周家渡地区为例，规划人口规模 30 万人，但 30 万人口的地区中心因考虑较迟，位置适中，环境良好的地段都已建设了新的居住区，不得不选在两条干道的交叉口及贴邻隧道进出口和上钢三厂氧气车间，而这块用地受钢铁厂污染和主要干道的交通干扰较严重。但即使如此，因无具体实施计划，规划管理未有效控制，迄今用地正被陆续蚕食之中。

三、 忽视了就业岗位的迁移

由于在浦东建造新居住区的指导思想仅为"住人"，大量人口从浦西搬迁至此，却未同时考虑解决部分人口的就业岗位的迁移调整（表11-3）。

浦东上南新村1～4村居民工作地点分析表（总户数6041户）　　　表11-3

全家工作地点情况	全家在浦东工作	全家在浦西工作	有的在浦东工作有的在浦西工作	已离休、退休，不工作的
人口（户）	1277	3097	1474	193
占百分比（%）	21.4	51.2	24.4	3

由此可见，工作在浦西的居民占大多数，在这些住户中，要回浦西的愿望很高。如上南1～4村今年户口移出549人，其中回流到浦西的95户，472人（全家回流的235人，老年人回流的22人，未成年人回流的96人，在职居民回流的119人）。

唯有同时解决职工的就业岗位的合理调整（当然不可能全部，但也要大多数），作出综合性规划，才能使人们安居乐业。

浦东新住宅的配房渠道是系统配房，面向全市各系统，居民来自各个区，根本无法考虑上下班方便与否的问题，甚至出现远距离配房的现象（表11-4）。于是大量迁移到浦东的市民在公建配套不完善而造成的生活不便的基础上，又增加了蒙受交通拥挤和"过江难"之苦，在精神和体力上消耗极大。

浦东周家渡地区上南新村1～4村住户调查表　　表11-4

总户数	原住浦东	原住浦西	南市区	黄浦区	卢湾区	静安区	徐汇区	长宁区	普陀区	闸北区	虹口区	杨浦区	卫星城及外省市
6041户（100%）	1619户（27%）	4345户（72%）	2175	358	687	299	354	81	61	123	123	84	77户（1%）

很多配房单位又采用简单的增配住房的办法，允许其浦西仍保留住房，以致造成家庭分居浦东和浦西两处（表11-5），增加了不稳定的因素，户口变动也很频繁（表11-6）。

上南新村1～4村6041户居民家庭结构分析表　　表11-5

全部移入	部分家庭成员移入	其中（户）		
		移进家庭主体人员	移进部分家庭人员	移进老年人或小孩（象征性）
3971户（65.73%）	2070户（34.27%）	1118户	893户	59户

上南新村1～4村的10个户口段分析表　　表11-6

1986年1～7月	居民移入	同期移出	移入与移出比
	158户，857人	104户，549人	1.5：1和1.6：1

分房渠道及方法必须要改革，盲目分房的现象必须要改变。应按照上海城市总体规划的要求，实行定向疏解，就近分房。

以上这些情况说明，住宅建设的指导思想较狭隘，仅考虑一个居住区或"新村"的用地布局、拆建平衡、密度高低和容积率多少，忽视了对整个地区的社会平衡和自足的研究，以致出现了居住与就业不平衡，住宅与公共建筑不平衡（生活基本需要不齐备、不完善）和住宅建设与市政基础设施不平衡。在市区边缘建设"新村"，尤其是在浦东地区，一定要从建设综合功能区的规划结构着手，综合开发，建成一片片具有相对独立和平衡的"工作—居住—休息—社会活动"的新区。

本文发表于《上海市旧房改造和住宅发展研讨会》论文集 1986 年 10 月

《社会》1987 年第 5 期

加快旧城住宅建设的思考

居住问题是人类生活中衣、食、住、行、用的五大基本要素之一。安居乐业，住房是人类生存的基本条件，它直接影响到每个人的工作、生活和学习。迅速改善居住条件和环境条件，对减少社会纠纷和矛盾，增强邻里和睦，促进安定团结，改善卫生条件和城市面貌，提高环境质量都有积极作用；并大大有助于促进社会的精神文明建设和国家四个现代化建设。因此，住宅问题是一个重要的社会问题和城市问题。

从旧城厢基础上发展起来的上海市南市区（旧区部分用地面积 6.9km²，人口 60 万，17.9 万户），人口密集，居住拥挤，环境质量差。从现状调查中发现，在居住困难方面存在 3 个问题：

1）居住困难户和居住不方便户多（共 10.9 万户）见表 12-1。

2）棚户住房多（共 2.3 万户，占居住总户数的 14%）。

3）旧式里弄住宅多（占住宅总面积的 70%，占居住总户数的 73%）。经勘查，极大部分旧式里弄住宅房龄长，住房陈旧，结构差，设施简陋。

南市区居民缺房情况分析表　　　　　　表12-1

合计		不方便户								拥挤户					
		小计		三代同室		父母与12周岁以上子女同室		十二周岁以上兄妹同室		二户同室		小计		居住在2m²以下		居住在2~4m²以下	
(户)	(%)	(户)	(%)	(户)	(%)	(户)	(%)	(户)	(%)	(户)	(%)	(户)	(%)	(户)	(%)	(户)	(%)
109085	100	64385	59.0	13394	12.3	34849	31.9	9475	8.7	6667	6.1	44700	41.0	37211	34.1	7489	6.9

由此可见，旧城中住宅的需要量和改建量很大。如何在短时间内解决大量困难户的住房问题，研究如何对待建筑质量和居住质量很差的简棚屋区的改建，如何加快缺乏厨房和卫生设备的旧式里弄住宅的改善，是一件关系到广大市民切身利益的大事，也是旧城改建的重要方面。

一

旧城改建中要分析历史，认识国情和分析现状。住宅建设要考虑长期性和阶段性目标。住宅的标准和质量，人民的居住水平和舒适程度，都有一个由低到高，交替更新，逐渐提高，日趋完善的过程。这里重要的制约因素是国家的经济发展水平，财力厚薄，科技发达的程度及规划建设的规模。

当前住宅建设的立足点应是在一定的标准和质量的前提下，首先解决数量问题，即让大量的居住困难户能尽快获得住房，同时兼顾建筑质量、居住质量和环境质量甚差的棚户区能从速得到妥善安置。

加快解决住宅建设的步子，并不意味着可以大量建筑低标准的简易住宅。而是在一定的建筑质量和居住质量的前提下，要求结合当前的财力及户型结构，制定切合实际的住宅面积标准，并加以严格控制。目前国家规定一般城镇居民每户建筑面积平均 $45 \sim 50m^2$ 是适合我国现阶段国情的。随着家庭人口的小型化，20 世纪末人均居住面积提高到 $8m^2$。近几年来，上海每年新建住宅在 450 万 m^2 左右，如把平均每套住宅建筑面积从 $50m^2$ 放宽到 $55m^2$，一年就要少建 8200 套住宅，亦即每年将有 32800 人不能住进新屋。因此，应在居住困难状况基本解决后，再根据国家经济的发展，逐步放宽住宅的面积标准和质量标准及现住宅的普遍更新提高。

二

旧城改建的实践说明，解决居住困难户的住房建设及简棚屋区改建的步伐快慢，同旧区住宅改建的选址有很密切的关系。过去，由于旧区住宅改建的指导思想存在一定的片面性，反映在选址上往往较分散、零星、小型。有些地方见缝插针，就事论事，迁就现状，缺乏一定范围内的相对整体性。出现避密求稀，避大求小，避相对集中求分散，避居住质量和环境质量很差的难改地段而求易做地区的偏向。这种同城市总体规划利益相违背的指导思想必须改变。

旧城居住区的住宅改建基地的选址应具有多方面的规划效益。住宅改建必须在城市总体规划的指导下，与旧城改建相结合，选址要相对集中，成街成坊。要结合地区的主要道路和重要地段的改建，结合建筑质量和居住环境质量很差的简棚屋区改造，并能比较集中和经济地配置相应的公共服务建筑和市政公用基础设施。

上海市南市区在编制七年（1984 ~ 1990）旧区住宅改建规划时，遵循了上述原则，改建基地相对集中在四条主要道路和主要地区。规划结果能具有以下多方面效益：

1）提供能建造 100 多万平方米新住宅的基地，辟通两条主要道路，加宽两条主要道路，建设三组高层建筑群，改造四大棚户区。增加街旁花园等公共绿地面积 $4hm^2$，相应配置各种公共服务建筑约 34 项（教育、文化、体育、医疗卫生、邮电、出租汽车站、菜场、浴室、商业服务等），市政公用设施若干项目（供电、供水、下水、煤气、环卫、道路等）。

2）拆除和改建现有棚户的 44%。

3）旧区住宅改建基地的拆迁户中，居住面积在 $4m^2/$ 人以下的各类居住困难户及待房结婚女青年达 12300 户（人），占拆迁总户数的 80.4%，都得以解决居住困难。

4）新住宅建成后，全区新住宅和新式里弄以上住宅的比例，将由现在的 18.2% 上升到 45%。

由此可见，旧区住宅的改建基地选址的恰当与否，会大大影响能否获得多方面城市规划的综合效益——经济效益、社会效益和环境效益。

三

要加快旧区住宅建设还必须调动各方面的积极因素，应广泛开辟投资渠道，走多途径、多方式、多层次、多标准的道路。

所谓多途径、多方式，即除国家和地方投资的统建住宅建设外，应积极组织各系统单位集资建造住宅；大力支持和配合工厂企业单位调整用地，挖潜建造住宅；鼓励联建公助，私房自行翻建（或联合翻建）住宅；发展商品住宅。这实际上就是发挥国家、地方、企业和个人四方面的建房积极性。

此外，在旧城改建中，我们不能忽视大型公共建筑和市政公用基础设施的建设及工业用地调整，对促进旧城改建的巨大推动力和加快住宅建设的积极成效。

1）已建成的上海电信大楼，拆迁了 3000 多户居民。正在建设的上海新铁路客运站，拆迁 7000 户住户。即将建设的黄浦江大桥，其越江工程范围涉及 8000 多户居民的拆迁。

2）为沟通上海中山环路，须将中山南路 1.8 km 长的路段拓宽到 40m。这一工程将使 2000 户住户迁入新居，涉及 105 个单位的用地调整，15 个工厂需迁往近郊工业区。由于沿线建设条件较好，因此多处规划建造高层住宅，并开辟 2 万 m² 的公共绿地。对改变旧城面貌起显著作用，具有良好的综合效益。

3）上海缝纫机台板一厂属"一厂多点生产"类型工厂，共分散 6 处，与周围居住混杂，矛盾很大，合并一处建造多层厂房后，收到了多方面的效益；改善了环境污染，消除了各车间对周围居民的有毒气体苯、木屑、烟尘、噪声等"三废"危害，减少车间的厂外运输费用，提高了工厂的经营管理效益和劳动生产率，促进了生产的发展。易地重建了一所新小学。共拆除 370 多户棚户，在 2 处腾出的车间用地，新建 39000m² 的高层和多层新住宅容纳 660 户居民。

4）上海南区热网工程建成后，将有 300 多户居民因动迁而住进新屋，并拆掉 215 个工厂的 270 根高 25 ~ 30m 的烟囱。以电厂为中心的 3.5 ~ 4km 为半径的区域内，每年少排 9000t 灰尘（每天少排 36t）。在上海市区有关道路上每日减少 138 辆运煤灰卡车往返。

可见，当前大城市中存在的住宅、交通、环境污染三大问题，相互制约有着一定的内在联系，必须综合治理才能具有综合效果。

所谓多层次、多标准，即按不同地段（城市中心区、分区中心区、一般地区、市区边缘或郊区），不同的经济收入，不同的工作和职业及原有居住条件，提供多种类型和标准的住宅，允许有适当的差别，有较大的选择余地。这不但符合我们目前的实际情况，也是国外住宅建设实践的经验。尤其是商品住宅的建设更应为不同的经济收入和户型家庭提供各种标准和类型的住宅。统一的标准和价格，不能促进房地产业的繁荣，不利于加快解决居住困难的要求。

四

旧城中，一方面感到住宅建设用地紧张，另一方面则未对有限的住宅建设用地节约使用。应当从宏观的角度来理解节约城市用地的广泛含义及其重要性。像上海这样的特大城市在城市现代化建设的进程中，不但住宅和住宅建设用地短缺和紧张，其他各种建设对城市用地的要求都在不断增加。

节约城市用地的途径是多方面的，其中适当发展高层建筑——"向空中要地，向高层要面积"，是节约城市用地的方法之一。

我们不能不看到目前上海的旧区住宅改建的现实情况。由于旧区密度过高，用多层住宅改建，拆除旧房后，建多层住宅后尚有30%～40%的居民不能迁回原址，造成改建日益困难的局面。再则，上海近几年来住宅建设资金，国家投资与单位集资的比例约为3：7。因此，保证集资单位参加旧区住宅改建至少能有30%（用多层）～40%（用高层）的利益还是应该的。否则，如无得益，有谁会来改建呢？棚户区改建的日期就将十分漫长了。所以，由单位集资改建的旧区实行"高层高密度"或"高层与多层结合的高密度"的改建方式是势在必行。

在目前的住宅政策下，为加快棚户区改建和解决居住困难，节约旧城住宅建设用地，适当建造些高层住宅，在现阶段也是现实的。当然，高层高密度或高层与多层结合高密度的改建方式只能限于用单位集资改建的大型棚户区，不能全面铺开，要适度，要适量。要严格研究总体布局的合理性和科学性，要使住宅、公建、绿地、市政公用设施等的比例协调，要使日照、通风、交通、密度、环境等的关系良好。

当然，在几个"高层高密度"或"高多层高密度"的基地上会增加一些人口，但这与疏解人口的总原则并无多大矛盾。人口的疏解应从大范围、整个地区和城市来运筹、平衡（而且也有一个复杂的时间差的过程）。不能拘泥于一两个或若干个基地的密度高低来评论。每个旧区改建基地由于采用不同的修建方式，密度有疏有密，建筑面积有多有少，人口有增有减。而且，最近若干年中住宅建设还是以在中心区边缘新建居住区为主，旧区改建为辅，因此，从总体上分析，中心区的密集人口的确是在不断往外疏解。如：近年来浦东地区的新居住区大量建设，从浦西迁到浦东的人口增长很快，每月平均递增500户。

总之，从目前上海的城市现状看，适当发展些高层住宅能促进旧区改造，加快旧城面貌的改观。能改变在近期因旧区密度过高，用多层住宅改建、拆建不能平衡而造成改建日益困难的僵持局面，尤其能使众多的简棚屋区改建指日可待。因节约建设用地，可大面积增加公共绿地，建造大量公共建筑和市政公用基础设施及满足道路、交通所需用地。如：西凌家宅等棚户区改建，节地效果是较为显著的（表12-2）。

要着重研究的应是：结合上海的实际情况，高层住宅建多少比例为宜？怎样更好地建设？包括规划布局的研究，类型、标准和层数的选择，设计、施工的改进，与周围道路、交通、环境的协调及更好发挥高层住宅经济效益等问题的研究。

三个棚户区改建情况的分析表

表12-2

基地名称	用地面积(hm²)	现状住户(户)	建造方式	改建后			比建多层住宅节约用地(hm²)
				建筑总面积(m²)	建筑密度(%)	容积率	
西凌家宅	9.5	3000	高层与多层结合	370000	28	4.0	27.5
唐家湾	2.0	1172	高层	89800	27	4.1	7.0
海潮	4.7	1700	高层与多层结合	150700	29	3.2	10.4

五

旧区住宅建设确非易事，是一件非常复杂、艰巨和长期性工作。住宅建设的成功经验和失策教训告诉我们，住宅建设绝不能孤立和就事论事进行，要开拓思路、扩大视野。一定要在城市总体规划的指导下，与旧城改建相结合。即，与改善不合理的工业布局和工业用地的调整相结合；与改造棚户区、危房地段相结合；与主要道路和重要地段的旧城面貌的改观相结合；与交通阻塞严重，环境质量脏、乱、差地段的改善相结合；与扩大城市公共绿地与街坊绿地相结合；与公共建筑和市政公用基础设施的建设相结合；与降低旧区密集拥挤的状态相结合。这样不但能加快住宅建设，还能促进和加速旧城改造。

本文发表于《城市经济研究》1987 年第 6 期

《上海房地》——国际住房年专辑 1987 年增刊第 1 期

上海蓬莱路地区改建规划

一、 蓬莱路地区改建总体规划

（一） 改建规划地区的位置及现状

　　规划地区位于上海市南市区的中心，是上海旧城厢的组成部分之一。按上海市土地等级划分，属市区甲级用地。

　　规划地区在旧县城的西南，西至在城墙遗址上的中华路，北面是复兴东路，东到河南南路，南至蓬莱路。围绕规划区周围的四条道路，除蓬莱路外，其余三条都是主要道路。地区用地面积为 23.4hm²，现有住户 7563 户，27014 人。人口密度为 1168 人 /hm²，人口净密度为 2100 人 /hm²，属高密度地区。规划区内道路都较窄，且线形不规则，呈"丁"字形。

　　该地区的住宅类型，按用地比例划分，旧式里弄住宅占住宅用地的93%，新式里弄住宅占5%，简棚屋占2%。大多数住宅陈旧，室内设施差，居住拥挤。地区人口稠密，建筑密集，居住环境质量很差。以老西门交叉口为中心，沿中华路两侧及复兴东路上已形成店铺林立的商业区。为居民日常生活服务的小商店分散在整个地区中。

　　该地区内的文教设施有小学 4 所，中学 1 所，若干个幼儿园和托儿所。中小学的校舍和场地都甚局促，幼托设施均设在旧式住宅建筑内，规模不标准，无宽敞的活动场地。区公安分局、区少年宫、区政府大礼堂和西园书场、文化馆地下影剧场等公共建筑也在该地区内。

　　区内还有市属工厂的两个车间和几个街道工厂的小型工厂。

　　此外，尚有古迹和宗教建筑各 1 处。崇祀孔子的文庙始建于同治五年（1866 年），在历史上是重要的建筑物。小桃园清真寺始建于 1917 年，来沪参观的国内外穆斯林都要来此瞻仰、礼拜（图 13-1）。

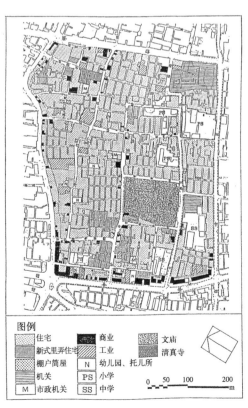

图 13-1　改建地区现状图

改建地区现状用地组成表　　　　　　　　　　　表13-1

用地性质	住宅	机关	商业	文教	工业	市政	文庙	清真寺	道路
面积(hm²)	13.4070	0.8370	0.8438	2.0260	0.6804	0.1456	1.2764	0.1599	3.7239
百分比(%)	58.0	3.6	3.7	8.8	3.0	0.6	5.5	0.7	16.1

（二）　地区规划的目标

1. 建设老西门地区中心

老西门地区，根据城市总体规划是地区级公共活动中心。规划区的西北部是该地区中心的主要组成部分，也是旧区住宅改建规划的高层建筑建设基地。此外，在老西门的南面有建于1939年的西园书场，北面有建于1914年的中华戏院，是两个历史性的文化设施。文庙路历史上就有文化街的特色，今后拟恢复和完善。

2. 改建住宅街坊

通过规划要改变建筑密集、居住拥挤的状况。对居住环境进行全面整治，增加公共绿地、儿童活动场地和有关公共设施，创造环境舒适、安静、优美的居住地段。

对现有旧住宅不采取全部拆除的做法。在详细调查和科学分析的基础上，分别采取保留、拆除、改建三种类型。

保留——指独立住宅、公寓、新式里弄住宅和新中国成立后新建的住宅。

拆除——指简棚屋和质量差的旧住宅。

改建——指外观完整具有一定的特色，建筑结构尚可，密度适中，成组成片的旧式里弄住宅。

（三）　土地利用方针

进行必要的用地调整，使规划结构合理，布局确当，功能明确，发展协调（图13-2）。

1）中华路与复兴东路相交叉的地段为地区中心的主要组成部分。因此，沿中华路确定为商业地段，沿复兴东路为公建地段，分别形成"商业住宅街坊"和"公建住宅街坊"。为提高土地使用率，商业和公建街坊都建造高层综合楼。

2）建设以文庙为主的区文化街，形成一个文化中心，作为上海旧城厢的一个文化旅游点。

历史上，文庙路及其周边地区，清静整洁，绿树成荫。清代就有启蒙书院、敬业书院、蕊珠书院、龙门书院、梅溪书院。后来有著名的民立女中、敬业中学。附近名园有"也是园"、"日涉园"、"吾园"、"半泾园"。寺庙有静修庵、铎庵、一粟庵、蓬莱道院。还有先棉祠，又名黄道婆祠，是有历史意义的古迹。尚有冷香阁金石书画室、博览书局及著名的蓬莱市场，文化气息浓郁。

目前，在文庙路这条区文化街上（一直延伸到规划区外的学前街）除现有文庙古迹外，还有区少年宫、区文化馆地下影剧场、区政府大会堂、蓬莱电影院、少年图书馆、少年游

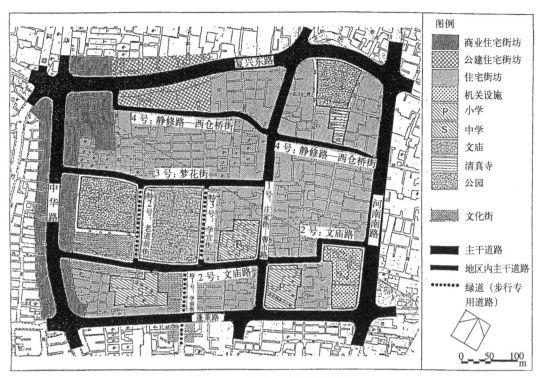

图 13-2　改建地区总体规划图

改建地区规划后用地组成表　　　　　　　　　　　　　　表13-2

用地性质	住宅街坊	商业住宅街坊	公建住宅街坊	机关	文教	文庙	清真寺	公园	文化街	道路
面积(hm²)	10.3460	1.2100	0.6350	0.6720	1.7360	1.3360	0.1599	1.3280	0.8320	4.8151
百分比(%)	44.8	5.3	2.7	2.9	7.2	5.8	0.7	5.7	3.6	21.0

泳池、区体育俱乐部等设施。规划还将建设区文化馆、图书馆、科技大楼、文化出版大楼等，开设文化艺术书店及文房四宝、书画装裱、金石篆刻、美术工艺、音乐器材、摄影照相、古籍旧书、古玩玉器、金银首饰、花鸟盆景、旅游纪念品商店等，还要开设孔膳餐厅及特色饮食小吃商店。在文化街上不论建造新建筑或改建、维修老建筑都应注意与文庙古迹风格相协调。

3）为充实老西门地区中心的内容，丰富整个地区中心的功能布局和提高环境质量，拟将与文庙西侧毗邻的一片简棚屋区兴建为文庙公园（占地 0.8hm²）。建议在中华路上应露出公园一角，以丰富街景，增添绿意。与小桃园清真寺相接处也辟一清真寺公园，除起保护和烘托清真寺的作用外，还可为附近居民休憩之用。

4）为维护文庙、文庙公园和文化街的安静，将文庙路、老道前街、学宫街和学前街辟为步行绿道。

5）规划区内现有工厂的车间都应搬迁，以净化整个地区的环境。

6）地区内小学集中过多，有必要进行保留、合并、迁出等合理调整。建议将文庙路上的一所中学改为区文化馆建设用地。

二、 蓬莱路地区局部详细规划

（一） 详细规划街坊的位置及现状

详细规划街坊位于改建规划区的西北部、由中华路、复兴东路、庄家街、梦花街所围绕。面积 6.3hm^2，现有住户 2746 户，9803 人。中华路和复兴东路除老西门交叉口附近的商业街外，其他地区均为住宅用地。大部分住宅为旧式里弄住宅，一部分是新式里弄住宅及棚户简屋。

（二） 土地利用和建筑配备规划

按照改建地区的总体规划，为了沿中华路、复兴东路形成城市地区中心，设置"商业住宅街坊"和"公建住宅街坊"。此乃提高土地使用率而采用商、住两用和公、住两用综合楼的混合修建方式。为保证商业街坊用地的完整将分散在街坊内的工厂车间迁出，露天菜场另移新址。住宅用地又分为"住宅再生街坊"和"住宅改建街坊"（图 13-3）。

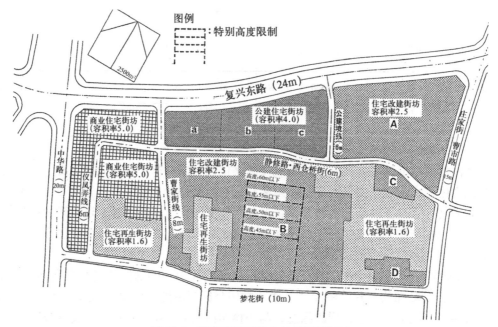

图 13-3 详细规划街坊土地利用规划图

各街坊的用地面积及建筑面积表 表13-3

街坊	用地面积（m²）	商业建筑面积（m²）	办公、旅馆建筑面积（m²）	住宅建筑面积（m²）（户数）	建筑面积合计（m²）
商业住宅街坊	7940	11335	3000	23000（394户）	37335
公建住宅街坊	6350	—	14560	10480（200户）	25040
住宅改建街坊	26120	—	—	61650（1110户）	61650
住宅再生街坊	11826	—	—	15162（361户）	15162
合计	51786	11335	17560	110292	139187

1."商业住宅街坊"的建筑物配备

面临中华路和复兴东路的"商业住宅街坊"综合楼，1～3层为商业设施，上面4～15层及4～16层是住宅。在街坊东南面现仪凤弄小学的位置设立一个大型的商场和超级市场（3层），与沿街商店联结起来，将"线"的流动扩大为"面"的流动，以方便人们在购物时来回走动挑选商品（图13-4）。与此配合在东部曹家街之间配置一个顾客用的3层楼自行车库。

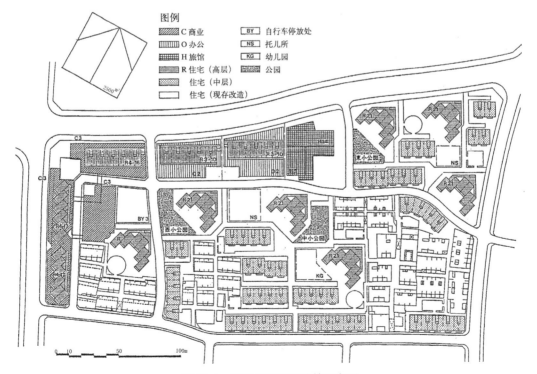

图 13-4 详细规划街坊建筑导向图

详细规划街坊改建后主要经济指标比较表　　　表13-4

	居住人口（户）	人口密度（人/hm²）	建筑总面积（万m²）	住宅建筑面积（万m²）	商业、公建建筑面积（万m²）	容积率	建筑密度（%）	住宅建筑面积（m²/户）	公共绿地（m²）
现状	2746	1556	8.2	6.7	0.6	1.3	68	24.4	0
规划	2065	1170	14	11	2.9	2.2	39	53.4	1500

2. "公建住宅街坊"的建筑物配备

沿复兴东路从曹家街向东呈长形设置"公建住宅街坊"。由于复兴东路较宽，配置板状建筑不会影响周围的日照。把街坊分成三个部分，西面a、b部分是两幢12层高的综合楼（1～2层是办公设施，3～12层是住宅）。因东端的c部分用地较深，有50～60m，所以规划一个带庭院的14层旅馆（图13-3）。

3. 住宅再生街坊

所谓"住宅再生街坊"，由被保留的两条新式里弄和两条质量较好的旧式里弄所组成。这些住宅目前的保存状态和环境条件都比较好。通过内部的技术改造：合理调整平面组合，改善通风和日照条件，实现独门独户。增添设备，使各户有自己的专用厨房和卫生间，成为现代化的住宅，达到再生利用的目的。街坊现有居民504户，改建后提高了居住水平，仅可容纳361户，要迁出143户。

4. 住宅改建街坊

所谓"住宅改建街坊"，即质量较差的旧式里弄住宅、广式里弄住宅及简棚屋等所在地区，对这类住宅全部拆除新建。由于这些街坊中的A及B部分在面积上较完整，故配置数幢21层的塔式高层住宅和6层的多层住宅。C及D部分因用地较小，布置了5层的多层住宅。因为地段靠近市中心区宜采用容积率较高的住宅类型。多层住宅由于向北跌落，住宅南北向间距仅需10m，节约用地的效果显著。还考虑到将来居住水平提高后平面组合的变动。21层塔式高层住宅，具有阴影小的优点，可减少对周围建筑的日照影响（图13-3）。

5. 高度限制

为保护文庙古迹，在文庙大成殿北侧的指定区域内（150m）确定了对高度控制的不同要求。其幅度为45～60m，以保证在文庙大门口，人们观瞻大成殿和明伦堂时，不受高层建筑的视线干扰（图13-5）。

6. 街坊容积率限制

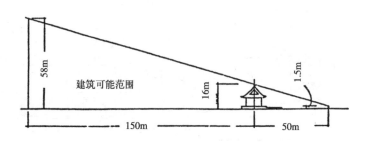

图13-5　在文庙大成殿背后区域高度限制图

各街坊的容积率（建筑面积/用地面积）上限，"商业住宅街坊"为 5.0；"公建住宅街坊"为 4.0；"住宅改建街坊"为 2.5；"住宅再生街坊"为 1.6。但在满足环境条件的前提下，也可以超过这个标准。

规划后，详细规划街坊可容纳约 2065 户，7372 人。要外迁 681 户。拆建不平衡率为 24.8%。

7. 道路宽度

道路宽度按功能分别确定为，城市主要道路 20 ～ 24m（复兴东路、中华路）；地区内主要道路 10 ～ 15m（庄家街、曹市路、梦花街）；街坊内道路 6 ～ 8m（曹家街、静修路、西仓桥街、仪凤弄、公建境线路）。

8. 公共绿地

街坊内设置了三块公共绿地（东、中、西小公园），面积合计约 1500m²。街坊绿地覆盖率为 22.9%。还配置了若干儿童游戏场及一所幼儿园，两所托儿所。

蓬莱路地区改建规划内容丰富，不同寻常，具有广泛的综合性。同时兼顾了科学性、合理性和可行性、经济性。既要降低过高的人口密度，又要考虑拆建平衡的关系，不宜迁出过多的人口。既要改变旧城面貌，又要保持传统的格局和地方特色及体现城市现代化的构思，规划要考虑历史、现实和将来。所谓考虑历史，即要很好地保护文庙古迹，在它周围一定范围内，建筑和环境需要严格维护其个性和风貌。所谓考虑现实，就是要尽量保留通过改建尚可继续利用的旧住宅。所谓考虑将来，既要将老西门地区中心建设成为现代化的商业、办公、文化中心。地尽其用，通过规划不仅取得了规划效益和环境效益，而且为产生更大的经济效益及振兴和发展房地产业创造条件。

本文发表于《城市规划》1987 年第 2 期

注：

上海《蓬莱路地区改建规划》是由中国人民对外友好协会上海市分会和大阪·上海经济区交流协会共同编制。大阪和上海的专家从 1984 年 7 月开始，经过一年多的努力，顺利完成任务。

参加的单位，中方有上海市规委、上海市房产局、上海南市区人民政府、同济大学、上海市城市规划设计研究院，日方是以大阪市立大学斋藤武夫教授为主的规划代表团。

《蓬莱路地区改建规划》于 1985 年 11 月得到上海市城市规划委员会的批准。

据《CNKI 知识搜索》报道，本论文的下载指数：★★

让南市旧区焕发新的活力

在上海，没有第二个地方像南市旧区那样问题成堆了。旧区的人口密度已达到 9 万人 /km²，中华路、人民路环绕的老城厢地区，2km² 住 26 万人，人口净密度高达 24 万人 /km²，可谓上海之最。上海住房之紧张，也以南市最为突出：一是困难户和居住不方便户多，占总户数的 61%；二是棚户房多，占总户数的 14%；三是旧式里弄住宅多，占总居住户数的 73%。这些旧宅多数结构差，房龄长，无煤卫设备，危险房屋也居全市前列。至于旧区基础设施之差也尽人皆知，75% 的居民在用煤炉，89% 的居民用马桶；道路狭窄，"瓶颈"、"堵头"众多，供电紧张，无完整的下水系统。旧区内有 300 多家工厂，绝大部分与居民住宅相互混杂，"三废"污染严重，工厂与居民冲突时有发生。旧区人均公共绿地面积仅 0.07m²，也是 12 个区中最少的。由于环境质量很差，潜在的危险因素很多。改变这种状况，已经刻不容缓。

居住是人类生存的基本条件，迅速改变南市旧区的落后面貌，对于减少社会纠纷和矛盾，促进安定团结，改善城市面貌，提高环境质量和促进社会的精神文明建设都具有积极作用。出于这种考虑，南市区政府制定了具有经济、社会、环境等多种效益的七年旧区改建规划：提供能建造 100 多万平方米新住宅的基地，辟通河南南路和西藏南路两条主干道，辟宽复兴东路和中山南路两条主干道，建设陆家浜路、中山南路、老西门地区三组高层建筑群，改造西凌家宅、海潮、斜桥、清流街四大棚户区，增加公共绿地 4hm²，相应配置 30 多项公共服务设施和市政公用设施，现有 44% 的棚户将拆除。规划实施后，旧区新式里弄和新住宅的比例，将由现在的 18.2% 上升到 45%。

在旧区改造过程中，我认为有几点需要强调。

第一，改造旧区的关键在于资金。集资应走多途径、多方式的道路。除国家投资外，应组织系统集资建造，配合企业调整用地，挖潜建宅；鼓励联建公助、私房自行翻建。同时，还要多层次、多标准地发展商品住宅，按不同地段、不同经济收入，提供相应类型标准的商品房。另外，可以积极利用外资改造旧区，不妨搞些试点。

第二，旧区改造是项系统工程，不仅仅是住宅建设。但不少部门，片面追求得益，缺乏综合治理观念。结果往往居住改善了，而环境未见好转。因此住宅建设须有一个总体规划，与旧区改造相结合。要使住宅、公建、绿地、市政设施比例协调，使日照、通风、交通、密度等的关系良好。

第三，旧区改造要防止大拆大建、一律推倒重来的盲目性和片面性。旧区中的建筑（单幢或成片）都要详细调查研究，决定是保留、改建还是拆建和拆除。目前，旧区 73% 的居民都居住在旧式里弄，这些里弄住宅量大面广，全拆既无必要也无精力。我认为应当将一些结构尚好、比较典型的旧宅成片、成坊保留。外貌仍保持原来特色，内部重新分割，增加厨房和卫生间，并做到独门独户。南市区蓬莱路 303 弄旧宅改建已在这方面作了成功的探索。

第四，旧区改造必须与新区建设相结合。由于旧区人口密度高，房源缺，投资少，地价未形成级差地租，房产市场也未形成，改造旧区的经济手段不够有力。因而，旧区中存在的人口密度和环境质量问题只有通过向边缘地区（新区、主要是浦东）疏散人口和从旧区迁出过多的工厂两条办法来解决。经研究，南市旧区适宜容纳的人口为 40 万，有 20 万人和 60% 的工厂应从旧区迁往新区。只有做到这一步，才能从根本上改善居住条件和提高环境质量，否则将事倍功半。

第五，发挥南市旧区独特优势，以振兴促改造。南市旧区素有老上海之称，老城厢内众多古迹、古建筑、宗教建筑和传统街巷应充分保护利用，积极开发豫园旅游区、十六铺农贸中心和文庙传统文化中心，以增强南市的吸引力和辐射力，加速城市的更新，让旧区焕发新的活力。

当然，旧区改造是项复杂工程，需要各方面的配合和协作，唯其如此，才能达到改造的预期目的和总的效果。

本文发表于《上海滩》1988 年第 8 期

在 1988 年 8 月 18 日上海人民广播电台"早新闻"节目中广播

环境保护要标本兼治

每个人都向往有一个环境整洁、空气清新、安静、美观、舒适的生活空间，但在上海不少旧区中却事与愿违！

南市区人口密集，建筑密度高，居住困难；工业过多又分散，布局不合理，且大部分都与居民区相互混杂。因此面临的环境问题很多，环保的任务十分艰巨。

环境治理必须标本兼治，综合治理。首先要提高人们的环保意识，要使每个人都知道保护环境的目的就是保护人类自身的生存环境。但事实说明，要使保护环境成为自觉行动，必须与无知、愚昧、管理不善和官僚主义作斗争，更要强化环境管理，强化环境监督，依法治理环境，树立环境保护工作的权威。工作要突出重点，要紧紧抓住那些污染大，迫切需要解决的问题。在旧区内，把防治废水、废气、噪声、烟尘作为重点，对每个污染源制定出治理的措施和期限。对达不到标准，又无有效治理方案的工厂应令其停产、转产或搬迁。

要根本治理环境，需对现有工业布局的用地进行调整，即将集中过多的工厂予以疏解，逐步消除居民区和工厂相互混杂的结构，形成工业区、工业街坊、工业点和独立工厂地段的布局体系。使工业生产环境和居住环境各得其所。因此，城市总体规划必须补充工业布局用地调整规划和环境规划。工业布局用地调整规划中，要将每个工厂分成留、并、迁三种类型，并提出用地布局和产品结构调整的意见。

此外，还需加强市政基础设施的建设，加紧发展管道煤气和液化气，以减少煤炉所产生的污染；扩大集中供热面，以拆除污染重、热效低的工厂小锅炉和烟囱减少对居住区的污染。要建设完美的下水系统，积极开辟小块公共绿地，疏解过密的旧区人口。

各工厂企业一定要遵守国家发布的各种环保政策和法令，除现有的工厂限期治理污染外，改建、扩建、新建的工程必须严格执行"三同时"方针，绝不能走"先污染，后治理"的道路，要做到经济要发展，环境要保护。只有经过这样的综合治理，旧区的环境才有可能日见好转。

本文发表于《上海环境报》1988 年 12 月 10 日

上海旧城改建必须立足于疏解

一

居住困难、建筑密集、交通拥挤、环境污染、市政公用基础设施超载、绿化贫乏，这些城市"老化"的表现都是由于人口的规模大大超过城市的用地规模和环境容量所引起的。

拥挤和密集，使我们城市的效率和生活环境质量都很低，已经影响了社会经济的进一步发展，影响了人们的正常生活和工作，制约了城市的改造和振兴，以及城市的进一步对外开放。拥挤和密集也给我们的城市管理带来了一系列困难，产生许多社会矛盾和城市问题，影响了社会的精神文明建设和安定团结。

因此，上海的旧区改建必须要立足于疏解。旧区改建一定要与疏解过多的人口和过多的工业相结合，与环境的综合治理相结合。在疏解中更好地建设和振兴上海，在疏解中来克服种种社会矛盾和城市问题。

但是，疏解不是一句空话。实践证明，要从根本上逐步疏解臃肿的旧市区，这不仅取决于上海城市发展形态和规划结构，更重要的是要有一系列为实施疏解的配套政策。因此，我们不能不看到现有的某些城市建设的布局和技术、经济政策，其结果非但未能起到疏解的良性作用，而且在某种程度上加剧了密集和拥挤。

1）为适应对外开放，发展外向型经济和旅游事业的需要，兴建一些较高级的宾馆很必要，但由于在市中心区布点过多，造成交通向市中心区集中，使这些地区的交通将会更拥挤，以致阻塞。再则，高级旅游宾馆布点那么多，但享受性、娱乐性、参与性的旅游景点的建设，旅游环境的完善和旅游商品的开发却未相应地跟上，又怎能使海外旅游者延长在沪的逗留时间和多创外汇呢？显然，这个情况反映了两个问题：一个是发展不当，二是发展不足。

2）1979年以来，上海建造了很多新住宅，开辟了很多新居住区，这对缓和住房困难和疏解密集的旧区人口起了很大作用。但因建设新居住区的指导思想仅为"住人"，因此，大量的人口从密集的市区迁到浦东和市区边缘的新居住区，却未同时考虑解决部分人口的就业岗位的合理调整和迁移，这些新居住区都是典型的"卧城"，致使大多数职工的居住地点距工作地点较远，上下班所花时间长，在精神上和体力上消耗大，同时又增加了道路交通的拥挤。这说明当时新居住区的兴建在指导思想上缺乏综合开发的宏观战略观念，仅考虑一个新居住区的用地布局、密度高低和建筑设计、公建和市政设施配套、绿地布置等，而忽视了对整个地区的"社会平衡"和"自足"的研究。如果在综合开发的战略思想指导下，通过用地布局和规划，结构的调整，使大部分职工能就近工作，并用多中心的城市布局结构，形成一片片具有相对独立平衡的"工作—居住—学习—休憩—社会活动"的综合区，就能避免上述缺点，达到真正的全面的疏解。

3）近几年来，上海旧区住宅改建的现实情况是不容忽视的。由于旧区密度过高，平房为主的棚户区拆除后，虽建造了多层新住宅，但仍有 30% ~ 40% 的居民不能迁回原址，造成改建日益困难的局面。再则，旧区住宅改建的资金，地方财政投资与单位集资的比例是 3：7。（现在已是 2：8）。因此，为保证集资单位参加旧区住宅建设有一定的得益，为节约建设用地，出现了不少"高层高密度""高、多层高密度"的改建基地，如南市区的西凌家宅棚户改建基地，占地 9.55hm²，动迁户 3032 户，可建总面积为 38 万 m²，其中 29 万 m² 为 15 幢 26 ~ 32 层的高层住宅，占住宅总建筑面积的 88.4%。实践证明，这些基地造价高，建设周期长，动迁户在外过渡时间很长，而且在已很密集的改建基地上又都增加了 45% ~ 50% 的人口。这种改建方式在全市旧区 23 个片改造基地中所占比例不少，与疏解旧区人口的总体规划和战略决策是不相符合的。

在改建密集的旧区棚户或旧住宅地段时，不宜普遍采用高层高密度的改建方式以谋求较高的住房得益率，这样将会使旧区人口增多，建筑加密。单位或系统集资改建旧区要坚持与开发新区相结合，用大基地的补贴基地来弥补参建单位应有的得房率。此外，在目前的经济形势下，资金较紧，不可能以大量资金来兴建职工住宅，更不应将有限的住宅建设基金兴建造价昂贵、周期很长的高层住宅。

4）由于历史遗留的原因，市区工厂集中过多，许多工厂分散在居住区内，与居民区混杂严重，而且大部分中小型工厂都是厂房简陋，设施陈旧，场地拥挤，建筑密度高，"三废"治理条件差，生产过程中产生的废气、废水、尘埃和噪声、热量、振动，对周围居住环境影响甚大。因此，近年来有关部门从市区逐步迁出了一批污染严重的工厂和车间以改善市区的环境条件，但因政策掌握不严，一些迁出市区的工厂基地仍改头换面迁入了新的工厂（全民厂改为集体厂，污染严重的厂改为污染较轻的厂）。如：迁出市区的自行车辐条厂，其中一个大车间又迁入了制笔零件八厂，上海锁厂迁出后又换上了长江锁厂的牌子，外迁浦东的上海缆绳厂的四车间竟搬进了龙柏线带厂和利华制线厂。工业部门的这种做法称之为"调整"厂房，与城市规划疏解工业的方针是相悖的，这应当通过立法明确予以制止。迁出的污染工厂或车间的工业用地可以改变性质辟为绿地，安排公建或市政公用设施，绝不能再安排工厂。

因此，认真对待城市建设布局和调整有关经济技术政策，以确保疏解的总体规划原则的实现是十分必要的。

二

旧城改建是一个涉及面广，问题较复杂的综合治理工作。城市是个大系统，是个拥有多种功能的有机综合体。我们不能仅以一种功能出发来解决问题，必须对各项事业统筹安排，协调平衡，科学发展，配套建设，才能取得良好的经济效益、社会效益和环境效益。城市规划的职责和成果是促进城市经济的繁荣，人民生活质量的提高，引导整个城市朝着正确和完美的方向发展，而且要预见未来可能发生的变化，及其所提出的问题，处理好局部和整体、近期和远期、眼前利益和长远利益的关系，达到通过城市改建促进社会经济发展的目标。旧城改建这一总目标的实现是通过各方面的改建工程而体现出来的总的效果。旧城的建设和发展是一个长时期的过程，必须树立历史的、系统的、发展的观点。因此，旧城改建的过程和目标可以归纳为："调整——充实——提高"的进程。

（一）调整

1）整个城市规划结构的调整。上海目前是"单心同心圆封闭式结构"，要调整为"分解成片的多级中心开敞式布局结构"。

2）混乱无序的土地使用结构的调整。要将用地功能紊乱的土地使用现状调整为系统有序的结构。

3）不合理的工业布局的用地调整。要根本治理环境污染，需对现有的工业用地进行调整，将集中于旧区内过多的工厂予以疏解，逐步消除居住与工厂相互混杂的结构，形成"工业区、工业街坊、工业点和独立工厂地段的布局体系"，使工业生产环境和居住环境各得其所。

4）道路系统和交通网络的调整。道路要分等，交通要分流。建立完善的客运、货运及自行车和步行的道路系统和交通网络，以达到疏解和消除拥挤、阻塞、交通秩序混乱的现象。

5）人口分布的调整。从旧区中疏解集中过多的人口，迁往中心城边缘的新居住区和各卫星城。

（二）充实

1）加快住宅建设。

2）增加各种公共服务和社会活动设施。

3）完善各种市政公用基础设施和道路交通系统。建立多层次的道路交通网络，如：地铁、轻轨铁路，高架道路、高速干道、立体交叉、放射干道和多圈环路等等。

4）扩大公共绿地。

5）保护传统的古建筑、文物古迹和宗教建筑。保护有时代特征，有建筑艺术价值和社会文化价值的建筑及其他历史遗址、纪念性建筑。

（三）提高

1）提高居住水平。解决居住困难，改造脏乱差的棚户区，大量旧住宅获得改善和更新，最终使旧城中每户居民都有一套文明舒适的住房。

2）提高居住环境质量、生产环境质量和城市总的环境质量。

3）提高城市的效率：提高土地使用效率，节约城市用地；提高交通运输的效率，客运——达到便捷、安全、迅速、价廉，货运——使工厂企业的原材料、产品的运输和商品的周转，同车站、码头、港口、机场、仓库、堆栈之间的联系及生产协作工厂之间的衔接都能拥有最合理、便捷、经济的布局关系和货运条件；缩短职工上下班出行的时间；

邮电通信设施符合现代信息社会的要求。

4）提高社会服务的效率。

5）提高生产、工作和学习的效率。

6）提高人们娱乐、游憩、社交、体育、艺术等活动的效率。

由此可见，旧城改建的内容十分广泛，旧城改建绝对不是解决局部问题，而要在城市总体规划的指导下，通盘解决和综合治理阻碍旧城发展的根本性矛盾。城市的规划、建设、管理的目标是要建立一个高效率、高质量的城市环境。

三

我们不能不注意这样一个事实：一方面是得到新住房的住户，享受宽敞的空间和公用设施标准；而另一方面，还有许多人没有得到新房屋，继续住在条件不断恶化的棚户区和旧房里。因此，居住困难当前还是一个较突出的社会问题和城市问题。"现在如果不从根本上解决住房问题，那么长此下去，政府和市民的紧张关系将一直得不到缓解。"应当把"十分重视城市人民的居住问题，不断改善城市人民的居住条件"作为国家发展的基本国策。但是由于旧区改造地段的人口密度越来越高，地方住宅建设投资锐减，企业建房资金短缺，土地尚未形成级差地租，房地产业市场尚未形成，因此改造旧区住宅的经济手段还不够有力，常规的做法已不能适应形势需要，要加快解决旧区居住困难应走综合开发的道路。

1）旧区住宅改造的重点，应放在解决居住困难户及棚户危房较集中和居住环境较恶劣的地区，以及有条件的旧式里弄住宅的技术改造（增加厨房和卫生间设备并使之独立成套），以解决人民群众的生活困难。

2）住宅建设的经验教训告诉我们，要解决住房短缺的唯一办法是实行住宅商品化，使住房进入居民的消费领域，鼓励居民购买住房作为他们日常生活的第一需要。在老城厢住了 36 年的一位退休工人说："我们八口之家三代人住在一间带阁楼的 $15.4m^2$ 的房间里，我们希望改善居住条件，我宁可购买一套住宅，而不愿再花很长时间等待分配。"由此可见，迫切需要解决居住困难的住户有购买的愿望，可是，当前商品住宅的价格之高使广大靠工资收入的家庭在心理上和经济上难以承受。要从实际出发制定出与国力和民力相适应的规划，包括切实可行的修建规划，合理而紧凑的住房面积标准，合适的造价，开辟多种解困渠道，多途径集资开发商品房及确定中、低档收入家庭能承受的商品住宅价格等等，并在实践中予以落实。商品住宅应按不同地段（市中心区、分区中心区、一般地区、棚户危房区、市区边缘地区或郊区），不同经济收入（高、中、低），不同的工作和职业及原有的居住基础提供多种类型、标准和价格的住宅。"锦上添花"和"雪中送炭"，"普及"和"小康"兼有之，允许有一定的差别，有一定的选择余地，这样，才有利于加快解决居住困难，促进房地产业的发展。

3）不容忽视的是，旧区的住宅改建一定要有相应的政策配套。许多国家都很重视住房问题，一直把住房问题作为衡量人民生活质量和影响社会安定程度的一个重要参数，认为是一个十分敏感的社会问题和政治问题。许多国家对中、低档收入家庭的住房问题和改造棚户区都有专门的政策、机构和优先发展的目标，如建立专门的住宅银行和住宅金融体系，为低收入家庭提供优惠的住房贷款制度。有的国家政府为低收入者住房的建造资金还进行补贴和提供低息贷款、低价建筑材料和减少税收，使中、低收入家庭都能买上住房或租上住房。有的国家政府专门出钱建造非营利性住房，出售或租给低收入阶层，以达到"居者有其屋"，大大改善了广大居民的住房条件。无疑，这些经验对我们如何从实际出发推行适合广大普通居民的经济承受能力，加快棚户危房改建和住宅商品化是很有启迪的。

遵循这些原则，南市区政府在引线弄棚户危房地段采用普及型廉价商品化改建工程，在各方面做了有益的探索，走出了一条用民建公助的办法改建棚户危房的新路子。

该基地在 2757.7m² 的用地上住有 136 户居民，在册人口 495 人，旧房面积 2603m²。六个小单位，建筑密度高达 80% 以上，人口密度达 2220 人/hm²，人均建筑面积仅 5m²。这里是人口密度高，困难户多，私房比例大的棚户危房地区。这个基地进行改造的一些特点如下：

（一）　采用普及型住宅设计和多层高密度的规划方案

改建后的引线弄住宅群系五幢前 4 层后 3 层的台阶式建筑。每户都有独用的厨房、卫生间和阳台。总建筑面积为 5559m²，其中公建面积 575m²，住宅建筑面积 5044m²，共 138 套，正好就地安置 136 户。由于整个基地达到拆建平衡，不增加人口，并使每户平均建筑面积从原有的 19.1m² 增加到 36.6m²，居住条件有了很大的改善（比原来的水平提高了 91.6%）。在群体布局上采用行列式和周边式相结合的多层高密度手法，节约了用地，增加了建筑面积密度，达到 1.7 万 m²/hm²。建筑密度由原来的 80% 下降到 48.9%，并开辟了 0.41 亩公共绿地，居住环境质量有了明显的改善。

（二）　引线弄改建工程采用"住户出钱，单位资助，政府支持"的方针

这是"商品化和福利型相结合"的集资形式。居民负担造价的 2/3，单位资助 1/3，政府在政策上给予各种优惠，尤其体现在减免各种税收，如：免建筑税，免住宅配套费、规划费、人防费、质监费和公房残值，供应平价建筑材料，提供街坊周围道路的市政设施费。据测算，引线弄基地上述有关税费共减免约 88 万元，折合每平方米建筑面积为 157.66 元。此外，上海市有关部门还拨出地方财政补贴市政配套资金 20 万元。以上这些都体现了政府为密集的棚户危房区改建和低档收入家庭解决住宅困难所给予的优惠，这是十分必要的，也是最低限度的支持。其实这些支持所花的费用同现行的由国家和企业全部包下来的住房政策相比（建成住房后，无偿分配给职工）是极为微小的。很明显，如没有这些优惠政策，住宅的造价也降不下来。

（三）　在住房分配和购买政策上坚持以解危为主，适当解困的原则

住宅设计面积紧凑，标准实用；住宅分配和购买以解危为主，适当解困（突破了解危与解困并重的旧观念），这是构成引线弄解危普及型住宅的两个特点。再加上政府在某些政策上的支持，因此每平方米建筑面积的售价仅 200 元（建成后的决算造价为 290

元），约为建造多层新工房造价的 1/3，居民在心理上和经济上都乐意接受。因采取每户限额购买住房面积，贯彻多住房多出钱的原则，大家都量力而行，改变了居民多争住房面积的现象。参建居民原则上规定按原居住面积认购：一般按人均居住面积 4m² 购买，价格为每平方米建筑面积 200 元，如确有突出居住困难的可超面积认购（控制在人均居住面积 5m² 以内），增加的面积按每平方米建筑面积 350 元计算。反之，原住面积较大，认购有困难，可以少认购，对少认购的建筑面积按 350 元/m² 予以补偿。但在实施中，没有一户少认购，却有 8 户特困户多认购了 28.3m²。产权归系统的单位按每平方米建筑面积 464 元出资。

（四） 易地安置与开发商品房相结合

对无购房能力或愿意易地安置的住房，可以提供浦东新建住宅或浦西旧住宅予以安置。基地有 54 户居民和两个单位愿易地安置（41 户居民和一个单位自愿迁移到浦东，13 户居民和一个单位选择浦西旧公房）。这样在引线弄基地上就会调出 40 套住房，1557m² 建筑面积，作为商品房出售（按每平方米建筑面积 1500 元价格出售）。这不仅促进了人口的流动，而且从商品房出售与易地安置成本间差额所得的回收余额，可补偿拆旧建新的费用。因此，尽管该基地实施前资金仍有 30 万元的缺口，但投资仍得到良性的自身平衡。

（五） 在政府的指导和帮助下，让住户依靠自己的力量改善居住条件

在政府和有关部门的指导下，建立由居民代表参加的住宅合作社。从拆迁的动员、开座谈会，住房集资，动拆迁的安排和认购住房等工作，自始至终是在政府的指导下，经过了一个居民自我教育，提高认识，逐步理解，乐于接受，积极投入的过程。坚持把方案和政策公开，让住户依靠自己的力量改善居住条件。因此，在许多方面采取节约措施，取得了降低造价的实效，如：仅旧房自行拆除，过渡临房自行解决两项，即节约支出 10 万元，使每平方米的建筑造价降低 30 余元。这是典型的民建公助的建造方式。

总之，引线弄危房改建工程其实质是一次住房制度改革的试验，探讨住房商品化如何同居民的实际经济承受能力相结合；也是一次改变居民消费结构导向，抑制盲目超前消费，将居民手中更多的闲散资金和储蓄投入商品房的建售渠道的尝试，将住宅建设由原来的福利型无偿分配，逐步引导到商品型有偿使用的轨道上来；同时，也是一次如何使用级差地租，将居民易地安置到新区，改建基地的部分房源作为商品房出售，把回收的资金用于旧住房再改建的探索。逐步改变居民的传统观念和恐惧情绪，许多居民从开始时的强烈抵制，要求政府出资改造，到后来有的居民把原计划购买彩电、冰箱的钱用来买房，有的居民千方百计筹款参建，有的居民钱不够，情愿认购价格较低的底层住房。原定 1987 年 11 月 17 日开始选择房屋订立购房协议，却出现了在 11 月 16 日白天就开始排队争先立协议的场面。

无疑，引线弄棚户解危普及型廉价商品房的改建工程具有综合开发的广泛意义，在地方财政住宅建设和企业建房资金逐年减少的情况下，为城市棚户、危房的改建和住房困难户的解决开拓了新的途径。

四

1）规划管理的某些政策，只有限制，没有疏导和奖励政策是不够积极和完善的。如中国台湾、日本、美国的城市规划管理条例有明确规定：在不违反消防、卫生等有关规定的前提下，在建筑工程的基地范围内，为公众每提供 1m² 的公共开放空间，即可获得增建 1～2.5m² 建筑面积的奖励。

同样，为了鼓励工厂和居民从密集的旧区向外疏解，也应有相应的奖励政策与之配套。如：外迁的工厂应在税收和利润的留成方面给予适当的优惠，职工的工资和福利待遇也可适当提高，职工住房标准和分配都应高于市区，房租、水、电、煤气的收费都应较市区价廉或有所补贴。

2）实行土地有偿使用是当务之急，要切实改变各单位无偿无限期使用土地的局面。我们一方面为城市缺少建设资金发愁，使城市的基础设施日益老化，无力改建；另一方面却让大量的国有土地无偿无限期使用。与此相比，新加坡、香港等政府每年都有大量城市建设资金，资金来源大都靠土地有偿使用和各种与土地相关的税收（香港的卖地收入占财政收入近 40%）。

城市规划要树立土地使用的价值观念，土地的价值与价格要同土地的使用紧密地联系起来。城市中的每块土地都有其价值。城市规划师所进行的土地利用规则要考虑到土地的价值，即所谓优地优用、差地差用。同一功能（如居住或商业）布局在不同的地点会有不同的价值和效益，这就是土地的级差。事实证明，调整土地使用结构不辅以经济措施，那只是纸上谈兵。一定要变土地的无偿使用为有偿使用，要将土地分成若干等级，利用土地的级差，征收级差地租，收费的标准要与城市总体规划的疏解规划一致。唯有如此，才能从市中心区、重要地段、主要干道处迁出一些不适宜的或污染的工业，将位于这些地区的棚户简屋区中的居民易地安置到市区边缘的新居住区，代之以建设各类大型公共设施和市政公用设施，建设高标准商品房，拓宽道路，扩展公共绿地，这样才能推动旧区疏解，进一步开发和利用市中心区的土地，发挥更大的经济效益、社会效益和规划效益。

总之，为达到旧市区的疏解目的，不仅需要正确的规划指导思想，一系列的配套政策，而且也面临着传统的城市建设发展战略向新的城市建设发展战略的转变问题。

本文发表于上海城市经济学会 1990 年年会征文选《城市经济论文集》，1990 年 6 月

上海旧区住宅改造的新对策

一、 确立旧区棚户改造新的指导思想和规划原则

旧区住宅改造的重点应放在解决居住困难户、棚户、危房较集中和居住环境较恶劣的地区，以及对某些旧式里弄住宅进行技术改造（增加厨房和卫生间设备并使之独立成套），以解决人民群众的生活困难。

上海旧区住宅改造一直沿着这个方向努力，取得了很大进展。但近年来，旧区的棚户改造却步履艰难。究其原因，绝大多数棚户改造都系集资，为保证参建单位获得一定的改建得益率，动迁和建设方式不得不采用"原拆原建，原地回迁，原地得益"的原则，于是造成"高层高密度"或"高层与多层高密度"改建方式的出现。基地高层住宅比例过大，必然建设周期长，造价高，动迁时间长，市政设施负担过重，其结果是使原基地人口增多、加密。这与城市总体规划要疏解旧区过密人口的战略决策是背道而驰的。

多年来的实践证明，上海旧区棚户改造按照过去的路子走下去，将越走越狭！

要加快旧区棚户改造必须摒弃旧的模式，确立新的指导思想、规划原则和运行机制，即要做到三个结合，建立一个机制：

1）浦西的旧区改造要与浦东新区的住宅建设相结合。

2）浦西的旧区改造要与易地安置，疏解旧区过密人口，降低密度，改善环境相结合。

3）有条件的旧区棚户改造一定要与利用土地的级差地租进行房地产开发经营或土地批租，发展第三产业相结合。

通过以上三个结合逐步形成一个为棚户改造筹集资金的良性循环、滚动积累的机制。

因此，上海近期住宅建设的战略方针应是：以开发新区为主，重点开发浦东；积极开展旧区改造，按照疏解人口，降低密度，改善环境的原则来改造棚户。动员密集的旧区内的居民迁到新区去。

实际上，旧区棚户改造可归纳为三种类型：

1）处在城市中心区或繁华的商业活动中心地区的棚户，应易地安置现有住户，利用房地产开发建设商业等第三产业或高级商品住宅，以获取土地级差效益。

2）处在一般地区的棚户，应按规定的容积率进行改造，仍可作为居住用地。

3）旧区内相当一部分棚户拆除后应改变居住用地性质，作为公共绿地、道路、广场用地和汽车、自行车的停车场，或增设市政公用基础设施和公共服务设施，以改善环境质量，健全城市功能。

为更好地改造棚户，要建立一套科学的切实可行的旧区棚户改造的决策机制，即决策依据、决策程序和决策调控方法。

当前，棚户改造不可能全面铺开，应在完成总改造目标的指导下，根据轻重缓急，分期分批进行。基地选择需进行综合评价，包括：基地居住质量和环境质量评价，基地改造和开发经营的盈亏分析等。因此，棚户改造的选址应遵循下列三个原则：

1）居住环境质量极差，危房较集中，处于"水深火热"的棚户地段，应抓紧改造。

2）适宜改变土地使用性质，能利用土地级差地租和房地产开发，建造和发展商业等第三产业的棚户地段，应优先改造。

3）位于需要体现现代化国际大都市面貌的区域内的棚户区，应重点改造。

应该看到，我们的旧区棚户改造工作是在这样的起点上进行的：住宅建设资金紧缺，居住困难住户多，广大棚户危房地段改造迫切，个人经济收入水平低。因此，在旧区改造总体规划的指导下，具体实施时，以下三个问题如何掌握，很有深入研究的必要：

1）在现实和长远的结合上，是采取逐步过渡，分阶段实施，还是一步到位。

2）旧区改建是一次完成，还是随着经济逐步发展，社会逐渐进步而不断改造完善。

3）有限的住宅建设资金，是选择适宜的标准，使更多的居住困难户受益，还是在高标准的起点上仅使少数人受惠。

二、 加快棚户区改造要制定切实有效的政策

住房受政策因素影响最大，住房政策一直是各国政府注重的重要政策之一。住房建设和房产市场已成为各国政府干预程度最大的一个领域。之所以受到重视，是因为住房问题是一个十分敏感的社会问题和政治问题，是衡量人民生活质量和影响社会安定程度的重要参数。

政府对住房建设不单纯是资金的投入，而更多地体现在如何制定各项扶植住宅建设的政策和进行宏观的调控上。关于住房方面的政策内容很广，有资金筹措政策、拆迁安置政策、改建开发政策、土地使用政策、规划建筑技术管理政策、住宅金融政策、住房制度改革政策及决定住房的需求和供应的政策等等。具体应落实在以下几个方面：

1）控制适合国情的建筑面积标准和建设方式。

2）制定专门的棚户区拆迁安置法规。

3）制定合理的土地价格，发挥级差地租的作用，以有助于棚户区土地使用功能的调整和动迁及房地产的综合开发。

4）减免某些税费（建筑税、营业税、土地使用税、公建配套费、人防费、公房残值等等）。

5）增加财政补贴，发放贴息或半贴息贷款。

6）供应平价建筑材料。

7）为亏损和微利企业及低收入家庭提供长期低息贷款。

8）为加快改造棚户区，要建立"棚户区改造特种基金"，凡在棚户区改造中从级差地租优势、商品房开发及土地批租中得益和获得利润的，应提取部分列入棚户改造的特种基金。

9）对于棚户简屋区中的危房，房产局应拨出相应的解危专用基金，用于改造。

10）在棚户区改造中，道路红线内的拆迁应由市政府给补贴（如：上海复兴东路464弄棚户区有拆迁户400多户，其中200户在拓宽后的道路红线范围内）。此外，大市政配套亦应由地方财政负责，以减轻棚户区改造的负担。

11）为更好地疏解旧区人口，应为棚户区改造提供相应的新区住宅建设补贴土地，而征地费亦应是廉价的。

12）旧区棚户改造与新区住宅建设要结合起来。目前由上海市居住区开发公司负责的新区住宅建设成本低、利益高、利润大；而由各区负责的棚户区改造成本高、难度大、利益低。两者要结合，新区住宅建设要在土地、房源、资金方面带动旧区棚户改造。

13）对棚户较多，城建基础较差，财力不足的区，应实行倾斜和"扶贫"的政策。

总之，用法规形式制定必要的政策，旨在创造和积累资金，多渠道加快棚户区改造，调控需求关系，降低棚户区改造和低收入者解困住房建设的成本。

当规划的要求与改建开发经营的盈亏发生矛盾时，政府应动用行政手段从技术经济政策上加以引导和调控（如：建筑面积标准的控制，容积率和地价的调整，税费的减免，贷款利息的高低，材料价格的调整，动拆迁安置办法的修正，公建和大市政配套的优惠等），以促使两者协调，鼓励开发的实施。总之，旧区改建不单纯靠市场机制来促成，而且受政府行政制约，必要时，政府还可以通过计划、政策、财税、法律等来进行行政干预，推动组织实施，调整改造基地的投入与产出的盈亏。

如上海引线弄棚户解危普及型廉价商品房改建工程。其全过程都是在政府制定的各项政策的调控下达到预期目标的。引线弄系棚户危房基地，在2757.7m²的用地上住有136户居民，495人，6个小单位，旧房面积2603m²，建筑密度高达80%以上，人口密度2200人/hm²，居住人均建筑面积仅5m²。这里是人口密度高，困难户多，私房比例大的棚户危房地区。制定相应的政策主要是以下三个方面。

（一）规划方案的容积率和住宅面积标准的确定

改建基地建筑层数限制为4层，要求拆建平衡，不增加人口。于是，规划方案采用5幢前4层后3层的台阶式建筑，行列式和周边式相结合的多层高密度方案。容积率是1.7，建筑密度由原来的80%下降到48.9%，并开辟了0.41亩公共绿地，居住环境质量有了明显的改善。改造后总建筑面积为5559m²，其中公建面积575m²，住宅面积5044m²，共138套，每户居住面积从原有的19.1m²增加到36.6m²，居住条件有了很大改善。

（二）采用"住户出钱，单位资助，政府支持"的集资方针

居民负担造价的2/3，单位资助1/3。政府在下列各方面予以优惠，以降低造价：免建筑税，免住宅配套费、规划费、人防费、质监费和公房残值，供应平价材料。据测算，引线弄基地上述有关税费共减免88万元，折合每平方米建筑面积为157.66元。此外，上海市有关部门还拨出地方财政补贴市政配套资金20万元。以上这些都体现了政府为密集的棚户危房区改建和低收入家庭解决居住困难所给予的优惠。因此每平方米建筑面积的售价仅200元（建成后的决算造价为290元），约为建筑多层新工房造价的1/3，居民在心理上和经济上都乐意接受。

（三）　易地安置与开发商品房相结合

对无购房能力或愿意易地安置的住户，提供浦东新建住宅或浦西旧住宅安置。腾出的住宅可作为商品房出售，这不仅促进了人口的流动，而且充分运用土地级差地租（从中心区基地的商品房与易地安置到浦东新区住宅，所得的成本差额，用以补贴拆旧建新不足的工程款），使基地资金达到基本平衡。

引线弄改造整个工程投资比例如下：政府拨款占 15%，住户个人出资占 24.6%，单位资助占 12.4%，被拆单位参建占 8.7%，利用商品房级差增值占 39.3%。

三、　承认差别，推行"多元化"概念

住宅建设的经验告诉我们，要加快住宅建设，解决居住困难，必须走住宅商品化道路。要使住房进入居民的消费领域，鼓励居民将购买住房作为他们日常生活的第一需要，并为之奋斗终生。

（一）　必须改变商品住宅"单一规格"的平均主义传统模式，树立承认差别，推行"多元化"的新概念

即要承认城市的区域有差别（市中心区、分区中心区、一般地区、棚户区、市区边缘地区等），居民的经济收入有差别（高、中、低档），工作和职业有差别；原有的居住条件有差别，对住宅的类型、标准、价格、地段等方面的需求有差别。所以要有一定的选择余地，才能有利于加快解决居住困难和开拓房地产业的发展。

"多元化"的概念：多途径、多方式、多层次、多标准。

1）住宅建设的集资渠道要多途径、多方式。要解决建设资金紧缺的矛盾，首先要大力开拓住宅建设的投资渠道。要进一步推行国家、企业和居民个人建房的积极性。系统建房、联建公助、民建公助、住宅合作社等已实行的行之有效的建房方式要继续推广实行。

2）住宅的类型和档次要多标准、多层次，以适应不同阶层和经济收入者在住宅的类型、标准、地段和价格上的不同需求。要实行住房商品化，要形成多种房屋交易市场的并存和竞争，才能使各种类型的需求者具有广泛的选择性，增加住房需求的流动性和可比性。这才符合住宅商品化和经济发展规律，符合当前的国情和民情，也是许多国家住宅建设和解决居住困难的重要实践和经验。

（二）　住房改革的最终目标是吸引更多的人为自己的住宅投资

要发挥个人的作用，使个人出资在住宅建设中（购房、建房或租房）所占的比重逐渐扩大。为此，国家对工资制度和社会分配的改革必须相应配套。

内容包含推行公积金、提租发补贴、配房买债券、买房给优惠的上海住房制度改革得到了广大市民的拥护。四个方面所汇集的资金扩大了住宅建设资金的融通和维修旧房的能力。把个人住房权利与义务联结在一起，激发了个人在住房投资上的积极性。不仅如此，

在具体的棚户和旧房改建中还须采取多种形式大力鼓励和规定居民个人出资。按基地的改建方式和住宅的标准，居民的出资可多可少，但不论多少，要坚持个人投入。这样，住宅商品化和依靠自己的力量来解决居住困难的观念才能逐步深入人心，让住房这一最大的耐用商品进入居民的消费领域。

正在实施的上海蓬莱路 252 弄旧式里弄的技术改造工作（每户增加卫生间和厨房设备并使之独立成套），交错筹集的总思路是通过居民部分自费，单位扶助补贴，旧房改造基金和房屋大修费等四方面出资的方法，为探索国家、企业、个人三方筹集改造旧住房资金走出了一条新路。具体做法是：

1）为居民新增添的 $3m^2$ 左右的卫生间（内有浴缸、抽水马桶和放置洗衣机的排水管道出口）和 $6m^2$ 左右的厨房间（内有水表和管道煤气装置），每户需出资 1000 元。

2）回房安置基本按原住面积分配，但因内部平面重新分割和结构变动，每户增加面积部分按每平方米（使用面积）收取 400 元。这部分费用原则上由居民所在单位补贴，并由单位出面办理增加面积补贴资金手续。

3）房管部门按建筑面积每平方米补贴大修费 50 元。

4）旧房改造基金拨款视总投资缺口而定。

（三）　对迫切需要解决住房困难的低收入者（还要加上亏损和微利企业这一块）提供不同程度的优惠

因为住房是极为昂贵的耐用消费品，一般居民购房是不具备一次付款能力的，需要分期付款或向银行借贷。为此，必须充分发挥和依靠银行在住房建设中的积极作用，要建立和完善住房建设的资金市场；要将个人储蓄与消费吸引到住房投资中去。由银行筹集资金（向居民和社会推行住宅储蓄，发行股票和债券）和贷款建房资金（提供低利率的多种抵押贷款）。对迫切需要解决住房困难的居民和亏损、微利企业进行贷款，给予不同程度的优惠，形成良性的储蓄—买房机制。如匈牙利，银行向建房和买房的居民提供长期低息贷款，根据不同情况，确定不同贷款数额、利率和偿还期。一般偿还期为 25 ~ 35 年，利率为 2% ~ 3%。此外，职工还可向所在单位申请无息贷款。

而我国的银行至今尚未将住宅建设和解决居住困难所需的专项住宅建设贷款纳入科目和业务范围。为此建议，迅速建立住宅银行和建立完善的住宅建设的金融体系及资金市场。否则，加快棚户区改造和解决居住困难的良好愿望将缺乏有力的经济保障。

四、　建立专门的棚户改造和旧房改建的机构

棚户区的改造是牵动面很广的系统工程。涉及城市总体规划布局，棚户改造及其土地使用功能的调整规划，动迁安置，土地征用，向新区迁移的住宅建设的设计选定，商业等第三产业的布局和选址规划，吸收投资、土地标让、土地级差的利用，房地产经营，综合开发及土地批租等一系列问题。

旧区的棚户区改造既要与新区的住宅建设相结合，又要与疏解旧区过密人口易地安置相

结合，与调整、搬迁与居住相混杂的污染工厂相结合，与发展经济、扩大第三产业开发相结合。

在旧区中不仅是棚户区需要改造，还有一大批旧住房有待拆建、改建、维修。可见上海的旧市区改建任务很重，量大面广，不建立一套有效的运行机制和相应机构，难以胜任重责。因此，建议建立"市区改建局"这一专门机构。

笔者认为，城市规划不能仅停留在编制理想规划的方案上，而要延伸到提出的规划目标如何通过合理的、科学的实施步骤、方法和途径去实现。简言之，要提出达到目的的方法和手段。因此，以改革的观点，从指导思想、方针、政策、规模、资金、体制等方面拟出加快旧区棚户改造和旧住宅改造的新对策已成为重要的议事日程和工作日程。

本文发表于《城市规划》1991 年第 6 期

注：

1. 1992 年 11 月 27 日～ 12 月 3 日在清华大学召开"1992 旧城改造高级研讨会"，国内 30 名专家学者和来自英国、加拿大的 5 名专家参加会议，笔者应邀参加会议，并在会上宣读本论文。

会后，本文还刊登在清华大学建筑与城市规划学院编，《旧城改造规划·设计·研究》，清华大学出版社，1993。

2. 本文还发表在下列论文集和丛书

中国经济文化丛书编委会《新时期论文集》，1994.

中国基建优化研究会《中国当代建筑论坛》，1994.

国家经济体制改革委员会经济体制与管理研究所，《中国经济文库》中央编译出版社，1995.

四川省社会科学院《市场经济与区域发展研讨会》，1996.

当代领导者管理学丛书编委会《管理英才文集》，1995.

《理论与实践（二）——中国党政企事业干部论文集》经济日报出版社 1994.

1996 年 1 月，由中央编译出版社授予《著作证书》，享受该文的著作权与署名权。

据《CNKI 知识搜索》报道，本论文的下载指数：★★★

要建立广大中低收入工薪阶层住房建设和供应的保障制度

要加快住房建设，必须以 2000 年为目标，使上海居民住房达到人均居住面积 10m² 的小康水平，并基本改造完棚户简屋危房及二级旧式里弄以下的破旧建筑。

为此，须建立中低收入工薪阶层为对象的具有社会保障性质的住房建设和供应体系。积极发展住房金融，建立为中低收入工薪阶层购房的长期低息抵押贷款体系。

为确保这两个体系的建立，必须制定《住宅法》，使一切工作纳入法制轨道，做到有法可依，依法办事，违法必究。

《住宅法》中，至少要包含以下几个内容。

1）住宅建设的计划、投资、建设、流通、评估、价格、销售、市场交易及物业管理等行为规范都应纳入法制轨道。

尤其要防止炒买、炒卖"楼花"，防止哄抬房价现象的出现。

2）要确定各类住宅（商品房、微利房、解困房、动迁房及单位自建房）的投资结构、建设比例、年供应量。尤其要保证微利房和解困房建造有相当的比例。

广州规定各类住宅建设的比例是：商品房 50%，廉价房 25%，解困房 10%，单位自建房 5%。广州还规定每年建 60 万 m² 的廉价房。

3）凡建造平价房、微利房、解困房，政府在建设计划、土地供应、规划设计、资金安排、税费减免、银行信贷等应给予政策优惠的具体规定。

4）对适应中低收入者的经济实用住宅要控制造价及定向销售对象。

《北京市康居工程实施方案》中明确，市和区两级政府承担 10 项税费。

武汉实施的经济实用住宅计划规定，政府划拨土地不收地价，并减免有关税费，住宅每平方米造价控制在 800 元水平。

最近，建设部、国家土地局、工商总局、税务总局已联合发出通知，所有开发公司均需承担项目的 20% 的微利住宅建设任务。以微利住宅价格出售给当地政府，再由政府转售给居民。对承建公共设施建筑项目，则上交部分承建费，即按一定比例从项目总投资中拿出部分资金上交政府留作"民用住宅建设资金"，这无疑是十分必要的。

我国政府在 1994 ~ 1996 年将拿出 1000 多亿元周转资金在大中城市增建 2 亿 m² 福利房和廉价房。此举为增加住房的有效供给，对加快住房的"解危"、"解困"步伐，确保 20 世纪末的小康居住目标而采取的具有战略意义的重大措施。

要规定，平价房、微利房、解困房的销售对象应是每月收入在 500 元以下的职工、政府公务员。人均居住面积在 3 ~ 4m² 的困难户应为重点照顾对象。成本价房仅限于出售给经济和住房上的双困户。

参加微利房建设的发展商，要保证利润率不低于15%。

5）要制定《商品房抵押贷款法》。

加快解决住房的进程，在很大程度上取决于金融体系的建立。我们往往注意为社会提供更多的住房建设资金，而对广大居民提供更多的购房贷款是关心不够的。要充分关心广大工薪阶层的购房能力。住房属极为昂贵的耐用大件消费品，一般居民购房不具备一次性付款能力，因此必须充分发挥和依靠银行的信贷作用，为广大中低收入住户提供购房抵押贷款，而且是长期低息贷款。根据购房者的不同情况，所购住房价格，确定不同的贷款数额、利率和偿还期。如果经济效益好的单位能为职工的购房贷款负担贴息或半贴息，更能起到"雪中送炭"的作用。

上海有些房地产公司都推出了"商品房抵押贷款"，受到了广大购房者的欢迎。按规定，贷款买方的贷款额定为60%，月利率为9.15%，期限为5年。买房者在一次付清40%的购房款后，每月还款在2000元左右，工薪阶层还是难以承受的。主要是贷款期限太短。

根据目前的工资状况，购房的贷款额最好是房价的70% ~ 80%，期限为15 ~ 20年。

世界银行正在筹备一个有关中国住宅改革的试验计划，拟在北京、武汉、成都、烟台、宁波五个城市通过当地银行向居民提供住宅按揭贷款，整个计划为10亿美元，世界银行以贷款形式提供4亿美元，其余6亿由中方负责，1994年起正式实施。无疑，这对我国商品房的抵押贷款的开展具有很大的推动作用。

6）要切实保障新居住区建设具有良好的居住环境和生活质量。

由于市中心区建筑和人口过于密集，因此，人口逐步向市区边缘地带疏解是必然的趋势。但新住宅建设地段的选址应交通便利，要在环线、高架道路、地铁线旁，公交线路能直达。尽量缩短居民的出行时间和距离。有的居住区物业公司免费提供中巴接送住户往返地铁站或市区商业中心，是方便居民的良措。

新建居住区都应有一定的规模，以有利于各类服务设施——商场、餐厅、银行、邮电、医院、文化、体育、中小学、幼托等配套齐全，入住即可通电、通水、通煤气、通电话，使住户的生活具有相对独立自给的平衡。

新居住区要建立以"人为中心"的24h全方位服务的物业管理，使居民感到生活舒适、安全、愉悦，有亲切感和归属感，能安居乐业。

新建居住区的规划设计和服务构思应具有较高的格调，不仅让居民栖身休息，又能让居民享受现代文明和进行相互交流。要力图探索开创居住新文化和现代生活高素质。

总之，要加快住宅商品化的进程，必须以现实社会各阶层的承受能力为消费目标，设计多元化、多标准、多价位的住宅类型，以解决不同收入的住户。房地产市场要为不同消费层次——先富起来的和中低收入的，提供"居者有其屋"的选择。

要使一般居民都能买得起自己的住房，则房地产开发将会有更广阔的市场和前景。

本文发表于《房地产报》1994年3月23日

注：本文还发表在下列论文集和丛书

中国信息报社市场经济丛书编辑部，香港经济导报社北京办事处，《当代中国开拓大市场的新星》，1994.

要达到"居者有其屋"的目标必须切实提高
中低收入工薪阶层购买住房的支付能力

一

房地产业经过一年半的宏观调控，其最大成果之一是：确定了房地产业的发展重点是建造大量为普通居民加快解决居住困难，改善住房条件，实现居者有其屋，至 20 世纪末达到小康居住水平的住宅而努力。

经济体制的转变，市场经济的兴起，住房制度的改革，住宅作为商品进入流通市场，已逐步开始为人们所接受。但需要明确的是：中低收入工薪阶层的住房是不可能通过目前流通领域里的商品住宅得以实现。他们需要的住宅（各国有大众住宅、国民住宅、经济适用住宅、居者有其屋等不同称谓）与市场出售以营利为目的商品住宅之间有明显的区别。中低收入工薪阶层的住宅绝不是降低居住水平，缩减面积定额，减少设备装置的简易工房，居住标准是与众雷同的，是借政府的优惠政策，税收减免，减低土地使用费或免费划拨土地等措施，以降低造价，再依靠银行房地产金融业推行的长期低息分期付款住房抵押贷款的扶植，提高了居民购房支付能力，而达到居者有其屋。

所以，为中低收入工薪阶层所需的住房，不论从建造目的、消费对象、各类住宅的价格定位、购房途径，都具有社会保障性。

（一） 居住现状

上海至今尚有超过 104 万户居民仍住在结构较差又无厨房、卫生设施的旧房中，尚有 3 万户左右居民生活在 124 万 m^2 的危、棚、简屋中，人均居住面积 $4m^2$ 以下的居住困难户有 14 万户。

上海的目标是，到 20 世纪末人均居住面积要达到 $10m^2$，住宅成套率达 70%，要实现此目标，从现在起至 2000 年，每年平均拆除危、棚、简屋和二级旧里 130 万 m^2 左右，同时，上海每年平均要为居民提供内销住宅 900 万 m^2。

（二） 供需现状

上海至今还有近 300 万 m^2 商品房待售，已有 7 年出现供大于求的状况。

到 1994 年 9 月，全国积压商品房 5718 万 m^2，价值 1400 亿元，但全国有 400 多万居住困难户翘首盼房，这个数字还在以每年 40 万户速度递增，预计到 2000 年时，住房困难户将达到 800 万户。

简言之，目前有房卖不出，无房买不起，同时存在，供求不平衡。

二

我们应当看到，当前因房地产业的法规不完善，价格机制不正常，配套不健全，有三个因素制约着广大普通居民加快解决居住困难，实现居者有其屋，至 20 世纪末达到小康居住水平的目标：①商品住宅房价高；②住宅抵押贷款未能广泛积极的推行；③广大中低收入工薪阶层购买住宅的支付能力很低。

1）商品住宅房价不断上涨已成为很突出的问题，房价高涉及的因素很多，主要是建房综合造价中摊入各项费用太多，税收多，利润打得高，成本居高不下。流通领域里，秩序混乱，炒地、炒房，竞相哄抬地价房价，毫无约束。房价远离商品住宅自身的价格，定价随意性很大。

如：有一多层住宅参建项目，第一家公司的参建价为建筑面积 1200 元 /m²，再经过 8 家房地产公司的层层辗转参建，从第二家公司参建价 1500 元 /m² 开始，1675 元 /m²、1850 元 /m²、1970 元 /m²、2200 元 /m²、2300 元 /m²，至最后一家公司价格为 2970 元 /m²，始末差价达 1770 元 /m²。

房价应起促进发展，促进消费的作用。要规范房地产市场，形成正常的价格机制。房价只有纳入法律和法规的轨道下才能对市场产生积极的作用，买卖两旺。房价应对加快解困，使居者有其屋，达到小康居住水平目标起促进作用，起推动实施的作用，而非起促退作用。

在如此高房价下，中低收入工薪阶层中靠自身积累买得起住房的有多少？有人计算过，目前高房价低收入的情况，普通市民购买一套 60m² 两房一厅的商品住宅需 200 年的时间。

国际上惯例，标准房价应为每个家庭年收入的 3～6 倍左右，而我国为 20 倍以上。因此，房价高的现象亟须平抑。

2）在解决住房问题上，已十分重视"建设"（生产）这一重要环节，总目标、住宅的标准和质量、年供应量，以及各部门的职责等都很明确。多年来银行信贷也给予了很大的支持。因特定条件所致，我国的房地产公司多数实力不足，都需银行信贷的支持才能阔步前进，如缺乏银行信贷的支持会寸步难行。但在"消费"这一重要环节中，银行信贷尚未全面介入，这也是目前消费者购买住房的支付能力很低的重要原因之一，是很突出的问题，亟须加以重视、进行研究和解决。

不论是在生产（建造）、流通（销售）和消费（购买）各环节中，不论是卖方市场或买方市场，缺乏银行信贷的支持都会陷入困境。

研究世界各国银行在房地产信贷上是如何运行操作，对我们是很有启迪的：

（1）美国，居民购房资金 80% 以上来自金融机构贷款。

（2）新加坡，公民可获高达 90% 的购房贷款，利率保持在 6.25%，20 年还清。

（3）加拿大，购房还款年限可达 25 年，贷款额为 75%～80%，并由保险公司提供按揭保险。

（4）香港，银行贷款主要对象是买家而非开发商。以 1992 年为例，香港各银行用于住宅抵押贷款为 2240 亿元，占贷款总额的 10%，而给开发商的贷款仅 142.2 亿元。香港向购房者抵押贷款为楼价的 70%，高的年份为 90%，以买方为主，这对工薪阶层购房起了很大的鼓舞和支持作用。

（5）日本，最近有一家银行推出了"百年分期供楼"新的购房方式。购买者首期付 25% 房款后，余款可在 100 年内分期归还给银行，最后还完购楼款的真正业主可能是购房者的第三代子孙。

上海曾推出几次住宅抵押贷款，因还款期限短（3、5、7 年），还款额大（占房价的 60%），大大超过了广大工薪阶层的经济承受能力，响应者寥寥无几。1994 年 3 月下旬曾推出了上海第一次 15 年商品房抵押贷款，70% 的还款期限，因每月还贷本息要上千元，非中低收入工薪阶层所能承受。几次住宅抵押贷款的推行，仅成交约 100 套，试点而已。

培育住宅消费者，提高中低收入工薪阶层购买住房的支付能力已提到一个非常重要和迫切的工作日程上来了。

住宅是价格很大的耐用大件消费商品，大部分家庭不具备一次性付款能力。必须使一次性购买住宅的消费行为分解为在经济能力可以承受范围内的分期支付行为。

要加快建立专门的房地产金融信贷业务，广开渠道筹集社会各方面的资金及长期固定的基金（如：上海住房公积金几年来已归集达 30 多亿元，预测到 20 世纪末可达 100 亿元），建立个人购买住房的储蓄业务，全面服务于房地产业"生产"和"消费"两大环节，及时掌握和调整每个不同时期在生产和消费两大环节中信贷结构的主次和比例及合理资金需求。

在一定时期内，房地产的银行信贷应以消费者为中心，积极发展长期低息分期付款的购买住宅抵押贷款业务（国外称为"按揭"），这是为人民造福，为广大中低收入工薪阶层加快解决"居者有其屋"，20 世纪末达到小康居住水平所企盼的"扶贫"政策和"希望"工程。

资金一直是短缺的，从未富裕过，问题是在有限的资金条件下如何兼顾之。

住房抵押贷款的大力推广对普通市民而言，是一种全新的消费方式，是为普通市民早日圆"居者有其屋"之梦作出新贡献，打开新局面。房地产公司和银行住宅信贷部门，要针对不同的住房抵押贷款对象（不同经济收入，不同阶层，不同人员结构，不同购买住房面积）在首期付款比例，贷款额度，分期还款期限，贷款利率等四个要素的详细测算下找到各住户每月既能偿还本息又不太影响正常生活的最佳结合点。

对购房者来讲，住宅抵押贷款是在政府的大力扶植下，依靠自身的力量，加快解决居住问题的良好途径和最终方式。但每个家庭需要重新建立消费习惯和生活方式，要树立负债意识和勤俭度日的观念。还款期满后，得到的将是一笔不小的不动产财富。

为民着想，切合实际的住宅抵押贷款，对房地产开发商、银行信贷部门和购房者三方面都有好处，不仅是一种促销手段，为民谋福的"扶贫"措施，更能促进房地产业的新发展。

三

总之：

1）中低收入工薪阶层所需要的住宅抵押贷款是提高贷款比例和贷款额度，延长还款期限，降低贷款利率。要仔细考虑，找到每月既要偿还本息又不太影响日常生活开支的吻合点，这就是普通市民的经济和生活的承受能力。

2）要在不同时期按供需情况，不断调整银行给予房地产开发公司的卖方信贷和给予工薪阶层购房的买方信贷两大块贷款的结构和比例，房地产信贷要一手搀两人，当前尤其要扶植住宅消费者，提高他们的购买住房的支付能力。如果不摆好生产和消费两大环节的关，即使每年建房数量很多，但寻常百姓无力购买，也只能望房兴叹，可望而不可即。何况这对于宏观调控开发总量，压缩基建规模，调整供需平衡都有益处。

3）房地产开发商、银行信贷、住房购买者，三方面要共同参与经济适用房的建设及消费的融资活动。银行要为开发公司投入必要的信贷用于建房，保持一定的供应量。房地产开发公司要为广大中低收入工薪阶层着想，提供在不降低标准的条件下，令人买得起的经济适用住房。消费者要积极参加住房储蓄，在银行住房抵押贷款的大力支持下，培育和提高住房购买的支付能力，早日实现居者有其屋，至 20 世纪末达到小康居住水平。

本文发表于《房地产报》1995 年 7 月 8

标题易名为《提高工薪族支付能力，解决老百姓住房问题》

上海旧城区更新改造的对策

从以下两个情况分析，上海的旧城区更新改造已驶入快车道。

1）上海市的旧城区更新改造从 1979 ~ 1990 年 12 年间，全市共拆除危棚简屋及旧住房 400 万 m²，动迁居民 12 万户，平均每年拆除 33 万 m²，动迁居民 1 万户。1992 年以来，由于上海加快了改革开放的步伐，市政府进一步向区县政府下放事权，调动了各方面的积极性，尤其是引进外资改造旧区及大规模市政建设后，旧区更新改造以前所未有的规模和速度展开。3 年来全市共拆迁 21 万户，拆迁居住房屋 859.6 万 m²，分别为前 12 年总和的 1.75 倍和 2.15 倍。其中：1992 年，动迁居民 3.6 万户，拆住房 134.5 万 m²。1993 年，动迁居民 8.2 万户，拆住房 343.6 万 m²。1994 年，动迁居民 9.2 万户，拆住房 381.5 万 m²。按 1990 年前拆除旧房的速度，需 100 年才改造完成二级旧里以下的破旧建筑，现在，只需 10 年时间就能完成这一艰巨任务。

2）到 20 世纪末，上海人均居住面积要达到 10 m²，住房成套率达到 70%，基本改造完成 1500 万 m² 破旧住宅（包括 365 万 m² 的简、棚、危房）。测算从现在起至 2000 年，每年平均拆除破旧住宅 130 万 m² 左右，同时每年本市平均为居民提供住宅 900 万 m²，目前正按此速度加快实施。

一、上海旧城区更新改造面临新的动力机制

近几年来，上海旧城区更新改造的规模和速度之所以达到新的境界，是由于：

从宏观而言，上海城市发展战略目标定位后，在改革开放的新形势下，面临新的机遇、政策和资金。

从微观而言，近几年来，上海旧城区更新改造不论从指导思想、规划原则、更新改造方式、政策方针、筹措资金、开发经营等都进入了改革开放的新阶段，形成了新的动力机制，主要表现在：

1）上海在已明确要建成世界经济、金融、贸易中心之一和现代化国际大都市这一战略地位后，面临着重塑城市的目标、功能、结构、形态和风貌，要步入国际化、现代化大城市的行列，一切要与国际接轨。要提高城市规划的科学性和预见性，改革和完善城市规划的内容及方法。同时，也认识到，城市规划是一个动态过程，不可能停留在一个始点和终点的状态，而是始终随着城市的发展而发展。

2）上海的国民经济要持续高速发展，就要进行经济结构和产业结构的战略调整，经济结构要向更高、更深层次推进，要大力发展外向型经济，迅速发展第三产业，提高其在国民经济中的比重（上海现已达 40%）。第三产业的发展和繁荣是现代经济的重要特征，

是上海成为世界经济、金融、贸易中心之一的主要标志。因此,要将市中心的"黄金地段"(其中不少目前被用作各种与其身份和价值不相符合的活动,把其真正的价值埋没了)尽可能置换出来,发展商贸、金融、办公、交通、通信、旅游、房地产、信息、服务等第三产业。

工业结构的调整要优化发展高新技术为标志的新兴产业及汽车、通信设备、钢铁、石油化工、电站设备、家用电器等六大支柱产业,迅速与国际最先进的工业结构接轨,努力培养新的经济增长点。

为适应现代化城市结构、形态的要求,产业结构的调整必然会引起生产力的重新布局和土地利用的调整。

3)浦东作为中国对外开放的重点地区至今已5年了。浦东的开发、开放,成为中国连接世界最近的开放前沿,成为中国迈向21世纪的新的增长点。浦东要建设成具有外向型、多功能特征、世界第一流的现代化新城区,拥有520km² 的浦东新区的发展给上海市带来了莫大的机遇和回旋余地。浦东的大规模城市建设带动了旧城区的更新改造,又进一步推动了浦东新区的建设。

5年来,浦东新区不仅开发了陆家嘴金融贸易区、金桥出口加工区、外高桥保税区、张江高科技园区、孙桥现代农业区等功能区,而且使上海新建第二国际航空港,辟筑深水码头,修筑浦东铁路等成为可能,极大地增强了上海建成国际现代化大城市的整体功能。

4)在市场经济条件下,实行土地有偿使用和发挥土地的级差地租效益,不仅使房地产业蓬勃发展,而且亦推进了城市布局的调整和土地使用的置换,加快了城市现代化建设,不断改善了投资环境,并从中取得了巨额资金,使更新改造旧城区的资金积累进入了良性循环。同时,亦使我们认识到,上海的旧城更新改造非建筑物拆除重建的简单过程,实际上是城市土地的再开发,再开发的核心是土地开发,再开发的资金主要靠土地有偿使用及土地的级差地租提供。

5)以立体化道路交通网络为核心的大规模市政基础设施建设极大地推动了上海旧城区的更新改造。市政府一贯将改善道路交通作为振兴上海经济,重塑现代化国际大城市形象的一项重要举措。高强度的投入,使全市道路交通工程建设呈现全面推进的态势,不仅提高了交通便捷的程度,使城市的面貌和景观有了新的变化,亦对城市的结构、布局、形态的调整和塑造起到了很大的推动作用。改善了投资环境,土地升值带来了商业繁荣的新机遇,促进了房地产的发展,许多地区都脱颖而出,成为城市新的中心。如:

(1)1座南浦大桥的建成和1条中山南路的拓宽,使沉睡多年的一个陈旧地区枯木逢春。"南外滩"地区独特的地理优势,突出了独特的经济功能,现在已成为老外滩的延伸,部分区域已成为中央商务区的组成部分。

(2)位于上海市中心区的徐家汇,该地区的道路交通满足超前考虑的国际现代化大城市的立体化要求,首先建成上海最先进的5个层面的立体交通网络:地铁、地面、上下立交、内环线高架、地下通道,已成为市区西南部的交通咽喉地区。根据规划,徐家汇将成为上海市的市级副中心。

(3)1座陆上大门铁路客运站和地铁1号线的建成,使"不夜城"在该处崛起。"不夜城"全部建成后,24小时全天候服务,成为多功能的市级商业中心。

（4）宽阔的 318 国道（沪青平一级公路），已初具"经济走廊"的雏形，从虹桥国际机场始至风光旖旎的淀山湖风景旅游区止，沿途开发有：上海西部经济开发区、特种蔬菜园艺场、新城私营经济区、国家级纺织科技产业城、青浦经济技术开发区、朱家角综合经济城等。

上海旧城区几个"中心"的形成和布局，除与城市的地理特点和历史基础等因素有关外，还受到城市的发展、形态的变化和交通便捷程度等因素的影响。多级多中心的布局不仅方便了广大市民的生活需要，也形成了现代化国际大城市的结构形态，上海城市越来越多地涌现出反映时代特征和历史文化的新风貌和新景观。

总之，上海的城市建设已跃上新台阶，已从"还账型"转向"功能型"，尽快建立起与国际现代化大城市地位相适应的现代化城市格局和基础设施新框架。

6）长期以来，上海城市要从密集的市中心区疏解过密人口和过多工业的夙愿，终于开始实现。大规模的旧城区更新改造使许多居民从居住条件差的密集市中心乔迁到近郊的新屋。随着产业结构和土地利用的调整，近几年来，工业从市中心迁出的进度也开始加快。前几年，内环路内工业用地面积为 25%，1994 年下降到 20%。市政府决定从现在起至 2010 年，每年要迁出 50 家大中型工厂，届时工厂在内环路内用地只占总用地的 5%。这不仅使市中心区的环境质量进一步提高，而且也是土地布局大置换的成功。

上海市城市规划和建设的指导思想按照经济、社会和城市形态统一规划的思路，充分发挥城市土地级差的调节作用，把旧城更新改造与合理调整中心城区产业结构及空间布局结合起来，把郊区广阔的空间与城市大工业转移、利用外资结合起来，把开发建设郊区市级工业区与规划建设二级市结合起来。

几年来，上海城市布局的大置换已初见端倪，形态结构逐步完善，土地使用日趋合理，正沿着建成现代化国际大城市的道路前进。

现代城市规划一定要强调城市规划对促进资源利用（包括土地资源）和经济发展的作用，城市规划要成为一种将经济、社会和文化因素相结合的连续的动态过程。

二、筹资、融资呈现多元化，资金积累形成新机制

与国际接轨，奉行新的政策，使筹资方法和融资体制呈现多样化、多元化，城市建设资金走上了良性循环积累的新机制。如：

1）土地批租吸引外资，是将土地资源以有偿方式按用地性质和地段级差、容积参数和增值因素将土地使用权转让给外商数十年而获得巨额资金。自 1988 年 8 月至 1995 年底，上海共批租土地 915 幅，总面积近 90km²，获取土地出让金约 80 亿美元和 85 亿人民币，总计可建各类建筑面积 3200 万 m²。而 1949～1990 年间，因处于计划经济时期，土地是无偿划拨的，拨出土地约 60 万亩（3/4 征用，1/4 调拨国有土地），政府毫无收益。

通过土地批租，从土地资源中得到巨额资金，使上海的旧城区更新改造迅速启动，全面铺开，城市空间布局按现代化新思路重新调整。

2）上海住宅建设进入"黄金时期"，其根本原因归功于住房制度改革，形成了一个住

房建设的新体制及建房集资的新机制，体现了国家、集体、个人三者共同负担的原则，住宅作为商品进入流通领域，纳入个人消费范畴已逐步为人们所接受。至 1995 年 3 月止，全市已归集公积金 53.4 亿元，市民投资购买住房债券，至今已达 4 亿多元，从 1993 年至 1995 年 4 月全市共售出旧公房 2906 万 m²，涉及 56 万户，占住宅总面积的 49.76%，回收资金 62.54 亿元（包括维修基金在内）。

作为上海传统民居的典型，老式石库门房子——旧式里弄住宅，大都建于 20 世纪二三十年代，代表着上海的民俗风情，是历史的沉淀，是海派文化的组成部分。全市有一级旧式里弄住宅 900 万 m²，约占住宅总量的 9%。这些住宅功能不完善，无厨房、卫生间，绝大多数是居住困难户。上海曾对南市区、卢湾区的部分旧式里弄住宅进行改建，建成为独门独户，有厨房和卫生间设施成套住宅，其外观风貌保持不变，颇得社会各界好评。但因资金缺乏，未能在全市推广。现有关部门已决定将旧公房出售所得资金的 40%，以低息贷款形式用于一级旧式里弄成套改建，900 万 m² 的石库门房子有望旧貌换新颜。

因此，土地使用制度和住房制度改革是经济体制改革的重要内容，是房地产发展的根本举措，是巨额资金来源的重要渠道。

3）上海市政府已采用国际惯用的 BOT（建设—经营—转让）筹融资的方式以加快城市基础设施建设，使上海尽快进入国际一流水准大都市行列。有关部门预测，到 2000 年上海基础设施建设投资将高达 1500～2000 亿元，采用 BOT 方式能更多更好地吸收外资，缓解资金缺乏的困难。如：延安东路隧道复线工程是上海市政基础设施首次采用 BOT 方式进行的工程项目，由沪港双方共同出资建造，总投资为 14 亿元，取得对延安东路两隧道的 30 年专营权，实行项目的建设、经营和管理。30 年后，将隧道无偿归还上海市政府。

4）将已建成的市政基础设施项目，通过资产评估，出让全部或部分股权给外商，收回全部或部分投资。这是一种很好的筹资方式，称之为"回收性投资方式"。有些市政基础设施的高额城市建设债务，亟须化解。如：建造南浦大桥投入 11.46 亿元，每年要承担 1 亿元借款利息和维护保养管理费，而过桥费和观光费的收入每年仅数千万元（1993 年 3200 万元，1994 年 8000 万元）。类似这些项目就可将股权转让给外商经营，将全部投资收回，再投入其他市政基础设施的建设，这也是国际上通用的筹资方式之一，是使资金纳入良性循环的可取方法。

5）利用土地级差效益进行产业置换，充分盘活"黄金地段"的房地产存量，可吸纳一笔巨大财富。如作为上海中央商务区（CBD）重要组成部分的外滩金融一条街的功能置换，就是土地所有权的流动或重新分配的新机制的尝试。通过置换方法，将重新利用外滩 37 幢楼宇（首批 18 幢），陆续迁出连同市政府在内的一批政府和企事业机构，面向海内外各大金融机构、著名财团招商，使之尽快实现自身的价值，将上海外滩重塑为"东方金融一条街"。该项工作已于 1994 年第四季度进入实质性商务活动。上海具有增值潜力的存量房地产还有如徐汇区、卢湾区、长宁区的老式花园住宅等等。

6）上海市平江地区的改造是利用地段级差改造旧城区的又一创举。平江地区位于上海市区最北面，中山北路与交通路两侧，在 8.9hm² 地块上居住着 3500 户，居民近 1 万人，是普陀区危旧房、棚户最集中地区之一。位于市中心的黄浦区与普陀区进行区域合作，优势互补，不靠政府拨款，利用地段级差对平江地区进行改造。普陀区负责动迁、配套，黄浦区筹资新建居民住宅小区。平江地区改造由新黄浦集团投资 12 亿，建 30 万 m² 住宅，高层多层结合（14 幢多层，19 幢高层），全为内销房，就走出了一条跨区合作，利用两区地级差，流动开发的旧区改造和加快住宅建设的新路子。

"平江模式"的启示是：居民动迁安置"二级跳"或"三级跳"开始得以实现。所谓"二级跳"、"三级跳"，即市中心区域居民动迁到稍偏地区，稍偏地区居民迁到偏远地区。现在，平江地区居民迁到普陀区的西部，大大改善居住条件和环境，平江地区新建的部分住宅将用于黄浦区市中心区域居民的动迁安置，为黄浦区改造成为上海的中央商务区（CBD）提供了发展空间，两区居民的安置都较容易接受。

7）发行股票。上海豫园旅游商城等公司发行股票，是使资金从无到有，使项目不断滚动开发的典型。1992 年 8 月，由 16 家公司组建紧密型的集团公司——豫园旅游商城，成立上市公司，公开发行股票，当即筹措到数亿资金用于改造豫园旅游商城一期工程，拥有 6 幢建筑，7.5 万 m²，形成了一个完整的富有明清时代风格的商业建筑群。这一占地 5.3 hm² 的豫园旅游商城融历史文化、建筑文化、园林文化、宗教文化、商业文化、饮食文化、社会文化于一炉，是一个真正的旅游购物步行王国，也是闻名中外的绝无仅有的将园林、商市、庙宇三者浑然一体的旅游商城，是市级旅游商业中心。市场机制真是这块"黄金宝地"的"点金术"，打破了常年来"捧着金饭碗讨饭吃"的僵局。

8）最为系列的筹资过程莫过于浦东新区的陆家嘴金融贸易区、金桥出口加工区和外高桥保税区三个重点功能小区，其发展过程全是市场经济下新的集资和融资方式。特点是：

（1）由土地资本向货币转换。浦东新区 4 年中，各开发公司成片出让土地 23 幅，面积达 61.86 km²，转换成投入资本达 63 亿人民币。

（2）土地资本与金融资本的结合。1991 年，各重点小区开发公司先后与中外银行组成联合开发公司，大大地增强了小区开发的实力。

（3）实现了土地资本与社会资本的结合。1992 年，各开发公司建立了股份公司，发行股票，吸收了社会、企业、个人的资金达数十亿元。

在这里，土地资本转换为实物资金得到了充分发挥。

本文发表于《城市规划》1995 年第 5 期

注：本文曾在 1995 年 5 月同济大学建筑与城市规划学院为硕士研究生班作讲座。

据《CNKI 知识搜索》报道，本论文的下载指数：★★★★★

房地产开发要保障生态环境的权益

一、上海市区的生态环境正在改善

一流的城市要有一流的生态环境。

"如果上海的生态环境得不到根本性的改进，那么上海就不可能建成名副其实的国际现代化大都市。"

在将上海建成生态城市的进程中，很多实际工作所产生的效果已初见端倪：

1）因扩大市区用地，从市中心区迁移大量人口到市区边缘地区，使市中心区的人口密度有所下降。目前市区的人口密度为 2.2 万人 /km²。

2）因加快产业结构和工业布局的调整，下决心把一大批污染严重的工厂迁出市中心区至市区各工业园区或工业地段，市区环境污染有所改善，尤其是大气质量开始趋向好转。如：列入 1995 年市政府实事项目的 15 家污染工厂搬迁工程，使市中心每天将减少烟尘 2t，废气 1026 万 m³，废水 3885t。到 2010 年，内环线内中心城区的工业，1/3 实行搬迁，1/3 关停并转发展第三产业，1/3 保留无污染的城市型工业。

3）在上海"三年大变样"的时期内（"八五"后 3 年，1993 ～ 1995 年），上海拆除危棚简旧房 1500 万 m²，共有 38 万户，157 万居民乔迁新居，摆脱了落后的生活方式，摒弃了低劣的生活环境，改善了居住条件。到 1995 年底，上海市区人均居住面积已达 7.6m²，住房成套率 44.5%。2000 年的目标是实现人均居住面积 10m²，成套率 70%。

4）以道路交通为重点的大规模市政基础设施建设，使市区人均道路面积已由过去的 3.8m² 增加到 6.2m²，市民出行条件得到改善，对疏解拥挤的地面交通，正逐步发挥良好的作用。上海道路交通状况年年有变化，初步形成了平面立体交叉、浦东浦西贯通的交通新格局。

5）市区煤气普及率 85.98% 基本达到煤气化。市区 10 年内减少 70 万只煤球炉。

6）黄浦江上游引水工程及其水源保护区的建设，建设以长江为水源的水厂，使广大市民饮用水的水质不断提高。

7）1993 年竣工的合流污水治理一期工程，长 34km 的截流总管将原来每天向苏州河排放的 140 万 t 工业废水和生活污水截住污水预处理厂处理后，直接排入长江口进行大水系稀释处理。常年黑臭的苏州河终于泛起了黄色。即将建设的污水治理第二期工程会使上海的环境质量有更大提高。至 2000 年，苏州河和黄浦江的黑黄交界线将消失。

以上工作的努力，都是为了减轻市区生态环境的承载力。

8）上海在绿地建设方面，根据大城市、大郊区、大环境、大绿化的思路，高起点、大手笔地创意跨世纪的绿化规划，很是有声有色。已建成和部分正在启动的大项目有：

（1）淀山湖。拥有 70km² 水面的淀山湖，水面辽阔，有着优美的江南水乡自然景观，除已建成的大观园、水上运动场、国际高尔夫乡村俱乐部等设施外，还将建设一个拥有 200hm² 规模的集体育、娱乐、科学文化于一体的活动中心。

（2）外滩江滨绿化带。全长 711m，1992 ～ 1993 年已建成。

（3）人民广场绿化工程。1994 年 10 月建成的 8 万 m² 人民广场绿地工程，与市府大厦、上海博物馆一起构成上海市中心区一道新景观，而且与 12 万 m² 的人民公园连成一体，成为调节市中心空气，改善环境质量的"绿肺"。

（4）黄兴路公共绿地。正在兴建的占地 138hm² 的"黄兴路公共绿地"，拟建成以绿为主（绿化和水面占 80%），生态型、高科技、高品位、旅游、娱乐、休闲的胜地。

（5）环城绿带。被称为跨世纪的上海环城绿带，是在外环线的外侧兴建一条宽 500m 的大型环城绿带，全长 97km，总绿地面积为 7241hm²。一期工程已开工，这是为将上海建成生态城市所采取的重大步骤，是上海作为国际现代化大都市迈向 21 世纪的重大举措，是一项造福子孙后代的生态工程。建设环城绿带是世界上很多现代化国际大都市追求的目标。

（6）上海佘山国家旅游度假区。是国家级度假胜地，是上海唯一的自然山林胜地，山地面积 401hm²。佘山风景区以自然山林为依托，以人文景观、名胜古迹和旅游娱乐设施为重点，是融休闲、度假、旅游观光、宗教朝圣、科普教育等功能为一体的综合性旅游度假区。

（7）上海环球乐园。正在兴建的环球乐园是全国规模最大的综合性主题公园，占地 70hm²。以世界各国著名的风景、地貌、人文景观为主题，融五大洲的风貌为一园，使广大游客不出国门而环游世界，尽情领略异国他乡的景观和情调。

（8）上海野生动物园。这是我国第一座国家级野生动物园，占地 154hm²，园内有世界各地代表性动物和珍稀动物 200 多种，上万余只。静谧、野趣、泥土气息等特色给人一种回归大自然的感觉。

（9）浦东滨江绿地，是占地 100hm² 的浦东中央公园。

（10）点、线、面、环、楔各类型绿地组合的绿化系统。

这些大型绿化工程都是富有特色的游览娱乐景点，适应了市民们休闲时间的增加，崇尚自然、回归自然要求的增强，消费观念的转变。绿化工程的实施可使广大市民享受到田园风光，投入大自然的怀抱，达到人与自然的交融。

根据上海市绿化规划的目标，到 2000 年，人均公共绿地将达 3 ～ 4m²，绿化覆盖率 20% ～ 25%，至 2010 年，人均公共绿地将达 6 ～ 8m²，绿化覆盖率 30% ～ 35%。

二、上海市区的公共绿地状况不容乐观

（一）绿地指标低

1994 年市区人均公共绿地面积为 1.4m²，绿化覆盖率为 15%。

1995 年市区人均公共绿地面积为 1.65m²，绿化覆盖率为 16%，为巴黎、伦敦、莫斯科的 1/15 ～ 1/20，北京、南京、深圳、珠海都超过上海 4 ～ 11 倍。虽然人均公共绿地年年有增加，绿化覆盖率年年有提高，但市中心区居民感觉不到，因为每年增加 200 多 hm²

公共绿地，人均增加 0.25m^2，大都集中在浦东新区和市区边缘地带。

（二）绿地分布不均衡

全市公园绿地有 66 个，在内环线内仅占 18 个，面积为 1693 亩，占总面积的 21%，为全市市区总人口的 80% 享用。内环线外有 48 个，面积为 6493 亩，占总面积的 73%。

（三）侵绿、毁绿现象屡见不鲜

上海市中心的公共绿地不断遭受侵绿、占绿、蚕绿和毁绿的命运。近两年，市中心区绿地被占面积已超过 26hm^2，其中 92% 为旧区改造所占，面积达 24hm^2。

（四）"热岛效应"加剧

所谓"热岛效应"是指城市市中心区的气温比周围地区高的现象，这是由于高层建筑密集，绿地骤减，通风不良所致。据 1995 年酷暑盛夏高温期间测试，上海市中心区的气温比市郊高出 2 ~ 4℃，最高达 6℃。这种建设方式再持续下去，温差还要升高。

跨入 21 世纪，房地产开发的经济效益再也不能以牺牲生态环境为代价了。市中心区没有足够的公共绿地是跛足的现代化文明城市，是生硬的缺乏生气的城市，是生活质量和生态环境质量低劣的城市。

上海市中心区公共绿地建设滞后的根本原因在于：

1）有关部门重视不够，显得束手无策，无能为力。有的在观念上还存在误区，认为黄金地段应产生黄金效益，岂能被不产生经济价值的公共绿地所占据。这是片面理解级差地租效益，片面袒护房地产开发商的经济效益，而置社会效益、生态环境效益和广大市民的利益于度外。

2）有的对市中心区发展绿地持消极回避的态度。认为只能"堤内损失，堤外补"，在边缘地区建设各类绿地，以弥补市中心区的不足。但这在人均公共绿地指标和分布上的实际使用上，是难以平衡的。

3）片面学习国外的建设经验。我们仅学习到香港、东京市中心区高层高密度的集约型建筑模式，而忽视了他们十分重视公园绿地的建设，规划师和建筑师为居民腾出尽可能多的空间进行绿化，大力开辟街头绿地。在屋顶负重和漏水技术问题都已基本解决的条件下，还在建筑的平台上、裙房顶上和大楼的屋顶上大力发展平台花园、空中花园、屋顶花园，还积极推广垂直绿化（墙面绿化、阳台窗台绿化、栏杆绿化、走廊绿化、桥体绿化等等）。与前几种类型绿化共同构成绚丽多彩的立体绿化，无疑使城市景观更美，使生态环境质量更高。

4）不认识城市绿化是体现城市现代化和精神文明的重要标志之一。绿化稀少的城市必然缺乏洁净的空气，充沛的阳光和休闲的场所，而且难以形成优美如画的城市环境。绿色是生命的颜色，绿色能唤起人们对自然的联想，绿色能给人的眼睛和心灵一种真正的满足。世界上很多美丽的城市无不与绿色的植物浑然一体，花园和城市的界限很难有明显区别。

三、房地产开发商需研究生态环境的基本理论

除以上的认识不足外，还存在着理论上的盲区，房地产开发商在实践工作中必须研究生态环境的基本理论。

（一）正确认识"土地优化配置"的理论

在城市建设和房地产开发过程中，不论是旧区改造和新区建设都要有合理的土地利用规划，要细致地协调好土地的开发利用与生态环境保护之间的关系。

侵绿、毁绿、少布绿或不布绿的开发绝不是土地的优化配置和经济利用。房地产开发商一定要把绿地视为土地开发利用整体系统中不可分割的组成部分，才是真正的土地优化配置。如上海甘泉苑的灵芝公寓，原销售价为 300 美元 /m²，但乏人问津，一年后，因建设了美丽的花园，提高了生态环境质量和生活质量，产生了经济效益，公寓销售价增至 400 美元 /m²。

要树立新的价值观念，彻底否定用牺牲生态环境的利益获取所谓最大的经济效益，用破坏绿地获取所谓最大的商业繁荣的错误做法。任何破坏和牺牲绿地的房地产开发都是掠夺性和超强度的开发，导致的后果是丧失生态环境，影响广大市民的利益，也影响到自身的利益。

（二）建立"生态存在"的理论

生态存在的理论认为有机组合体的每一个组成要素都要发挥一定的功能，每种功能都需一定的结构支持，都要有一定的存在条件——空间。随意扩大、缩小或取消某一功能的生态空间都可能造成生态系统失去平衡。因此，组合体的各功能要素须根据自己最佳的生态位，确立在这个立体结构中的位置。生态系统达到平衡时，组合体的内部各功能要素会达到一个相对稳定的比例关系和各类用地的合理布局，从而使生态效益达到最佳。如比例失调，系统就失去平衡，因此，它们之间关系是互相依存、互相制约的辩证关系。

我们经常可看到这样的现实状况：在旧城区更新改造和再开发的过程中，城市生态系统旧的平衡已被打破，由于认识的局限，经济的局限，历史的局限，体制的局限等等，新的生态平衡却未建立，没有协调好人与环境的关系，以致生态环境继续恶化，最后反作用于人类，这与人类打破旧的平衡，建立新的生态平衡是为了追求自身的生存和发展相悖。人与环境的关系就是，良好的环境关系培育人类文明和社会进步，恶劣的环境能抑制人类的生存和发展。

（三）坚持"可持续发展"的理论

可持续发展的理论主要是指各发展要素都要协调发展，要处理好整体利益与局部利益，长远利益与眼前利益的矛盾。要防止当某个局部主体在发展中要取得最大利益时，会导致其他局部利益的兑现成为空话，以致发展的结果可能使整体和长远的发展利益遭受破坏。其中绿地的被砍，生态环境效益的损害往往是首当其冲。反之，如某个局部主体能从整体和长远利益及生态环境利益出发，适当控制其最大利益的追求，反而有可能得到较好的效

果。总之，要合理调整各方的利益分配。可持续发展方式的核心是生态与经济相协调，创造一个人与自然和谐的环境，要求摒弃人与自然关系上的一切短视眼光，要更多着眼于未来，更多保障生态环境效益的需要和权利。要以"人是自然的主人"转向为"人是自然的成员"作为价值观，指导我们的规划、建设和管理工作，达到经济与社会的综合发展，人与社会的共同进步，人与自然的和谐相处的高度物质文明和精神文明的境界，这也是现代化城市和生活的真谛所在。

"可持续发展"的理论还告诫我们，房地产开发中任何大、小开发基地除市政基础设施和公共设施必须配套完整外，要精心布局"人、建筑、绿地的关系"，要以人为本，维护生态环境、生态平衡为基础，寻求既发展经济又要协调好生态环境的开发方式，构成良好的物质环境和生态环境的有机组合整体，反映出经济效益、社会进步、生态环境的统一性、和谐性。

（四）确立"可承受性开发"的观念

"可承受性开发"的观念告诉我们，在建设中要注意开发强度，要有力地制止滥用公共资源和破坏生态环境的非法行为。房地产开发中不应以损害人的发展和对自然渴望作为代价。现在的建设既要满足当代人的需求，又要考虑后代人，适应他们进一步的需求。

房地产开发和生态环境并非是一对矛盾，而是前进中为了共同目标相辅相成的密切伙伴。

在旧城区更新改造时，房地产开发不能就事论事，由极少数人单纯追求建筑面积和利润的主宰下，摆布一切，而要在城市规划和设计的指导下，在城市规划师、建筑师、环境设计师、园艺师和开发商的共同努力下，把维护城市生态环境，改善生活质量，开辟公共绿地，净化、美化城市面貌放在重要的位置，创造出既满足物质功能又体现生态环境和谐的建筑群体，达到经济效益、社会效益、生态环境效益相互融洽的境地。

（五）全面提高开发素质

没有正确的理论指导是盲目的实践。

房地产开发商除需熟悉本职业务，研究生态理论外，还必须充实艺术思维、美学修养、环境意识和国际现代化大城市的标准等知识，要建立品牌思想，提高开发素质。

房地产开发商思考的问题仅停留在计算投入和产出，盘算回报率和利润等经济效益似乎太浅薄，而同时要把房地产开发的研究基础面扩大到社会进步和生态环境的效益上来。开发的结果要与现代化大城市的目标相呼应，要与生态环境的要求相融合，要尊重人的愿望和权益，不站在对立面。

世界上一些先进国家和城市已提出"21世纪的城市应与绿色共存"，"是进入营造环境的新阶段"。

四、市中心区要广泛建设街头绿地

密集的市中心区必须腾出一定的土地进行绿化，发展各类型绿地，尤其是要积极发展街头绿地。街头绿地又称街心花园、路边休息花园，面积至少500m² 或更大些。经过精心布局和设计的大、小绿地，遍布各处，洒落街头，似一片片一年四季花草树木争芳斗妍的绿岛，又如给市区镶嵌了无数的绿色翡翠。这些街头绿地既是美丽的城市景观，使街道充满了生气和灵气；可以净化空气，调节小气候，让密集的市区通风良好，凉爽宜人；又可柔和密集高层建筑群带来的压抑沉重之感，让人觉得赏心悦目；舒展拥挤的城市空间，塑造有情趣的生活气息；又可供市民休闲游憩之用，使人们生活在绿色的环境中，建立起人—建筑—自然间的和谐发展关系。

积极发展街头绿地，应采取的措施和建议如下：

1) 有关当局应提出市中心区积极发展街头绿地的规划和实施计划，而且要与房地产、旧区改造和市政建设相结合开发。街头绿地的布局形式，可以是独立一块的形式，但应多推出公共绿地与建筑、广场、雕塑、小品、喷水池、道路等有机组合成群体的精品佳作。

淮海路商业街数十万 m² 的更新改造，旧城区数千万平方米的房地产开发，不知能有多少个街头绿地面世，人们将拭目以待。

2) 老一套的公共绿地重要性的宣传已很乏味，宣传的方式要有新意，有攻势，使人耳目一新。

①要积极调动广大市民对公共绿地的渴望和追求，可从人的修养、气质、情操、格调、文明等方面的提高与绿色环境的关系紧密联系。

②大力宣传"宁可食无肉，不可居无绿"的深邃意境。

③报纸杂志、电视、电台有计划地以照片和图文的形式介绍国内外现代化城市建设优美的街头绿地的实例和效果。

3) 要建立土地开发的绿线制度，使城市市中心区有足够的绿色空间。

4) 上海有居住区绿化年年评比的好传统，在这基础上也可每年开展市中心区街头绿地评比的新尝试，以推动这项工作的进行，推出的精品街头绿地应广为宣传和奖励。

5) 筹集街头绿地发展经费的途径。

①政府每年划拨公共绿地建设专项经费。

②在市中心区房地产各有关开发基地（包括土地批租项目）要落实相应的街头绿地建设的规划、经费和项目实施。

③既然社会上的孤儿、老人有善者认养，上海动物园内的动物有企事业单位认养，则各街头绿地也可发动国内外有识之士和集团、公司、工厂、单位以其公司、工厂的名义或名牌、品牌为命，捐赠经费或承建养护。

笔者认为，市中心区绿地系统的最高境界应是，将公共绿地—公共活动中心—步行道网络形成一个有机的休闲、游憩、娱乐的绿化系统，视实际条件在局部区域构成小"三合一"系统，并可在市中心区范围内逐步形成大系统。届时，上海市区的生态环境质量才是上乘、优质、高品位的。

本文发表于《房地产开发报》1996 年 6 月 9 日
仅刊登第三部分，标题易名为《房地产开发商需学习生态环境的基本理论》

旧城改造要加强城市规划的宏观调控作用

社会主义市场经济与资本主义市场经济的区别在于前者以公有制为基础，后者以私有制为基础，因此在社会主义市场经济的利益关系中，除一般的企业主体间个人利益和局部利益的相互关系外，还有公有制本质的个人利益、集体利益和社会利益的相互关系。社会主义市场经济条件下的企业，不仅要为获取企业最大限度利益而努力，还必须为维护和发展社会利益而自觉提供服务。

一、旧城区更新改造要注意整体性、超前性和互补性、联动性

为将上海建成世界经济、金融、贸易中心之一的国际现代化大城市。上海的旧城区更新改造工程方兴未艾。据笔者积累统计这两三年内市区各区（闵行、嘉定和宝山区外）提出的旧城区主要地段更新改造的总量达 6000 万 m^2 建筑面积。尤其是上海市各个区对旧城区更新改造的高度积极性甚为可贵。这是因为作为市政府的指令，各区必须在 20 世纪末完成改造 365 万 m^2 的危、棚、简屋和人均居住面积达 $10m^2$，住房成套率达 70% 的硬任务。同时"为官一任，造福四方"，只有打破"坛坛罐罐"，通过旧区更新改造才能建立起全新的经济格局和加快第三产业的发展，繁荣本区，开拓新的经济增长点，提高区级财政收入，为改善市民的居住条件和环境质量创造良好的物质条件和环境条件，同时，还要与上海市建设国际现代化大城市保持一致的步伐。

上海的经济发展和城市建设任重而道远，立足于三个基点：

1）上海要建成世界经济、金融、贸易中心之一的国际现代化大城市。

2）以上海浦东开发开放为龙头，带动整个长江流域的开发开放，长江流域是中国极有发展潜力的地区之一。

3）上海还肩负服务于全国经济发展的使命和功能。

长江流域跨越苏、浙、皖、鄂、湘、川六省，流域面积为 180.7 万 km^2，占全国土地面积近 1/5，工农业总产值和国民收入分别占全国的 40% 以上，上交财税占 50%。全国经济运行的实践表明，整个长江流域一条新的经济增长带正在形成。上海对促进长江流域的经济发展必将产生难以估量的影响，反之，上海的发展也必须依赖这条黄金水道。

尤其是上海经济发展具有独特的极化效应和扩散影响：吸引全国和长江流域更多的人才、物力、财力参与浦东的开发开放建设。上海的高新技术或生产工艺将会跨地区流向全国和长江流域，并建立与上海相关的原材料基地和能源基地，使上海在全国经济活动中真正做到资金流、商品流、技术流、人才流和信息流的集散和枢纽作用。因此，上海必须要具有金融聚集与输出的功能，产业扩散与聚集的功能，市场扩张和服务的功能，信息的辐

射作用及企业制度创新与政策示范的作用。

这需要有相当大的城市建设规模来容纳未来经济发展的需求空间，因此城市规划工作者和城市经济计划工作者要具备超常和超前的战略目光，才能充满信心地认识 21 世纪中国经济发展的机遇和对城市发展及建设的要求。上海的发展、上海的经济建设都离不开高效率高质量的城市规划、形态结构和土地利用布局及富有特色的以立体化道路交通为框架的大型市政基础设施建设。而且，现代化的城市形态开发和功能开发应并举。

实践证明，上海旧城区更新改造工作量大面广，内涵深，要求高，要与国际接轨。因此必须经常总结经验教训，才会有新的进步。当前，对一些发展过程中产生的深层次的问题，尤须多加研究。如：

1）各区的旧区更新改造开发要避免雷同性、重复性，突出互补性。有些地区和道路的开发不能局限于本区，要打破行政界限统筹规划，有些项目要向邻区联动开发转变。同时，应根据各区的区情、历史发展、文化氛围及在城市总体规划中的定位，创造出内容、性质、形态、尺度、色彩、气氛、外观等方面丰富多彩、形象迥异的特色。要从一味追求项目的数量向更多地注意项目的内涵和质量方面转变。

2）加强城市规划与经济计划部门的配合，积极指导投资方向、投资结构、投资密度、投资序列及开发速度、开发强度、开发的空间布局及开发的时机。

要切实把握和深刻思考建设的空间、时间、规模、效益及开发的能力、速度、强度、质量之间的关系。

尤其要研究：开发的能力和质量，开发的热度和限度及有效供给和有效需求之间的内在联系、辩证关系和制约因素。

3）过去长期搞计划经济有一个很大的缺点是没有安排好各种比例关系，从而造成很多方面的不平衡，导致工作失误。仔细推敲，在旧城区更新改造中亦不乏因各种比例关系未安排好而出现的不平衡状态。如：

（1）开发速度与经济效益的不平衡。据统计，至 1995 年底全国商品房空置为 5031 万 m^2，至 1996 年 3 月，上海待销的存量房产约有 300 万 m^2，1996 ~ 1997 年还是商品房产出的高峰期。这些待销空置房不仅已投入了大量资金，又占用了大量土地，这说明开发速度与经济效益的不平衡，也说明"有些增长不等于发展，有的增长还破坏发展"。

（2）总量失控与结构的不平衡。1992 ~ 1993 年上半年房地产业一哄而上的开发所反映的大众所需的住宅建设被忽视，办公楼、商厦、宾馆、高档公寓、花园别墅、度假村等建设过剩。这是"总量失控，结构失衡，发展无序，法规无依"的结局，导致大量房产滞销、空置积压，这也反映了有效供给与有效需求之间的不平衡。

（3）结构与布局的不平衡。目前，上海商业设施因结构与布局失误，存在潜在的危机。一是，商业的平均利润已进入盈亏的临界点，据统计，1991 年本市商业平均利润率为 3.51%，到 1995 年下降至 1.31%，1996 年 1 ~ 3 月降到 1.19%。这已达商界难以承受的地步。二是，商业发展的不平衡，中心城区自 1992 年以来，共兴建了建筑面积 5000 万 m^2 以上的商业大楼 69 幢，营业面积达 152 万 m^2，现在上海商业营业面积总量已达 884 万 m^2，比 5 年前增加 1.29 倍，绝大多数集中在市中心区。大型百货店过多，经营品种门类都类似，无特色。

相反，近几年来有 180 万人从市中心区迁移至市区边缘 65 个居住区，基本还没有大型商业设施。因此，最近市政府规定，今后凡在市中心商业区新建或扩建建筑面积在 5000m^{2}以上的商场，必须经有关部门审批，否则，任何部门都不能立项。还是要按照市级商业中心、地区级商业中心、居住区级商业中心、专业特色街四个层次规划建设，而且要将商业建设的重点放到居住区建设中去。

（4）投资信贷规模与购房信贷规模的不平衡。商品房大量空置、滞销的重要原因之一就是银行信贷部门对房地产开发商的投资信贷规模甚大，对中低收入工薪阶层的购房贷款规模甚微，造成广大居民购买住房的支付能力很低。据了解，上海建设银行 1991 年 5 月开始，房改金融配套改革至今，该行提供个人的商品房抵押贷款 1.3 亿元，个人公积金抵押贷款 6.6亿元，两者相加 7.9 亿元；而投向房地产开发企业的贷款资金仅 1994 年就达 188.37 亿元之巨。目前，上海房地产金融信贷 95% 资金投向房地产开发，投入流通和消费环节的仅 5%，这就难怪有那么多商品住宅空置量，因为金融信贷已踏入了理论和实践上的双误区。即使现在的楼市按揭也因贷款的年限短，成数低，利息高，令消费者可望而不可即。这反映了投资信贷与购房信贷的不平衡。

（5）房价居高不下，大量住宅待销空置与居住困难户求房心切之间的不平衡。当前，商品房价居高不下的问题很突出，其原因是：①名目繁多的收费、分摊高；②房地产开发商的回报率高；③需房者购买住宅的支付能力低。

这么多商品房空置待销是最大的资金积压和浪费，大大减缓了"居者有其屋"的解决进程。因此，必须从三个方面来解决问题：

A. 有关部门必须拿出切实可行的松绑、解套的救市措施。据调查分析，目前房地产开发中，仅税费、地价和市政公用基础设施、公建配套费三项费用已占商品房开发成本的45% ~ 60%。名目繁多的税费及市政公用基础设施、公建配套费用的分摊过重、地价过高等等，名义上是向房地产开发商收取，实际上全部计入成本转嫁给购房者。所谓"收在开发商头上，痛在消费者身上"，极大地挫伤了消费者购房的积极性。因此，有关部门应采取切实措施认真清理各项收费，以减轻房地产综合开发的负担，降低房价，促进群众购房。

a. 认真清理并取消重复、不合理、不合法的收费项目，要坚决取消雁过拔毛、会餐"唐僧肉"、无票搭乘列车式的收费。

b. 房地产开发中，市政公用基础设施和商业网点建设费用，因是商业性、营利性的建设，应实行"谁经营、谁受益，谁负责"的投资原则，由经营企业合理负担，不应摊入商品住宅的建造成本而由购房者负担。

c. 合理调整开发用地的地价和缴款期限，要将过高的地价降下来。住宅用地的土地出让金应将一次性收取 70 年改为买房后的长期分期支付办法。

d. 调整房地产税收的基数、比率和征收方式；取消不合理、不合法的税收，以减轻房地产的税负。

e. 银行的购房信贷要根据中低收入工薪阶层购房支付能力差的现实，在放宽贷款额度，延长还款期限，降低贷款利率等方面给予优惠。

总之，从政策扶持上，要为房地产健康发展提供一个宽松的环境和新的发展条件。

B. 要搞清待销空置房的情况, 分门归类梳理:

a. 工程质量不合格的住宅。

b. 市政公用基础设施、公建配套、公共交通不到位的住宅。

c. 密度高, 房屋间距小, 通风、日照不良, 绿化差, 生态环境质量低劣的住宅。

d. 房型差, 设计过时的住宅类型。

e. 价格高或售后服务、物业管理差的住宅。

f. 尚可使用的住宅。

然后, 分类指导认真整改成为合格的住宅。依据价值规律和市场供求关系, 通过经济杠杆, 将其价值和价格统一起来, 成为微利房、平价房、安居房投入市场, 有的可作为动迁过渡房使用。尽可能使呆房变活房, 空房变实房, 差房变好房, 降价处理, 早日发挥作用, 积极回收资金, 进入再循环使用。

C. 要规范房地产开发商的回报率的幅度。

今后, 要根据房地产开发基地的项目性质、规模、总投资、建设周期、规划设计的水准、市政公建设施配套程度、工程质量检验的结果、销售价位、付款方式、营销策略、售后服务、物业管理等综合评价来定回报率的幅度。要像其他商品一样, 按质论价, 优胜劣汰, 不能让价高质次的住宅上市, 使购房者受骗上当, 或成为新的呆滞、待销产品。

总之, 在三管齐发下, 才能使大量待销空置房进入房地产市场成为消费热点和新的经济增长点。

(6) 城市规划的权威性和严肃性与房地产开发和建筑管理的随意性之间的不平衡。

A. 在新建基地和旧城区更新改造基地中, 城市规划所规定的容积率、建筑密度、建筑高度、间距、日照、建筑后退红线距离、绿地率、空地率、道路交通出入口、停车泊位数等控制性指标及各类公建和市政公用设施配套的要求是科学和技术、健康和生态的标准, 是从"以人为本"的原则出发, 为居民创造一个舒适、安静、健康、洁净、安全、便捷、温馨、优美、绿化充沛的物质环境和居住环境, 以保持一定的生活质量和生态环境质量。实践证明, 这一总目标的实施, 只有走规模开发经营之路才能统筹安排, "见缝插针"的小块基地是难以达到的。但现在因产业结构调整而引起的土地置换改性、盘活存量, 出现不少小块基地, 在规划设计的总体上亟须作专题研究。

B. 建设环城绿带是世界上许多国际现代化大城市所共同追求的目标, 并以此为自豪。由于上海市环城绿带规划在 1993 年 6 月才提出, 1994 年 10 月才编制结构规划, 在规划的环城绿带上已有些建筑和设施, 在规划确定后, 又冒出不少违章建筑和设施。据调查, 1994 年初, 各类建筑和设施的占地达 47.2%, 到 1995 年底已达 51.7%。究竟要花多大的代价、时间和决心才能完全实施上海市环城绿带这一宏伟目标, 人们正拭目以待。

4) 由于片面强调"黄金地段产生黄金效益", 致使中心区的旧区更新改造和房地产开发大都采用高层高密度高容积率、高覆盖率、高强度开发的集约型模式, 十分吝惜大面积绿地和广场的相应配置, 使生态环境遭到破坏, 有些地段、区域的城市空间呈现拥挤、局促、生硬、窒息的感觉, 毫无心旷神怡诗情画意的美感, 热岛效应急剧上升。严格地讲, 日久天长后这些都会是上海国际现代化大城市建设的百年遗憾之作, 而人们都渴望城市的空间景观能涌现更多的"神来之笔"。

古今中外历史文化旅游花园城市的规划和建设的启示是：理应在大自然的基础上，谨慎地规划和建设城市，或在规划和建设时使城市与自然尽可能融合；现在许多城市是在建设中为片面追求经济效益和眼前利益不考虑自然，乃至牺牲和破坏自然。经济效益和生态环境效益的不平衡日益加大。

大城市呼唤大自然，要积极地营造人们周围的环境，较高程度地回归大自然。要认真处理好建筑与建筑，建筑与道路、绿地、广场，建筑与人，建筑与环境的关系。要多研究城市总体艺术和空间布局的艺术构思。

5）商业结构的调整正向发扬名牌、品牌，建设专卖店、特色街等方面发展。国外推行的新的"适时"（just in time）生产管理制度的特点是：按必要的数量，生产必要的产品，从而尽量减少产品的库存，提高效率，降低成本。

房地产物业是由地段、交通、房型、楼层高度、环境、价格、付款方式、售后服务、物业管理等方面组成的综合体，缺一不可。消费者在经济上可承受的范围内，对楼盘的房型设计、各类配套的程度、生态环境的质量和物业管理水平等尤为挑剔。这种现象的出现是由于房地产市场的完善和进步，由卖方市场转为买方市场，购房者的心理日趋成熟。因此，房地产开发商必须端正态度，清醒地认识到要有精品意识、楼盘特色、让利策略、完善的按揭服务、一流的物业管理、良好的社区建设，有力保障业主的利益，才能在激烈的市场竞争中立于不败之地。

二、旧城区更新改造要加强政府的宏观调控作用

社会主义市场经济条件下，对城市规划、旧区更新改造和房地产发展尤其要加强政府宏观政策和经济杠杆的调控作用，要定期发表客观的现状和预测分析报告，对投资的去向、结构、密度加以正确引导，对已存在的问题和困难及时做到政策疏导或采取积极的经济措施，直至政府干预。如：

1）上海在"九五"期间要建造 250 万 m² 建筑面积的安居房，为 2000 年前解决人均居住面积在 4m² 以下的 7.46 万户特困户解困专用，并以成本价向各系统、各区的中低收入住房困难户出售，支付能力差的购房者还可向公积金管理中心或建设银行申请按揭贷款。条件优惠主要是：①建设资金坚持国家、单位、个人三者共同负担的原则：即国家贷款扶植，单位筹资建房，个人出资买房。②各种建房税费全部由政府负担，如：工程建设的营业税、房产税、契税、大市政配套建设费及 50% 的非经营性公建配套资金都由市、区政府承担。③安居房征用土地的耕地占用税、土地使用税、土地垦复基金、新菜地建设资金都由市区财办承担。安居工程受到政府政策的大力扶植，很有典型性。

2）为解决因楼宇供应量过多，楼价又居高不下，超过一般市民的购买支付能力而造成的商品房滞销和空置量不断上升，广州市决定拨出 70 亿人民币作为按揭资金，以促销积压的商品房。与一般银行对住宅按揭贷款不同的是，获得银行提供按揭的项目，都要求开发商以"反担保"的形式进行。"反担保"是指开发商在银行中存入一定数目的款项，

作为购房者的担保金，这样万一购房者不能继续支付购房款，开发商的存款能代购房者支付，以减低银行的贷款风险。突破了目前银行对中低收入工薪阶层购房按揭是否有偿还能力的种种疑虑，对购销两旺有很大促进作用。

3）为进一步加快利用内外资改造 365 万 m^2 危棚简屋的步伐，上海市政府 1996 年 4 月 22 日又出台了《上海市有关加快本市中心城区危棚简屋改造的若干意见》（以下简称《若干意见》）。据统计，1991 年定的改造 365 万 m^2 危棚简屋，截至 1996 年 3 月，已拆除 184 万 m^2，占总数的 50.4%，剩余的 181 万 m^2 主要分布在 3、4、5 级地段，居住密度高，土地级差效益低，改造成本高，开发难度大，但又必须在 2000 年底完成。该文件的出台旨在降低开发成本，具有多项优惠政策，鼓励投资者参加旧城区更新改造。优惠政策主要体现在四个方面：①减免或缓交土地使用费；②免除 12 项有关手续费和管理费；③免交住宅配套费（每平方米建筑面积 370 元），建设单位可实行自行包干建设；④免征 20% 的解困平价住宅。

据测算，上述优惠政策实施后，开发商楼面价平均可降低 450 元 /m^2，相信此举会使上海旧城区更新改造中的危棚简屋改造进入新一轮高潮。

4）上海浦东新区陆家嘴金融贸易区在建高层楼宇 140 多幢，总建筑面积 603 万 m^2，至 1996 年 5 月止，30 多幢已交付使用，50 幢已结构封顶，到 2000 年，140 多幢高层将全部建成，从而成为上海高层建筑最集中的地区，构成一流金融贸易城的框架。为使庞大数量的建筑发挥应有的功能，为了促繁荣，尽快形成汇聚效应及中心商务区，政府为此已采取明显的特殊的倾斜政策。市政府已决定：要把一系列市级和国家级、区域性和地方性级的要素市场都移址集中到陆家嘴金贸区，如：上海证券交易所，中国外汇交易中心，上海航运交易中心，上海粮油期货市场，上海粮油商品综合交易市场，上海金属、煤炭、商品、产权、技术等交易所，人才市场及全国性货币市场营运中心，中国进出口贸易交易中心，国际性要素配置中心等等。

中国工商银行、建设银行、中国银行、农业银行、交通银行、人民保险公司、招商银行、上投公司、浦东发展银行等在上海的分支机构和本部都要迁入陆家嘴金融区营业。

世界居前 100 位的跨国公司或集团企业中相当部分的中国区总部将集中到陆家嘴。100 家左右的外资银行和国际金融机构亦要迁入办公。此举将加快金贸区成为一个魅力无穷的金融"聚宝盆"。

陆家嘴金融贸易区按照现代化国际城市经济团组布局，初步形成了金融区、贸易区和商业区的功能聚合，要以中心商务区为核心构成国际性商务流、信息流的集散地。

在陆家嘴金贸区内中心商务区的外围，应尽快建成各类综合性商业、服务区域及国际性教育、医疗和文化设施。总之，要尽快形成适宜外国投资者、经营者、居住者多元化聚集的环境和城市氛围。

为此，浦东将加快基础设施建设，外环线、陆家嘴第一条人行过江隧道（与浦西外滩中心商务区相连），金融区占地 10hm^2 的大面积集中绿地（使金融区内的绿地面积达 34%）及贯穿全区的 4.2km 长，上海最宽的轴线大道都已启动。

本文发表于《城市规划汇刊》1997 年第 2 期

注：

1. 本文还发表在下列论文集和丛书

中华文库工程工作委员会《中华文库》，2000.

四川省社会科学院经济研究所，四川省经济学会，"改革开放理论前沿与新世纪社会经济形势分析预测"学术研讨会，2006 年 6 月

2. 1997 年 11 月 9 日在上海科技节的"可持续发展与建设研讨会"上，宣读本论文，论文题目易名为《上海旧城区更新改造要走"可持续发展"之路》。

会后，本文还刊登在《可持续发展与社区建设》华东师范大学出版社，1997.

据《CNKI 知识搜索》报道，本论文的下载指数：★★★★

建筑群空间布局的艺术性

在旧区更新改造及房地产开发中，要求经济效益、社会效益和环境效益协调发展已成时尚口碑，但总因多种原因，见效不甚理想。经济、社会、环境三个效益的组成目标、比例结构、量化指标、设计安排较难以全面落实，难以达到优化组合，规划的整体功能也难以得到最佳发挥。

片面突出经济效益而忽视乃至牺牲社会、环境两个效益的现象仍然屡见不鲜，与人们渴望获得最美好的居住环境和生态环境相对立，与保证社会生活质量的全面进步和发展相对立。

还应引起重视的是，有些住宅设计和住宅区规划，其外观单一和布局呆板的现象也较突出，给予人们的感受是枯燥，缺乏生气，毫无舒适和愉悦之感。

究其原因是因为：

1）在规定时间内大规模住宅建设，无暇深入探讨一些深层次的问题。

2）现行房地产开发的机制尚未摆脱主要由开发商说了算的局面，纷纷陷入了片面强调经济效益，忽视社会效益和生态环境效益的漩涡。

3）有些规划师和建筑师设计时以尽快完成生产总值的任务为目标，缺乏研究和创作的精神。

4）有些审批部门未高标准、严要求进行审批。

总之，还停留在"量"的发展阶段，尚未完全进入"质"的提高阶段。于是单一化、雷同化、无个性、无特色，成为普遍的现象。

建筑形式和规划布局的单一和呆板等现象明显地与下列时代特征相悖：

1）人类向往社会日益文明、美好和进步。

2）提倡多样化、多元化、多层次化、多选择性及有个性、有特色、有变化的理念。

3）人们需要丰富多彩、五彩缤纷的真正的城市生活。

4）人们需求的规律是由低级发展到高级阶段——生理、安全、依赖、爱、尊敬、自我实现。心理学家马斯洛认为，人的最高境界的需求是自我实现。

5）要构筑更多的有利于人们提高精神文明、文化修养、道德素质及陶冶情操和气质的场所和环境，而住宅区属很重要的地点。

6）墨子云："食必常饱，然后求美；衣必常暖，然后求丽；居必话安，然后求乐。"

7）美学家车尔尼雪夫斯基说："美丽在人的心中所造成的感觉是光明的喜悦。"

8）建筑师安东尼·F·C·华莱士博士认为，公共住宅除了要获得最大限度的经济效益外，还应有一个美丽的"包装"。绝不能同意在设计整个地区时，对某一美学标准的潮流产生"狂热"，以致使千万人民社会关系的形态冻结在不舒适的方式中达50年甚至100年之久。

9）联合国已将改善和提高人类居住环境品质的问题定为全球性的社会目标，因为这直接关系到人类自身的生存和发展。

10）恩格斯说过，一个民族要想站在世界前列，就一刻也不能没有理论思维。

近年来，房地产市场已呈买方市场，个人购置商品房日益增长，市场竞争很激烈。有些开发商已醒悟到购房者对居住地段具有高质量的居住环境和生态环境的要求，这已同销售的成败休戚相关。于是，讲究绿化、设施、环境的住宅区开始面世，受到社会重视，这是良好的开端。但问题还不仅如此而已，在理论和实践上尚有不少领域有待开拓、研究，如：建筑群空间布局的总体艺术问题就是其中之一。

一、使建筑群布局富有变化的途径

就规划而言，要使建筑群空间富有变化，必须从两个方面着眼：

1）作为构成建筑群空间主体的建筑，应在满足使用功能和技术经济，适应用地大小、形状和自然条件的前提下，寻找使外观富有变化的因素和形态：

（1）平面布置。

（2）立面体形。

（3）楼层高低。

（4）屋顶式样。

（5）建筑用材。

（6）外墙装饰。

（7）线条勾勒。

（8）结构藏露。

（9）色调选配。

（10）建筑风格。

2）使建筑群空间布局多样化，取决于下列因素的变化：

（1）建筑类型和单体形式的选择。

（2）建筑层数的高低。

（3）居住密度的疏密。

（4）道路结构与线形。

（5）绿化设计的方式。

（6）周围可借鉴的自然条件和可利用的地理因素。

在上述两方面的基础上，再加上立意、构思和组合、布局的变化，就使建筑群空间呈现富有魅力的多样化。但这一切必须统一于美学法则的整体和谐与均衡之中。

下列几个建筑群组团和住宅区的规划设计实例，说明建筑群空间布局的多样化和完整形式美是可以获得的。

1）瑞典巴罗巴肯（Baronbacken）住宅区

住宅区的周边用袋形院落式的住宅布局，中心为集中大绿地和各类公共建筑群，车行和步行完全分离，这是国外常用的住宅区设计手法。

巴罗巴肯住宅区内 10 多个袋形院落敞开面向中央绿地，住宅布置在道路和绿地之间，每户家庭主妇都能从窗口看到自己孩子在楼下儿童游戏场活动的情况。由于每个院落的外墙面的色彩都迥异，不仅易于识别，而且使整个住宅区的环境色彩鲜明和谐，生机盎然，静谧，幽雅，安全，居住气息浓郁（图23-1）。

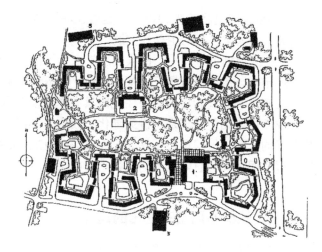

图 23-1 瑞典巴罗巴肯住宅区

2）英国伦敦—住宅区总平面中，2层、4层的低层和多层条状住宅与 11 层高层塔式住宅的组合非截然分开。高层与低或多层，塔式或条状建筑的每个小群落的结合处，建筑物的相互位置和长短、退让、距离等都处理得十分细腻和恰到好处。富有变化的总体布局，生动活泼，流畅而有快感（图23-2）。

3）深圳银谷苑。住宅建筑体形的设计，建筑物高低疏密，前进后退的组合产生了生动活泼、富有变化的建筑艺术气氛。各项公共设施分布均衡合理，使用便捷。沿江三路的景观给人以和谐、幽雅，引人入胜的美的感受（图23-3）。

图 23-2 英国伦敦 罗赫姆普唐的奥尔康埃
斯捷依特住宅区

4）上海蓬莱路地区一街坊是多种类型住宅和谐组合的典型作品之一。改建规划保留了沪上富有特色的石库门旧式里弄住宅（经成套改造后，外貌保持原有特色，内部增加厨房、卫生间和煤气等设施，独门独户，适应现代生活方式）。在破旧房拆除之处，新建多层住宅和高层塔式住宅，沿主要道路设商住楼和旅馆，街坊内增设幼儿园、托儿所和 3 个小花园（图23-4）。

5）几内亚赛旁代新城。从道路结构、绿化系统和公共建筑网络的规划图可见，住宅建筑群的布局必将是类型多种，群体形态不一，变化丰富而生动的组合体（图23-5）。因此，住宅建筑群的排列不可能就事论事地孤立进行，必须与道路网络的选择，绿化系统的设计和公共建筑的分布综合构思，才能产生一个完整而优美的规划。

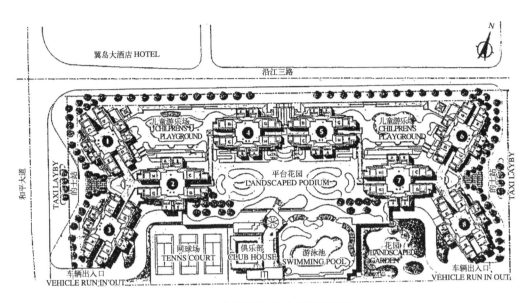

图 23-3　深圳银谷苑住宅群规划图

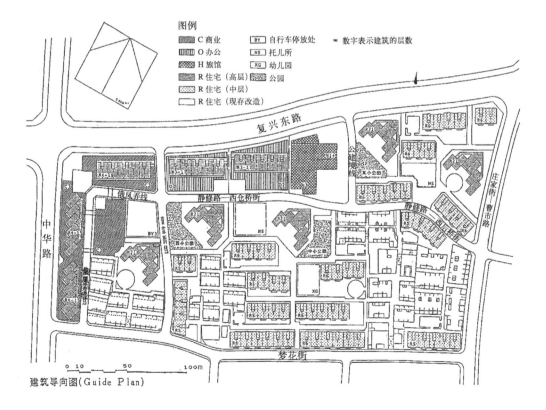

图 23-4　上海蓬莱路地区一街坊的改建规划图

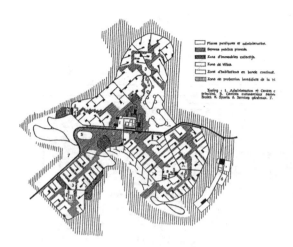

图 23-5　几内亚赛旁代新城

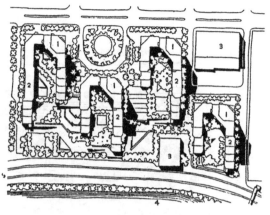

图 23-6　美国纽约 1199 广场住宅群
1—38 层塔式住宅；2—8 ~ 16 层错层住宅；3—公共建筑；4—东河

6）美国纽约 1199 广场住宅群规划布局的特色是因势利导借景东河的风光。设计 4 组 U 字形住宅，高多层结合，沿东河开口处是 8 ~ 16 层呈台阶式的错层住宅，里端是 4 幢 38 层塔式住宅。建筑形象错落有致，生动挺拔，每户都能欣赏到东河的景色，构成了特殊的空间和视野（图 23-6）。

7）丹麦哥本哈根南部布朗德比（Brondby）海滨住宅区是由高多层建筑组合而成。为使尽量多的居民能观赏到迷人的海景，4 层住宅组成 4 个 U 形空间，开口朝向海滨，沿海滨的 3 幢 16 层塔式住宅不对称布局，增添了空间的动势，布局充分享用自然风光，海滨美景尽收眼底，富有特色（图 23-7）。

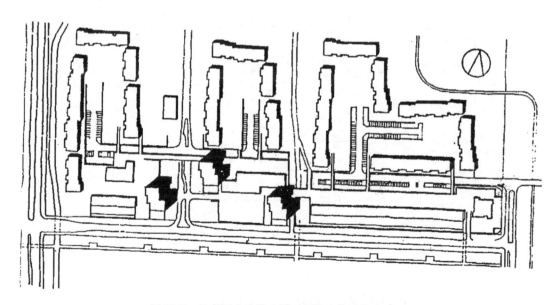

图 23-7　丹麦哥本哈根南部布朗德比海滨住宅区

二、建筑群空间的组成

建筑群空间除以反映特定功能的建筑为主体外，还伴随着其他组成要素。这些要素不仅在各自的位置上发挥职能，还起着烘托建筑，营造空间的不可缺少的作用，其组成部分有：

1）宽窄的道路、曲直的线形及其走向。

2）广场和空地的大小和形状。

3）绿地的布置。包括树木和草皮的种植及其品种、性格、形态、高度、色彩，花卉的季节和色彩的变换，等等。

4）乔木和灌木的投影效果。

5）地形的起伏和自然因素。

6）建筑小品和环境设施的点缀。

7）夜间灯光的设置。

以上组成部分的各项目的选配、布局和线条、形状、体量、色彩、光影等，除满足使用需求外，都应在空间中起到点明环境，制造气氛，创造空间的意境和衬托建筑的形象等重要作用。

尤其要重视建筑小品的作用，它们往往是建筑群构图中一个延伸体或不可分割体，是群体中一个藕断丝连的"桥梁"，声断意不断的"连接体"或填空补缺的"必需之物"。

有的建筑小品在某处的点缀还起着预示作用，过此不远将有一个重点出现的启示作用，或一群体的序曲作用。

清代笪重光《画筌》："山本静，水流则动，石本顽，有树则灵。"可见绿化、假山、水面在建筑群中所起的作用。英国伦敦哈罗新城规划的特点就是，规划师最大限度地谨慎地保留建设用地上未经扰动过的天然的地形地貌、名贵树木、河流小溪，使这座小城市洋溢着大自然芬芳的气息，充满了田园的氛围。

不能片面认为，建筑群空间中，唯建筑才是构成总体形象，产生气氛、意境的主题，而忽视其他组成要素的作用。建筑群空间是一个有机的"综合艺术体"。其中，建筑是"主要发言者"，其他组成要素在艺术群体中各尽所能地倾诉着互相谐调和相互辉映的"潜台词"，为使建筑群整体能产生一定的艺术魅力的气氛和意境而起着不可替代的作用。

人们常说"建筑是凝固的音乐"。在音乐作品中，有些是单旋律的，有些是同时有几个旋律在进行，几个旋律中同时出现的音之间都是按一定的规律而结合起来的，它们之间的关系称为和声关系。在乐谱里，各种乐器均各尽所能，掩映交辉。这里有主旋律与副旋律，高潮和铺垫，有独奏和合奏，领唱与和声。优秀的建筑群艺术布局，都因成功地处理了单体与单体之间，单体与群体之间，群体与环境之间的比例尺度，韵律节奏，犹如一部优美的音乐作品，和谐地融成一体。任何建筑都不会孤立存在，必然在一定的空间内耸立，并与前后左右的建筑发生关系，与周围的自然环境或人工环境产生关系，通过建筑艺术的美学法则的构思、布局，组成各类型的建筑群空间。美学家狄德罗认为："美就是关系。"各项关系处理得协调、和谐，就是美。

在建筑群空间的艺术创造中，总是有了具体的形象和规定的情景，才能洋溢出某种气氛或意境，而感染着人们。丹下健三很精辟地指出："精彩的不是一座座个体建筑，而是凭借它们非常奇妙的配置而形成的环境。"

（一）想象力

人类一切创造性的活动，都是以想象为支柱的。爱因斯坦曾这样说过："想象力比知识更重要，因为知识是有限的，而想象力概括着世界上的一切，推动着进步，并且是知识进化的源泉。"艺术家的才能（包括城市规划师和建筑师）经常体现于他们丰富的想象力，没有想象力就不可能有艺术性。建筑，除了满足物质功能外，其精神和美学的功能在于能启发人的想象力，在人们的心灵中激起高尚的思想和感情以及种种美好的联想和神往。

想象力有：空间的想象力、时间的想象力、视觉的想象力、嗅觉的想象力、听觉的想象力、光线变化和色彩变化的想象力。

各种各样的想象都统一在建筑群空间的整体形象的塑造之中。想象力也要有一定的文化和艺术基础，有的作品需要具有一定的观念、想象和理解的能力才能领悟设计者的精心所致和作品的底蕴所在。如：唐代画家阎立本评张僧繇的画，初看认为"虚得名耳"，再看就变成了"犹如近代佳作"，第三天去看竟难为"名下无虚士"，甚至坐卧观看，留宿十余日不能去。欣赏规划及建筑的佳作亦然。

（二）层次

1）将大空间分成为几个相互有机联系的小空间，形成不同的表现阶段，就必然会产生层次。

2）在符合功能、使用的基础上，建筑群的艺术思想和艺术构思，是通过蕴含不同气氛和意境的系列空间，有节奏，有韵律，含蓄而耐人寻味地逐步感染人们，这就是层次，是任何艺术常用的布局方法。

3）建筑群可由若干幢相同功能的建筑组成，也可由各具功能的建筑综合而成。布局时，以使用的程序为依据，有主次、先后、多少之分，空间就必然会有层次。

4）此外，人们在使用建筑群或欣赏空间时是动态的，布局须与之相适应，要有多角度的变化，有纵深，有曲折，有明暗，有宽窄，有起伏，总之，要有层次。

5）一组空间的布局，在相互位置上不仅有主次之分，在层次安排上要"步步入胜"、"移步换景"。按照各空间的性质、功能、规模、形状及情趣的渲染和气氛的洋溢，建筑群体的组合和绿化的配置都应使人进入空间，不需招牌、标志、符号，就能"见物思情"、"触景生情"地感受到自己身历其境是在何处。

6）随着空间结构的层次由浅入深，气氛由淡转浓，节奏或韵律的张弛、抑扬的变化，使人们在感情上的反应和感受亦层层深入。通过环环相扣的空间，造成了层层加深的气氛。

7）层次的有无或多少并非机械的，也无固定模式，是取决于建筑群的性质、规模，用地的规划条件，自然因素，所采取的规划布局和艺术结构的手法有关。

8）建筑群的层次布局，并非是矫揉造作的构图游戏，而是顺理成章，富有理念和艺术思维的活动。

（三）构思

没有构思的功力和想象的翅膀是进不到艺术的领域的。建筑艺术构思的目的，在于满足建筑群空间内各组成物质要素的功能和技术经济要求的基础上，遵循美学的法则和技巧，寻找尽可能完美的形式，以制造出空间的形象、景观和气氛、意境。没有魅力的建筑群是若干幢建筑物的堆砌而已，谈不上经过艺术构思的群体美。愉悦的节奏感和韵律美是通过建筑师合理的构图所获得的（图 23-8）。

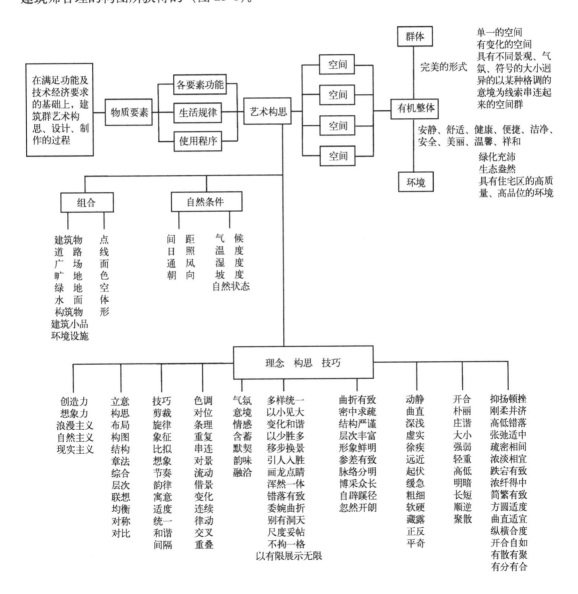

图 23-8　建筑群空间布局的艺术构思的过程图

1. 立意与布局

立意和布局是构思的重要条件。所谓"善于立意，工于布局"。立意和布局是设计者进行构思的重要阶段。布局亦称构图，是画面上一切因素的综合，是把并存的事物组织在秩序里，把变化的东西统一于完美的机体里。

2. 和谐与变化

秩序，在艺术上是和谐。变化，是生活中的香料。统一而无变化就单调，构图必须要有变化。强调事物的多样化的结构之所以美，因为它变化丰富。丰富是多样的集中。但变化应有限度，有条理，否则会产生散漫零乱。构图中有四个原理：明确、变化、平衡、条理，可见变化是一个重要方面。

3. 组合与综合

两个或数个物质的结合，不应理解为物理学上的结合，而应是化学上的结合；非混合，是组合、综合。人们身处建筑群空间中，触目所及的不是建筑＋道路＋广场＋旷地＋绿化＋建筑小品＋环境设施等机械的总和，而是环顾四周，仔细品味，左右进退，糅合一切，感受到的综合形象是完整的形式美。

4. 技巧

技巧，不同于技术，技巧中包含技术，但掌握了技术不一定有技巧。一切造就完整形式美的规律和原则，统称为技巧。技巧又称手法，有的是显性，有的是稳性；有的是感性，可以认知，有形象，可识别；有的是理性，只能意会神领，有气氛，可感应。

5. 气氛

气氛，是看不见的，它像空气笼罩着那样，是一种感应和感觉。气氛是融化在感情交流中的东西，能引起人们共鸣、思索、回味；唤起人们的愉悦、舒服、活泼或严肃。气氛是人与环境中情感的统一，时间与空间的统一。

只有在完整的内容和优美的形式所构成的具有形象和环境的空间内，才能释放和洋溢出朦胧的、诗意的、宽泛的气氛。简言之，气氛，只有在协调统一的条件下才能产生，只能在严谨的结构中才能产生，只有在具有完整形式美的空间内才能产生。然后在潜移默化中影响、作用于人的情感和思想。

（四）完整的形式美

完整的形式美是形象的高度概括。形式所唤起的美感是形式艺术魅力的重要因素，是一种艺术形象的感性力量。完整的形式美不仅仅指单幢建筑，而是包括建筑和建筑群与其周围的毗邻环境，即建筑的室内空间延伸到建筑外部空间的整体环境而言。

寻找完整的形式美与追求形式主义是两种观念。

人们反对布局形式上的单调是因为单调是否定人们精神美欲的需要，如果建筑群体组合不能构成具有完整形式美的空间，就无法洋溢出特定的气氛和意境。人们反对单调，并非要求每一建筑群在形式上必须具有某种几何形体，或矫揉造作地画蛇添足，妨害使用功能的纯图案结构，这就走上了形式主义的道路，将简单事情弄得复杂化，与建筑群空间布局的目的背道而驰。

要明确简练与单调，丰富与庞杂之间的界线，并明确各类型的居住或公共活动中心应具有什么样的组合形式、空间及气氛、意境，才能有针对性。

一切构图规律的运用或手法的斟酌，形态上美感与否的剪裁，是为了达到创造特定的空间形象和气氛、意境为目标的一种手段，手段是为目标服务的，应随目标的变换而有所变换。所谓"绘水绘其声，绘花绘其馨"，"未画之前，不定一格，既画之后，不留一格"（石涛语），切忌公式化。

委内瑞拉马拉凯博湾波曼小区低层住宅房型众多，可适应各类型家庭需要，东面为高层板式住宅群，汽车路与人行路完全分开，无车行穿越小区之虑。建筑的排列高低分明，疏密有致；布局紧凑、严谨、有序，不仅增之一分太长，减之一分太短，而且相互间位置亦不能任意移动丝毫。相似又不尽相同的建筑组群的重复组合，但不对称，富有律动感。在重复中有变化，变化中有统一，每条道路的视线都有对景，显得设计师颇具精心裁剪的功力（图23-9）。

1. 重复

重复是一种艺术表现的手法。所谓重复是指一件事物的再现，适度的重复会产生律动的感觉、统一的意念、视觉的均衡感。过度的重复会产生单调、枯燥、乏味。

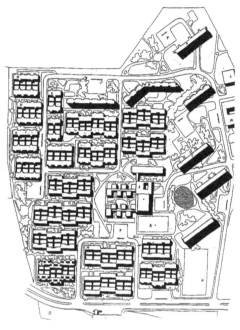

图23-9　委内瑞拉马拉凯博湾波曼小区

所谓变化，是指一件事物的前后的不同面貌和不同情况。重复和变化常相伴而行。变化在重复中显示，通过重复才能突出变化。重复手法的作用在于强调，在于对比，在强调、对比中显示出事物的发展和变化，寓变化于重复之中。

邻近巴黎的"Marly—Les Grandes Terres"住宅区，同一形式的9个组群分布在中央绿地周围，大绿地排除各类汽车

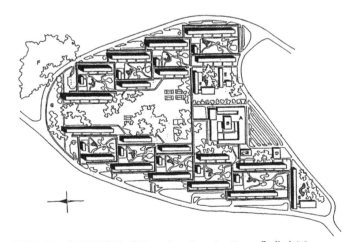

图23-10　邻近巴黎的"Marly-Les Grandes-Terres"住宅区

交通的干扰。每个组群都有一块100m×70m的绿地，提供组群居民进行邻里化、社会化交往的场所。住宅区各类公共服务设施都俱全：商业中心，医疗中心、银行、邮局、剧场、

咖啡馆、俱乐部、学校、社会服务处、儿童游戏场、停车场等等（图 23-10）。

巴黎南部的 Hevilly-Larve 住宅区规划布局以 5 层楼长条形建筑为主，插入少量 ll 层板式高层住宅，构成富有变化的韵律。三个空间围合而成的三块绿地可相互流通，均排除车行交通的干扰，是成功布局的又一特点（图 23-11）。

2. 点

"画龙点睛"、"点铁成金"、"万绿丛中红一点"，这都是古代画家和诗人对"点"在绘画艺术和文章诗歌中作用的高度概括。

点，是一个活跃的造型因素。在住宅区规划中，无数长条形平直单元所组成的建筑群，如适宜地点缀一些"点状"建筑，点在那些"诗眼"的位置上，能达到"画龙点睛"的作用，可使整个布局得到柔化，产生一种"刚极生柔"的效果，产生一种弹力，具空灵、流动、活跃之感。

建筑物在高度上有高低，形体上有点状和条状之分，常规的布局是各自为群或交错布置，如果用少量的点状建筑在条状中起点缀作用的布局，能达到对比效果，具有激荡和快感的优美旋律，其节奏效果和旋律要求，与音乐中"切分音"节奏处理的手法相仿。

法国丹尼斯城乌尔纳—西埃斯—堡斯居住区采用"卍"形点状多层住宅作为长条形单元的联结体，亦是尽端单元。在多层住宅群中还点缀几幢 12 层的塔式住宅，使布局富有变化（图 23-12）。

耶路撒冷罗摩特爱斯考尔居住区采用多种住宅平面体形，有短接单元拼接的长条形、Z 形、卍形、I 形，混合布置，各成院落。空间丰富又和谐统一，拒绝单调、划一、平庸（图 23-13）。

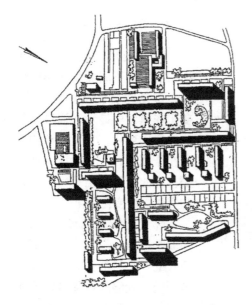

图 23-11 巴黎南部的 Hevilly-Larve
住宅区

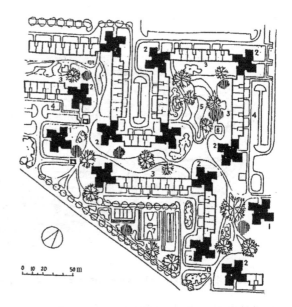

图 23-12 法国 丹尼斯城 乌尔纳—西埃斯—堡斯居住区
（AVLNAY-SOUS-BOIS，ST.DENS）

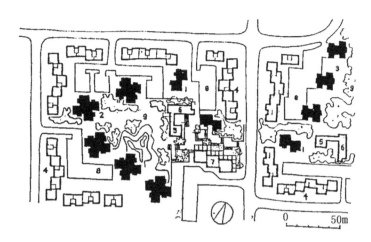

图 23-13　耶路撒冷罗摩特爱斯考尔居住区（RAMOT ESHKOL，JERUSALEM）

3. 含蓄

建筑群空间的分割还要求含蓄，适当地藏而不露。主要是使人们对看不见的空间的发展及仅见一部分的延伸部分的空间的臆想，引起思考、猜测；有探索，有寻幽探胜逐步发现的乐趣，从而使整个空间的境界扩大，呈流动感，具有新鲜的感染力和艺术魅力。宋代画家郭熙在画论中写道："山欲高，尽出之则不高，烟霞锁其腰则高矣；水欲远，尽出之则不远，掩映断其脉则远矣。"

含蓄之妙在于，"言有尽而意不尽，境愈藏，境界愈大。"从复杂中求得单纯，又要在单纯中求得丰富。

4. 曲、直

空间程序的布局和引导的方法有两个：曲和直。

曲有曲的妙处，直有直的佳境。

切记，这都是指完美地表现了内容而言，离开了内容，根本说不上谁贵谁贱，谁高谁低，谁优谁劣。人们在设计师的引导下，步入一个个未知的境界，时时有所期待，有所揣测，只有这样才具有吸引人的魅力。

直线表示：稳定、庄重、希望、生气、严谨。但用得过分，有生硬、枯燥、单调之感。

曲线表示：优美、柔和、平稳、安宁、静穆。但用得过分，显得不安定，零乱。

完整的形式美归结于"曲折"和"丰富"的概念之中，曲折可以理解为变化多，曲折是节奏的变换。有的艺术家把曲线推荐为美的艺术结构的基础。

圆，即是浑圆，给人以丰润的感觉。包含着向前、向上的旋转、律动的作用。采用了大量曲线后，须用圆来收和润。所谓"花好月圆人寿"，表示生活的完美，"珠圆玉润"，表示歌声的圆润。

曲、直、点运用得当，会使整个布局有动势，主要是相互的姿态和位置的距离所产生的魅力。

曲、直两种方法的采用或并用取决于该建筑群的性质、气氛的要求、用地的自然条件和设计者的构思。如：休闲游览性的建筑群，为达到轻快的气氛和引人入胜、深邃的意境，其空间的组织宜以"曲"为主，以达到构思出奇制胜，剪辑别出心裁的效果。住宅建筑群应以优雅、明快、舒适、温馨、祥和为主。总之，要有适度感，就是要创作出恰如其分的美的典型。

三、结语

重要的是，须转变思维方式，树立为提高人们的生活质量和环境质量，使之更美好而努力的目标。

艺术贵在创新，在艺术作品中如果没有新的发现，新的意境，新的表现手法，就很难产生强烈的艺术魅力。

"操千曲而后晓声，观千剑而后识器。"

让我们多多学习国内外具有完整形式美和富有诗意的住宅区规划设计，不断提高建筑群布局的总体艺术和空间组织的水平，创作出更多的内容和形式、功能和形象兼备的佳作。

总之，笔者撰文的根本意愿是欲提醒人们：

1）讲究住宅建筑群空间布局的艺术性是"以人为本"思想的深化，是高质量居住环境和高品位生活质量的进一步境界。

2）人居环境的完美目标不仅是"人与自然相交融"，而应是"人与自然和艺术相融合"。

本文发表于《城市规划汇刊》1997年第6期

注：

本文还发表在下列论文集和丛书：

人民日报新闻事业培训中心，改革与发展丛书编辑部，《实践与探索论文集》，1997.

世界学术文库出版社，世界学术文库编辑部，世界文化名人辞海，北京名人文化研究中心，《世界学术文库》（华人卷）.北京：中国言实出版社，1998.

中国科技与投资商情编辑部，《中国科技浪潮》编委会，《中国科技浪潮》，2001.

据《CNKI知识搜索》报道，本论文的下载指数：★★★★

上海居住区规划建设的新发展

重视市场的作用及知识和创新的价值，是当前上海新一轮居住区规划建设和房地产开发经营的新趋势。大量空置滞销房的出现，不少居住地段建成后少人问津，销售不佳，其原因很多：忽视市场的需求和消费者的利益，尤其是规划设计水平的落后，缺乏创新；缺乏创造性劳动投入的盲目开发是重要根源。

市场经济和买方市场的出现，知识经济和创新意识的兴起，都使人们看到了原来没有看到的事实，也使人们知道了应该正确地做些什么。因此，进一步深入研究居住区规划建设和房地产开发的改革目标和要求十分必要，这是一项需要长期的不断探索和提高的任务。

一、市场经济对居住区规划建设的影响

在市场经济的条件下，城市的旧住区更新改造和新居住区建设，主要是通过房地产开发经营的方式和途径来运作的。在已确定的国家经济总体运行及国民经济发展和增长速度的情况下，房地产业又受到社会总的供需关系，资金供应与运转条件，招商引资的可能性，对外开放的程度，政策因素，社会消费需求和热点及买方市场的规律等各因素的影响。

尤其是当前的房地产形势：一方面是大量的新建住房滞销和空置，要求尽快消化和解套；另一方面是大量的居住困难户渴望尽快圆"居者有其屋"的梦，还要进一步攀升到住房的小康水平。为此，要采取一切积极措施尽快使广大居民愿意买房，有能力买房，买到好房。

以上两种情况的出现，与其说是一种社会现象，还不如说也是一种市场现象。反映了有效供给与有效需求之间的矛盾，房地产开发的结构性的矛盾和价高质欠高的倾向及住房制度改革和住房消费的力度还远远不够。

要解决这些问题，除政府必须制定相应的有效的宏观调控措施和良好的配套政策外；亟须对房地产开发的开发意识和发展战略等深层次的问题加以研究，并作为新一轮房地产开发的指导思想。

房地产开发既是城市建设，又是经济建设的组成部分，是为将上海建成国际现代化大城市服务的，在指导思想上必须与时代经济发展的要求步伐一致。

时代经济包含三个层面：市场经济、知识经济、全球经济。

为尽快把上海建成世界经济、金融、贸易中心之一的国际现代化大城市，上海的城市建设和房地产开发要面向 21 世纪，面向现代化，面向未来。要有超前意识、创新意识、改革意识、开放意识、科学意识、现代意识和时代特征。建设和开发要起点高，质量高，就必须不断把握该领域的最新的知识和信息，并运用到实践中来，应用到城市规划、城市

的旧住区更新改造和新居住区建设之中。

市场的竞争，归根到底是知识的竞争。近年来，上海的一些新建成的居住区，正是运用了现代居住理念和环境观念等一系列新的知识和技术，受到了社会的好评和消费者的青睐，并在市场上取得了良好的销售业绩。这充分证明了知识经济的价值，知识能成为重要的经济力量，能推动经济发展，能创造经济效益。

1. 市场

过去，在计划经济体制下，商品短缺时期，不论产品如何粗糙、陈旧都是供不应求，企业不求进取，产品无须更新换代也能生存，这就是缺乏活力的卖方市场。当前，由于商品的供大于求而形成了买方市场，说明中国的市场经济已发展到了一个新的阶段。

买方市场的基本特征是：

1）因许多商品供过于求，基本形成了消费者主导市场的状态，即从过去由生产和销售者控制的商品短缺的卖方市场转变为消费者可按自己意愿选择商品。买方市场促使了消费观念的转变，使消费意识更趋成熟和理性，消费者对产品的要求更加个性化、多样化、多层次化，在消费的过程中可进行更多地选择和比较。

2）由于社会总供求关系已发生了很大变化，市场格局也发生了很大变化，买方市场使市场竞争激烈，企业要在竞争中立于不败之地，首先要摒弃计划经济体制下的生产经营的模式，要建立市场经济体制下的生产经营的方式，即：不是以产定销，供给决定需求，而是需求引起供给，按需生产。要树立以消费者为中心，对不同层次的消费者的心理、欲望和需求进行调查，研究市场、分析市场、认识市场、预测市场——这就是市场定位。然后，适应市场、创造市场、开拓市场，以市场和消费的需求为依据，提供相应的产品去满足消费者的需求，并占领市场。市场，已成为企业生存和发展的命脉。在房地产市场中，不同经济水平和各种阶层的购房者，对其住房都有着自己的价值取向和认同标准，房地产开发企业要充分调查研究消费者的需求和欲望，做好市场的定位工作。

3）买方市场的出现，标志着以数量为主的粗放型的生产和经营已走到了尽头。生产和营销必须适应市场和消费者的需求，要更多地在开发产品的品种、外观、质量、档次、品牌、价格、服务等方面下工夫。房地产开发必须遵循此规律，过去只见住宅、只知利润，不顾质量，不顾需求，不见人，不见市场的开发造成大量房屋的滞销和空置，受到了市场的约束。因此，调整结构，优化物业，全面提高开发的综合和整体质量是当前房地产开发和经营面临的新问题，是大势所趋。企业要围绕消费转，要围绕市场转。市场热点的形成要靠开发，靠创造；消费要靠引导，靠推动。谁能不断满足消费和市场的需要，谁就能创造市场，谁就是市场上最大的获胜者。激烈的市场竞争，优胜劣汰的法则不留情面，强者能生存下来，弱者或差者被淘汰——这就是市场经济的规律和买方市场的规律。

2. 房地产开发要有市场意识，市场是发展和竞争的市场

"发展是硬道理。"任何事物从未停止过发展，不发展就不能生存，以发展求生存，在生存中进一步发展；要发展必须竞争，在发展中竞争，又在竞争中促进发展。在开发内涵和质量方面，周而复始地发展和竞争，不断进步。

看来，在居住区规划建设之前，对下列几个问题有清晰的思路十分重要：

1）5个W

建什么（What），为谁而建（Who），建在哪里（Where），怎样建（How），建多少（How Many）。

2）建立六个意识

超前意识、时代意识、创新意识、竞争意识、精品意识、市场意识。

3）要精心策划，如何面对市场、市场占有率、竞争对手。

4）速度必须与质量、效益相统一，离开质量和效益，速度毫无实际意义，难道大量新建住宅的空置和滞销教训还不够吗？因此，在市场经济体制下，房地产企业之间的竞争并非是开发数量与速度的竞争，而是开发方式的竞争，开发内涵与质量的竞争；是发现需求，创造需求，千方百计满足消费者的有效需求的竞争。总之，是开发战略的竞争。

二、居住区规划建设的开发意识和战略思考

精品有市场，平庸无出路，已成为当前上海居住区规划建设和房地产市场的特征。市场的反应和消费者的悟性在不断地提升，"精品"楼盘的范围和内涵在不断扩大和增加。大量的空置滞销房出现，使很多房地产企业和开发商醒悟，并迅速走出"低成本—粗制滥造—亏本经营"的死胡同，向着以人为本，以构筑优美的环境为源的"高起点—精制作—高物业"之路进取。

上海新一轮居住区规划建设的开发意识和战略思考的特点是：

1. 强调规划设计的完整性

1）讲究建筑群空间布局的艺术性。

人们反对规划布局的单一和呆板，目的是使居住区建筑群的空间组合，在满足朝向、间距、日照、通风和使用功能的条件下，通过艺术的手法，使之具有完整的形式美，使整个环境洋溢出优雅、明快、舒适、温馨、祥和的气氛和意境，充满了生活的情趣和美感。

2）确立跨世纪、新时代的生活理念和居住概念——从居住形态、居住功能、居住环境着手，在内涵、功能和质量上全面改进。

3）体现"以人为本"，"人与自然和谐融洽"，"可持续发展"的三大原则，从"硬件"和"软件"设施的布局上贯穿于规划的全过程。

2. 全面提高居住质量

1）运用住宅设计的新理论、新思潮、新方法，提供适应各阶层，各经济水平住户所需的住宅类型。上海各居住区提供的住宅类型很多，有别墅、3层楼联排式花园住宅、多层、多层带电梯、小高层、高层、一梯两户、一梯一户、跃层、错层及宾馆式住宅等等。

2）增强住宅使用功能，房型布局要体贴入微，要兼顾安全性、私密性和舒适性的要求，能广泛满足单身贵族，两人世界，四世同堂等户型结构。许多规模型居住区都能具备30～40多种各式房型供消费者随意选择。

3）丰富造型，讲究立面设计、色彩搭配和细部装饰。强调建筑风格和特色。有欧陆风、北美风、法国风、文艺复兴风、西班牙风、加利福尼亚风、新加坡风、中国风，还有上海

海派住宅等等。

3. 突出生态环境质量

1）环境已成为人们改善居住质量，提高生活质量的首要因素。

2）低容积率，高绿地率（应在 40% ～ 50% 以上）。

3）设置大面积的中心绿地（面积都在几千平方米以上）和分散的组团绿地。

4）重视绿地的功能性、观赏性、生态性和景观设计、种植设计。

人们对居住的需求绝不仅限于一个简单的建筑外壳及兵营式的住宅布局，人们需要置身于一个融汇着自然、文化、艺术的优美的花园般的居住区内。因此，居住区的规划设计始终要将如何协调好人与自然的和谐融洽放在重要位置，像精雕细琢一件艺术品那样规划、设计好绿化。

大自然的标志是绿色，绿色是生命的色彩，绿色洋溢着生命的情怀。崇尚绿色，崇尚自然的居住理念；回归自然，融于自然的诗意天地，是现代人对居住的需求不再停留在生存的层次，而是迈向心理和精神上的愉悦，对美和情的追求，自尊和自我实现的更高层次。

近年来上海不少"生态环境居住区"竞相面世。低容积率，高绿地率是其主要的特征。这些"新生一代"的居住区不仅绿地率高达 40% ～ 50%，甚至更高，而且十分注重绿地的布局和设计，努力做到生态绿化与景观绿化的有机结合，刻意策划优美的居住生态环境和构筑人性化的生活空间。

很多居住区内的绿化环境的主题鲜明，诱人，富有诗意和魅力。如：

1）在大花园里安个家（绿色都市·华高苑）。

2）投入阳光绿意的自然生活（城市绿洲花园）。

3）送你一片 6000m² 呼吸着的绿洲（佳信都市花园）。

4）阳光、绿色、流水、使人亲近生命的本源（陆家嘴花园）。

5）把绿色重新还给上海人（绿洲比利华花园）。

6）种植 300 棵 50 年以上树龄的桂花树（锦三角花园）。

7）迎接一个空前新鲜的早晨（莲浦花园）。

8）以自然美为宗旨，用 58 种植物作永久栽培计划（新加坡美树馆）。

9）阳光·鲜花·家园（太阳都市花园）。

10）发现市中心第一座梦公园（上海新加坡·园景苑）。

11）春风得意，水景家园（万科城市花园·紫薇园）。

12）40 年树龄的香樟树和 30000 株郁金香栽于花园内（郁金香花苑）。

4. 努力提升生态、科技、文化、艺术的含量

一般仅知楼盘的价格是由其地段、交通、房型、设施等"硬件"因素决定的，往往忽视了居住区中生态、科技、文化、艺术等"软件"所构成的各种环境创造出的巨大资产和价值。殊不知，当前这些"软件"的含金量的多少已发展到能左右物业的形象、品位和居住质量、生活质量、环境质量高低的程度。因此，要在居住区内腾出足够的空间来增加生态、科技、文化、艺术等含量。

人们的需求一直是包含生存、心理和精神三个层面的，缺一不可。人们要好的环境不

仅仅是为了生存，对心理和精神尤为重要，这是人生的支柱力量。这就是为什么环境已成为人们改善居住质量，提高生活质量的重要因素，乃至首要因素。

居住区内的环境总称为居住环境，它是由各种设施构成的不同性质的环境的总和，如：建筑环境、空间环境、生活环境、生态绿化环境、精神环境、购物环境、日常生活服务环境、文娱休闲环境、康乐健身环境、教育环境、人际交往环境、人文环境、安全环境、视觉环境、听觉环境等等。这些由各类丰富而完善的设施形成的环境，不仅使居民生活便捷，由此而产生的积极的文化氛围还能影响和提高人们的文化素质、精神面貌、审美情趣、生活节奏、身体健康、生活方式、人生态度、性格情感、价值观念、思维模式、自制能力、宽容心态——这就是文化的魅力所在。

时下，体现居住区文化的方法不外乎有两种：

1）借基地的地理位置的优越，周围高等院校和著名学府林立，文化设施、名人古居、历史遗址云集，因此居住区位于文化概念的怀抱之中，文化气氛自然浓郁。

2）居住区内设置许多文化设施，如：艺术学校、名园名校、画廊、图书馆、电影院、雕塑、高尔夫球场等等，以文化为主题开发居住区，因此文化品位较高。

何谓居住区有文化？文化设施设置的多少，品位的高低，固然是体现居住区文化必不可少的方面，但笔者认为，体现一个居住区文化的重要方面还应是许多"软件"所反映的"内蕴"的多少，所形成的氛围、感受的深度，这才是居住区文化的真谛所在。对居住区文化的宏观上认知应是：

1）身临其境，要使人感到有一种氛围，有一种风格，有一种个性，有一种特色，有一种品位的居住区，才堪称有文化。

2）居住区建筑群的空间布局能将建筑、绿地、各类公共设施、道路、广场、环境设施，建筑小品等在各个立体结构的位置上和谐地融洽在一起，形成一个优美的、舒适的、恬静的、高雅的、温馨的整体环境效应，才堪称有文化。

3）绿化也是文化。一个居住区的绿地率能达到 40% 左右，甚至更高，将自然融入生活、实现人与自然的和谐融洽，为居住区创造一个安静、洁净、优美、有利于身心健康的生态环境，才堪称有文化。

4）一个居住区内，生态、科技、文化、艺术含量的多少也反映了居住区文化含量的多少。

在高质量和高品位的居住区内，公共服务设施已远远超出开门七件事、幼、托、小学及水、电、煤气、电话等基础项目，丰富多彩的社会，先进的科学技术，现代的居住理念，"以人为本"的设计原则和小康居住水平的目标，要求居住区必须提供完善丰富的设施，其种类、数量、质量与居住区所处的区域、规模、规划设计、市场定位、品位格调、基地的周边条件及开发企业的实力等因素密切相关。

以下罗列的是现在上海一些新建的居住区内设置的旨在提高生活质量和居住质量的新项目情况：

1）人车分流。

2）中央集中绿地、组团绿地、主题花园、喷泉、儿童涉水池、游泳池、多功能儿童乐园、雕塑、坡地、瀑布、小溪、湖河。

3）VIP 会所。

4）超市、菜场、餐饮、酒吧、银行、邮电、商务中心、俱乐部、网球场、桑拿、美容美发、健身房、高尔夫球练习场、小型保龄球馆、桌球房。

5）社区服务中心、医疗保健、老年活动、图书阅览室、棋艺室、韵律室、交谊厅、艺术画廊、自动洗衣中心、汽车车位。

6）24 小时家政服务中心。

7）24 小时供应热水，饮用纯净水和自来水分管入户。

8）采用中央空调系统，每套住宅的客厅、卧室、厨房、卫生间都有空调，可分别调节冷暖温度。

9）每户家庭设置电脑终端，通过居住区网络系统直接进入国际互联网。

10）卫星电视到户，配备智能系统、光缆电话。

11）居住区内设有 24h 全方位电子、电脑红外线防盗报警系统，居住区设有闭路电视监控装置或电子摄像监控。每户设访客可视对讲设备与每幢楼的电子防盗门相配套。

12）住户进出使用电子密码识别系统。

13）设有警卫中心，24h 警卫巡逻、保安服务。

14）急救报警系统，居室煤气泄漏报警系统。

15）环绕小区公共空间的背景音响系统等。

可见，丰富多彩，琳琅满目的设施及高科技、智能化系统正在逐步与现代生活要求接轨，与 21 世纪小康居住水平的需求接轨。不仅反映了当前居住区规划设计在功能内涵方面的发展，探索以人为本，创造一个舒适的生活空间具体应包含什么内容；也说明了房地产开发和经营的生存与发展之道必须是"以科技为本，靠创新制胜"。

看来住房的真正价值应具备双重目标：不仅是视住宅本身的房型设计，还应包含居住区内的建筑群空间布局和由各种设施构成的不同性质环境的拥有度及其水准。真正展示居住区质量，生活质量和环境质量高低的应是上述三者的总和。

当前，努力提高居住区规划建设的整体质量甚为迫切，居住区规划建设的整体质量应是包含结构整体和功能整体在内的有机整体。

5. 在总体感觉上求新、求异、求美，求精、求个性、求特色

别以为这些要求都属形式上的范畴，实质上是在居住区的规划设计注入了竞争意识、市场意识、创新意识和创优意识的新鲜血液后，在内涵、功能和质量方面富有变化和多元化后呈现的多种居住形态、居住功能和居住环境的态势，也是不同形式和流派风格百花齐放的结果，是反对平庸、单调、划一和雷同的结果。

当今世界是一个生气勃勃和丰富多彩的世界，是一个不断增长、前进和创新、发展的世界。"变化"和"多元"是其重要的特征，是发展的动力和进步的激素。因此，在居住区的规划建设和房地产开发的设计思路和思维方式上必须具备"变化"和"多元"这两个要素。

1）变化

当今社会，任何事物都是在不断变化和发展，不断改革和进步，不断开拓和创新。如：

（1）市场在变化，政策在变化，消费的心理、需求和欲望在变化，企业的竞争格局也在变化。

（2）产业结构调整，资产重组，经济增长方式由粗放型向集约型转变，计划经济向市场经济转变，住房制度改革，卖方市场变为买方市场等等，也是变化。

（3）新的居住理念的追求，新的住房消费观念的建立，购房意识日趋成熟和理性，环境已经成为人们改善居住质量的首要因素。现代房地产开发必须遵循"以人为本"，"人与自然融为一体"，"走可持续发展之路"等原则，都属于变化。

再如：

（1）现今的商店和商场千店一面，商品的种类和店堂的陈列均雷同，形式陈旧，功能单一，缺少特色，无个性，使消费者购物时趣味索然，缺乏吸引力。这是当前众多商业零售业效益下滑，商店平均利润下降的主要原因之一。

功能单一的商业业态已远远不能适应时代的特征，亟须新突破。上海居民对购物已产生了新的需求，由注重购物的结果转变为注重购物的过程，更注重购物时的休闲和享受的功能。因此，创造集购物、餐饮、文化、娱乐、休闲、社交、景观等多功能为一体的新的商业业态，是现代生活和消费欲望的新趋势。

（2）上海正在启动的将"森林引入城市"的计划是公共绿地建设的新概念和大手笔，是上海正在建设国际现代化大城市的重要组成部分。为实施这一壮丽的规划，不仅每年要新建公共绿地 350hm²，在绿地建设中还要大规模种植乔木大树，1998～2000 年 3 年内要有 100 万棵高大乔木进入城市。今年全市计划种植各种乔木 15 万棵，其中在市中心区要移植 15000 棵胸径在 20cm 以上的香樟、广玉兰、银杏等大乔木。要使森林尽快进入上海市区，加快形成城市的森林景观，使上海的绿量高度集聚，使城市绿地具有最大的生态效益。

（3）上海随着高架道路和轨道交通的建设，城市交通已有明显的改善，居民出行较便捷，缩短了时间和空间的距离，减小了心理压力的距离。由于新的居住理念的确立，市场的变化，一直被消费者和开发商重视的衡量楼盘唯一标准的"地段第一"的概念已逐渐被更注重环境、房型、设施等重要标准所替代。

过去道："地段，地段，还是地段。"

现在是："市场，市场，还是市场。"

"黄金地段"也在变化、转移、流动，并非一成不变。

目前，位于市中心的不少高层住宅，因系小块基地，容积率高，绿化贫乏，环境质量差，房型落后，得房率低，价格高，问津者已大为减少，销售欠佳。相反，开发热点和销售旺盛的场面已出现在非市中心区，内环线附近及内环线与外环线之间的区域。这些规模型居住区，因充满新鲜空气、阳光、绿地、鲜花，环境优美，居住质量高，房型合理，设施完善，文化气息浓郁，并有鲜明的个性和特色，受到市场和消费者的青睐。

2）多元

多种经济成分的共存，消费群体的多元及由此而形成的不同生活方式的并列，导致了不同的价值标准和生活需求，这就决定了居住区的标准和形态的多样化，以广泛满足各种人的需求。

因此，确立"多元化"的观念十分必要，这是思维活跃的基础和创新、创优的动力所在，这就要求我们必须具备这样的观点：

（1）要有海纳百川、开放包容、兼收并蓄、多元共存的气量，不盲目排异，不存门户之见。

（2）要建立多元化、多样化、多角度、多方位、多层次、多功能、多结构、多极化的思维、善于创造、不落俗套、不拘一格、与单调、划一、平庸割断关系。

（3）容许不同风格、形式、内涵、个性、情调、流派、质地、格局、气度、特色、价值标准、生活方式共存并荣。

（4）正如美学家丹纳所说："科学同情各种艺术形式和艺术流派，对完全相反的形式和流派一视同仁。"他还认为："形式和流派越多越相反，人类的精神面貌就表现得越多越新颖"。

当前，上海市的房地产开发中不少精品楼盘，在规划构思、绿地布局、环境设计、设施配置等方面呈现争妍斗艳，百花绽开的局面是十分可喜的。是对居住区规划和建设如何切实贯彻以人为本，人和自然高度融洽，人和人和谐相处，全面提高居住质量、生活质量、环境质量的新的实践和新的发展，具有时代特征。这些各具个性和特色的居住区不仅受到广大消费者的欢迎，赢得了市场，也丰富了城市的形象，成为一个景观或一道风景线，也为居住区规划设计的理论和实践作出了贡献。

三、居住区实例

重点介绍居住区规划的建筑群空间布局的艺术构思，绿地率和绿化布局的特色及完善的公共服务设施的布局。

1. 城市绿洲花园

居住区由多层，小高层，高层错落有致地形成三个组团，每个组团均以若干幢住宅排列而成的围合式空间，中央为集中大绿地（图24-1）。

这种围合空间会留住人们的感觉，具有凝聚和亲切的氛围。每个组团围而不满，封而不塞，强调视觉效果，组团之间相似又不相同，无一重复。建筑的形态布

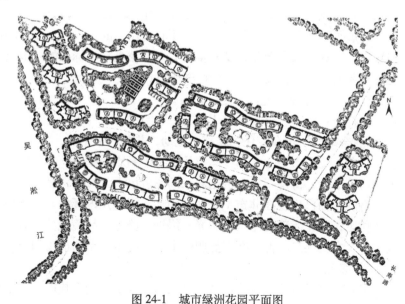

图24-1 城市绿洲花园平面图

注：1. 投入阳光绿意的自然生活，基地面积9.35hm²，建筑总面积20万m²，绿地率达40%。
2. 图中 A～E 表示住宅建筑的房型。

局颇见功力：平缓、柔美、流畅
的水平线条在行云流水般的起伏
中荡漾着轻快、跳跃、活泼的韵
律，使人心旷神怡。

"城市绿洲花园"绿地率
40%，人均公共绿地面积高达
1.68m²，绿地布局运用大集中小
分散的手法——院落绿地、组团
绿地、公共绿地联成一体，并与
苏州河滨江大道绿地相连，互为
呼应。

2. 太阳都市花园

"太阳都市花园"居住区规
划在文化内涵的增色添彩上颇具
匠心。在整个居住区内规划了
10个大广场和100座汉白玉雕
塑，10个大雕塑广场坐落在景
观道两边和绿化丛中，它们是：
神牛广场、日月广场、海神广场、
爱神广场、太阳神广场、施特劳
斯音乐广场、维纳斯广场、美人
鱼广场、伊甸园广场、花神广场。
每个广场都有一段故事，这些故
事颂扬真、善、美，鞭挞假、恶、
丑。让人身处在这些雕塑广场中，
不仅感受到希腊神话中的历史文
化氛围和生活情趣，而且给人以
知识、美感、力量和精神。100
座汉白玉雕塑星星点点散落在居
住区的各个角落，若隐若现（图
24-2、图24-3）。

这是"太阳都市花园"的开
发商和规划设计师不惜代价花巨
资创造一种文化、历史和意境、
氛围，以充分展示自己的实力和
品位。

3. 上海新加坡（园景苑）

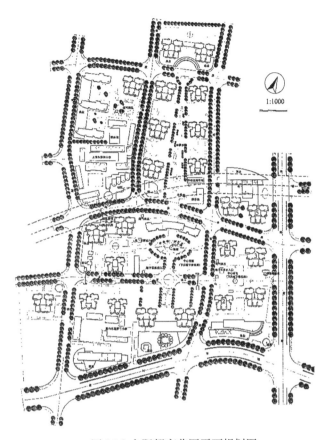

图 24-2 太阳都市花园平面规划图
（1-6号楼为首期工程——阳光园）

注：阳光·鲜花·家园，基地面积15hm²，总建筑面积80万 m²，绿地率
达45%，园区中央设置1hm²的绿色广场和欧式喷泉。

图 24-3 鸟瞰图

只有 0.81hm² 的土地建楼，其余 1.5hm² 土地全留给绿色空间和共享空间（设置为居民服务的 25 项星级健康休憩设施，寓意愿生活在此的每位业主的健康永远像 25 岁的常青树）（图 24-4）。

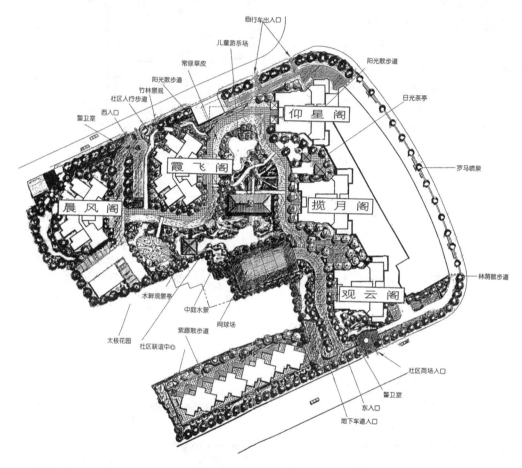

图 24-4　上海新加坡平面规划图

注：发现市中心第一座梦公园，基地面积 2.35hm²，总建筑面积 10 万 m²，绿地率达 65.5%。

规划特点：

1）系用"点上高密度，面上低密度"的布局手法，这也是国外常见的居住区建筑群空间布局的方法。

2）5 幢高层住宅都沿周边布置，为基地中央留出一大片集中绿地创造了条件。汽车停车库在地下，做到百分之百人车分道。

3）原味原版展现新加坡城市花园的住宅风情，创造一座由阳光、自由和新鲜绿地组成的住区，引进数十种名贵的乔木、灌木、开花植物、蔓生植物。

4. 瑞虹新城

10 幢高层住宅分布在基地周边，中心为广阔的庭院和完善的生活配套设施，布局十分得体宜人。拥有 10000m² 的中央庭园由国际园艺名师精心设计，辟有儿童乐园、露天剧场、人工瀑布、露天剧院式弧形广场、人工湖、小桥流水、烧烤场、缓跑径等。两层楼的住客专用会所设有室内游泳池、网球场、高尔夫球练习场、壁球室、乒乓球室等，还有购物商场、超市等。整体设计突出高密度与大空间的和谐配合，使居民能全面享受生活美是规划设计的最大愿望（图 24-5）。

5. 鸿禧花园

居住区由 6～8 层多层及小高层住宅组成，总体布局中条状和塔式建筑错落有致，与中心绿地和公共设施的关系和谐、有秩序，在工整的排列中比例合适，分寸适度，统一中有变化，变化中有统一，富有对比生动、形式活泼的美感。

基地紧邻 500m 宽的上海环城绿带，得天独厚地成为居住区的绿色空间的延伸部分，大大提高了居住区的生态环境质量（图 24-6）。

6. 陆家嘴花园

53% 的起伏绿地，镶嵌在由板式和塔式建筑组成的高层、小高层、多层的住宅组群之间，组成三

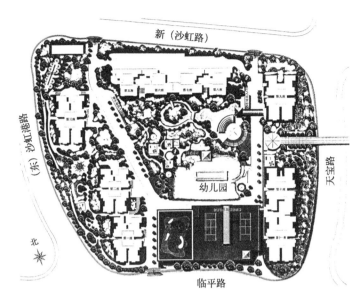

图 24-5　瑞虹新城一期平面规划图

注：第一期规划，基地面积 4.2hm²，总建筑面积 18 万 m²。

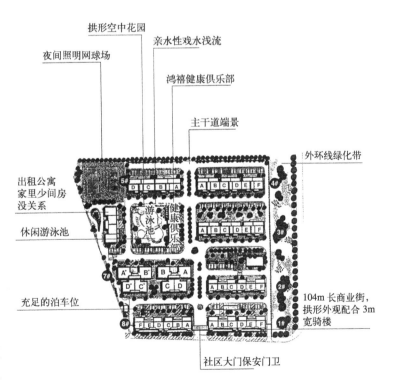

图 24-6　鸿禧花园平面规划图

注：基地面积 2.4hm²，总建筑面积 42000m²，绿地率达 51%。

大主题庭院。中央近 1hm² 的椭圆形开敞式的下沉式花园广场是住宅区的"点睛"之处，由瀑布、喷泉、人工湖和水幕墙组成的三级水流系统纵贯广场。广场四周有超市、中西餐厅、咖啡廊和儿童嬉水池等设施，集休闲、娱乐、餐饮、购物等活动于一体。居住区内还有九洞迷你高尔夫练习场、2850m 的环形跑道、阳光泳池。环绕住宅区的公共空间设有背景音响系统，轻快、高雅、优美的音乐旋律荡漾在天空中，使这低密度、旷野型、花园式的住宅区诗意盎然，心旷神怡。

建筑群布局以流畅、委婉、简洁的水平线条为主旋律，高低错落，虚实相间，形成几个富有变化，各具特色，空间感很强的组群，富有生气和情趣，建筑环境和绿化环境十分优美（图 24-7）。

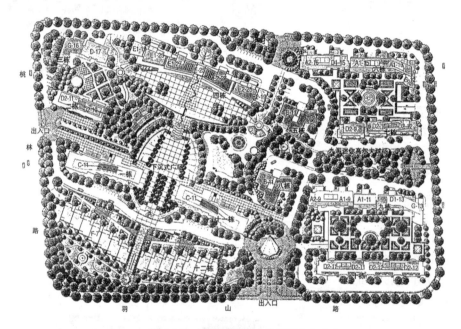

图 24-7　陆家嘴花园一期规划平面图

注：阳光、绿色、流水使人亲近生命的本源，第一期规划：桃林苑，基地面积 6.6hm²，
总建筑面积 12.36 万 m²，绿地率达 53%。

本文发表于《规划师》2000 年第 2 期

注：论文集内的文章系原稿。

据《CNKI 知识搜索》报道，本论文的下载指数：★★★★

旧城改造与可持续发展

可持续发展的提出是发展观的重要进步。

可持续发展与传统发展观的根本区别表现在以下几个方面：

1）将以经济增长为中心的发展转向"经济—社会—生态（自然）"复合系统的相互协调，综合发展。

2）将以物为本位的发展转向以人为本，以人为中心的发展。

3）将物质资源型的发展转向非物质资源型的发展。

可持续发展的定义是：在发展中，既要考虑当前发展的需要，满足当代人的需要，又要考虑未来发展的需要，不对后代人满足其自身需要构成危害性的发展，不要以牺牲后代人的利益为代价来满足当代人的利益。

可持续发展的核心是，人类的一切经济建设和社会发展，城市建设和发展都不能超越资源和环境的承载能力。

可持续发展的目标是，满足人类各种需求：物质需求、精神需求、环境需求、发展需求。要建立一个人与自然高度和谐相处，创造和保持人类具有良好生存条件和生活质量的生态系统。

一、要处理好增长与发展的关系

增长与发展是两个不同的概念。增长是量的增长，数量的扩张；发展是质的改善和提高，结构的变化和转变。增长是发展的前提和基础，没有增长就不可能有发展，但增长不当就不可能有好的发展。我们谋求的是有发展的增长，而非有增长无发展，或发展缓慢和发展不明显。因此，在追求数量增长的同时，始终要伴有质量提高和结构转变的概念，这样才能达到增长与发展并举的目的。

在旧区改造和房地产开发中，只增长不发展实际上是比数量和比速度的粗放型增长方式，缺乏质量概念和目标界定，其结果只能显示建筑面积单项指标，虽建设总量庞大，但因投资项目的决策失误及因结构、比例、质量、效益失之偏颇，会导致下列结果：

1）缺乏规模效应与效益。

2）形不成地区性或区域性的建筑群空间效果和景观效果。

3）因城市建设和发展与经济建设和发展脱节，未相互促进，而不能形成新的市场效果和新的经济增长点。

4）环境质量未得到明显的改变。

5）旧区中一些主要矛盾、困难和固有的顽症未能得到相应的解决与缓和，或因新的建设不当反而使旧区的矛盾越加突出。

6）缺乏良好的整体运行质量，始终徘徊在低水平、低品位、低标准、低质量的运行状态。

7）投资和改造、开发的效果、效益、效率都未达到最理想的境界。

因此，只增长不发展不是我们建设和开发的愿望，既增长又发展才是建设和开发的目标。

在城市建设和发展中，始终不是仅仅达到建筑面积这一产量产值的单一目标，而是既要实现经济效益，又要包括社会进步和环境改善等多目标在内的目标体系，这就是可持续发展的战略目标。

发展是一个全面的范畴，具有多元化的综合的特点，多种表现的形式，多重的目标和多维的过程，包括：政治、经济、社会、环境、科学、文化、艺术、教育、建设及物质生活和精神生活等社会一切方面的因素于一体的完整的现象。要努力将经济效益、社会效益、环境效益和人的发展效益统一起来，作为一切活动的价值目标。走以提高人类生活质量和人的全面发展为目的的"经济—社会—自然"这一复合系统协调发展的可持续发展之路。

按可持续发展的开发观的含义和目标，我们应进入这样一个新的开发时代：土地开发的限制因素，不单纯是开发能力，还受制于土地的"剩余量"，也就是，被开发的土地在保持最佳的生态系统的完整性及满足人们各种需求的愿望实现的条件下，在所"剩余"的土地上进行合理开发，这就是以人为本，人与自然高度和谐的开发思路。

二、要重视结构问题和环境建设

城市的规划结构和土地利用结构的调整，始终是围绕以下几个方面：

1）使上海这座城市的规划和建设更符合国际现代化大城市的功能、形象、环境、质量、内涵和框架的要求。

2）使上海的建设努力实现"一个龙头，四个中心"的宏伟目标，进一步增强集聚和辐射功能，更好地为长江三角洲地区、长江沿岸城市乃至全国各地服务；更着眼于在中国加入 WTO 后，适应进一步扩大对外开放与世界经济接轨后的广泛需求。

3）使城市的建设和发展朝着可持续发展的道路上前进，使"经济—社会—自然"这一复合系统，从总量、结构、比例、质量、效益、效率等方面协调发展。

4）当代社会，一个城市的经济发展和现代化建设越来越要求和依靠各种资源的支撑，以及它们的优化组合。因此，从战略上和整体上使城市中的各种资源，包括：土地资源、区位资源、亲水资源（江滨地带、临水区域）、自然绿化资源、人文景观资源、传统历史文化资源、风光资源、旅游资源等等获得最佳的配置效益和优化组合。

5）最大限度满足人们广泛的需求，具有更高的生活质量、居住质量和环境质量。

为此：

1）要重视结构问题。何谓结构？结构是指组成旧区各功能要素之间的比例构成，以及它们之间的相互依存、相互制约的联系。这些组成要素不是简单的堆积，而是有一定的层次性、相关性和相对性。各组成要素的量的多少的确定，非凭喜恶可随心所欲，而有其比例构成的要求，有其质量和结构的要求，有其相互依存、相互平衡、相互制约的关系。各组成要素在空间上的分布和组合都有一定的区位关系，"生态存在"的理论认为有机组合的每一个组成要素都要有一定的存在条件——空间。随意扩大、缩小或取消某一功能的生态空间都可能造成生态系统失去平衡。因此，组合体的各功能要素需根据自己最佳的生态位，确立在这个立体结构中的位置。生态系统达到平衡时，组合体的内部各功能要素会达到一个相对稳定的比例关系和各类用地的合理布局，从而使生态效益达到最佳。相反，如比例失调，系统就失去平衡。

因此，在规划中，对各种资源的有效配置，对各种功能要素的有效布局，既依赖于总量平衡关系的调节，又依赖于它们之间的优化组合和良好的结构关系。

通过规划结构和土地利用结构的完善和优化，能进一步推动城市经济发展和社会进步，保护环境和维护生态平衡，实现城市的可持续发展。

何谓结构的优化？结构的优化包含结构的合理化、高度化和协调化三层内容。结构的合理化，着眼于发展的近期利益；结构的高度化，侧重于发展的长远利益。近期利益与长远利益必须兼顾，才堪称优化。结构的协调化，是指各功能要素之间的协调发展和按比例发展，各功能要素之间的质和量相统一的内在联系。

在旧区改造中，在保留和保护城市传统风貌及历史文化的前提下，需对一切阻碍经济发展、社会进步、生活质量提高与时代相悖的旧的结构和旧的关系进行更新与改造，进行结构调整、重组、升级、优化，要建立与现代新形势相适应的新结构和新关系。

规划结构还需要有弹性和应变力，以便在新形势、新任务、新目标的情况下，作适应性和战略性的调整具有可能性。

2）为了更好地自觉贯彻可持续发展，我们必须充分认识到环境对于经济发展和城市发展的重要性，对于人类的生存和生活质量的重要性。强调人与自然和谐协调和共同发展的环境观，一直是可持续发展观中为实现发展的重要内容。环境与人是共生共长、相互依存、共同发展的伙伴关系。环境是人类一切活动的支撑，环境是人与人之间社会关系确立的中介。人类从事一切活动都是在环境这一中介形态所提供的背景（即"环境空间"）中进行的。因此，环境是人类从事一切活动及经济、社会发展的基础和条件。环境的容量是有限的，土地的承载力也是有限的，人类的一切活动不能超过土地资源和环境的承载能力，不能危及和破坏为保持人们具有良好的生存条件和生活质量所需的生态系统，要以维护生态系统的完整性和稳定性为限度。绝不能以损害环境和未来，超过环境和土地的承受力作为代价求一时的繁荣和利益。否则就会造成对生态系统的破坏，从而会对人类自身在生活质量、生存条件和生命支持等方面带来应有的报复和惩罚。

世界现代化建设的实践表明，一个现代化的城市和现代化的社会，越来越依靠环境与资源的支撑，强调在发展中环境和资源的重要价值。优美的环境是一种资源，它不仅能产生一种吸引力、凝聚力和魅力；而且是具有高效益和高效率的发展空间，实现人生价值和能创造出财富的象征。环境也是体现一个城市的综合竞争实力的重要方面。

环境改善有利于经济的增长，环境建设可以为发展创造出许多直接和间接的经济效益已成为不可辩驳的事实。因此，环境不仅对生命支持系统具有不可缺少的价值，而且对经济发展、城市发展和社会发展也具有支撑和服务的价值。

城市是重要的国有资产，保护城市环境是保护国有资产不流失的重要方面。改善城市环境，能吸引外商增加投资，推动经济持续发展，带动城市繁荣，实际上就是国有资产的有效增值。这是十分鲜明和深刻的环境价值观。

城市建设是一件系统工程。任何系统都是由多个要素（或称部分）构成的，它们之间存在着相互联系、相互作用和相互制约的关系。因此，"多元相关"是系统的根本属性，实现可持续发展的关键，是要协调好系统各要素之间，各要素与环境之间，系统与环境之间的相互关系，使系统整体发展和谐、有序、高效，达到持续发展。

3）为重建人与自然的良好联系，让自然拥抱城市，让人与城市和谐相处，要积极调整好城市发展与环境的关系，城市建设与环境的关系。并在"以人为本"原则的指导下注意以下几个方面的关系：

①人与建筑的关系。

②人与社会的关系。

③人与城市的关系。

④人与土地的关系。

⑤人与绿化的关系。

⑥人与自然的关系。

⑦人与环境的关系等等。

自觉地建立人类生存具有对社会的依赖性和对环境的依赖性的生存二重性的观念。

三、新区建设和旧区改造的关系

规划设计的不断完善，土地资源配置的不断优化，往往通过结构调整这一途径来实施，而且始终是伴随着两个方面的调整来进行：增量结构的调整和存量结构的调整。

1）旧区改造实际上就是存量资产调整的过程，使历史悠久的旧城区这一庞大的存量资产通过组成旧区各功能要素的重新组合，各项资源的重新配置，各类资产的盘活和整合，规划结构的完善和优化，土地资源的优化配置和利用结构的重新调整，以减轻土地负载过重的状态。为充分发挥土地这一环境要素的作用，必须大力增加城市公共绿地和公共活动空间；加强道路交通建设；控制人口无序增加，降低建筑密度、人口密度；合理界定开发强度，控制旧区改造的建设总量，积极处理好改造与保护的关系。加强基础设施和生活设施的建设，增强经济、社会、文化服务的功能。这样能使旧区以合理的结构和关系出现，达到功能、形象、环境、内涵的重组和重塑，重新释放、放大资产和资源的效能，实现新的价值附加，赋予旧区新的机能和复苏的活力。

2）一个城市的新区建设和旧区改造不能是相互无关、各自孤立进行。两者具有很大的关联性和互补性，并相互促进、相互依存、相辅相成，两者必须有机结合，并举进行。我们必须认识到以下几点：

（1）如无新区建设的支持，就很难进行旧区改造。只有有效的增量调整才能更好地使存量调整顺利进行。如：正因为上海在市郊建成了"1+3+9"工业集聚地（"1"指的是上海浦东新区，"3"指的是闵行经济技术开发区、漕河泾新兴技术开发区、漕泾化学工业区，"9"指的是莘庄、康桥、嘉定、奉浦、松江、青浦、崇明、金山嘴、宝山9个市级工业区），结合经济结构和产业结构的大调整及工业布局的大调整，才有可能从市中心区内迁出大量的过度集中的工业。

（2）正因为在上海市区边缘大规模新建许多优美的居住区，辅之以便捷快速的立体化道路交通网络，大大缩短了时空距离，才有可能在市中心区大规模拆除和改造365万 m^2 危房棚户简屋及大规模兴建市政基础设施，搬迁和疏解过度密集拥挤的人口。据统计：1991～1999年上海共新建住宅9700万 m^2，132万套，有150万人从市中心迁到市区边缘的居住区入住。由此，使市中心区得到了较大的松动，才能进行土地利用大置换，城市发展空间格局的大转型，城市布局和规划结构的大调整。

3）如果一个城市的新区建设得很好，但却未能相应解决及缓和旧城区中一些主要的矛盾、困难和固有的顽症，或者因新的建设不当反而使旧区的矛盾越加突出，这就是我们规划工作者未能从理论上和指导思想上正确理解新区建设和旧区改造，增量结构调整和存量结构调整之间的密切关系所造成的失误。

四、发展的阶段性的特征

经济发展、社会发展与城市发展是一个较长时期的具有动态变化和渐进发展的进程。因发展需求、发展条件和发展水平的变化，发展环境、发展实力和发展对策的不同，会表现出若干个不同的发展时期和不同的发展阶段。因此，整体性的目标必须要和阶段性推进相结合，有计划、分步骤，有重点、分阶段推进各项工作。每个发展阶段所要解决的问题或主要问题、突出问题，也是在不断变化的。既定的任务和目标完成后，要解决新出现的发展问题，随着经济的增长，社会的发展，时代的前进，观念的更新，科技的进步，生活质量的提高，旧的人类需求系统会不断地被新的人类需求系统所替代。这也就是"序列更替"及发展目标的多层次性和多阶段性。一个发展过程，从量变到质变，也会显示出不同阶段的差异性。不同的阶段具有不同的内涵，因此解决问题的方式和方法也不同。

人们对事物的认识过程是遵循认识—提高—再认识—再提高这一规律的。周期是事物发展的普遍规律，每一周期的终点，同时又是另一周期的开端。事物自身的发展和完善，在顺利和简单的情况下有可能一次性完成，但有时往往要经过多次的曲折反复才能实现。事物的发展不是静止的，而是动态的过程，会出现发展的阶段性和阶段性发展的层次性的过程。阶段性工作的提出是在长远目标的指导和实施下，对前阶段或上一轮工作进行总结其经验和教训，成绩和缺点，肯定和否定的基础上，不断补充、提高、调整、完善，再继续发展。

有的阶段具有前后推进的连续性，是从一个阶段演变为另一阶段。有的非连续性，一个阶段结束后，为新的事物发展过程所取代，进入了另一新阶段。如：

20 世纪 90 年代，是上海城市大发展大变样的年代。上海完成了 365 万 m² 的危棚简屋改造，拆除各类旧住房 2787 万 m²，180 万居民大动迁，64 万户居民改善了住房条件，迁入新居，圆了"居者有其屋"之梦。

随着这些建设目标所构成的阶段性任务的基本完成，今后上海的旧区改造将从偿还历史旧账型向引导城市发展型转变，由粗放型、数量型向质量型、效益型、艺术型和集约型转变。下一阶段的旧区改造将从指导思想上和内容方式上作重大调整。将从大规模的大拆大建、大动迁转到适时适量的渐进式有重点拆建，实施开发总量的控制，必要的土地储备、开发结构的调整和供需总量的动态平衡。为防止市中心区的"空心化"，今后的旧区改造要建立以市场手段运作，以居民回迁为主的新的运作机制。此外，强调旧区更新改造要拆、改、留并举；尤其要正确处理好旧城改造与保护的关系，要切实保护能体现上海历史文化的传统建筑、历史地段和历史街坊，旧城区中历代沉淀下来的有价值的历史文脉和肌理、人文景观和自然景观及社会网络，富有文化气息和内涵的具有认同感、地域感和亲切感的街道、场所、环境及有特色、个性的具有地方风情和风貌的地区。从经济学角度而言，保护好体现上海历史文化的、优秀的传统建筑、街坊、道路、环境等等，实际上是将有价值的存量资产转变为优质资产，把潜在优势转变为实际优势。经资产重组后，使它们古为今用、洋为中用，进一步发挥其文化价值、历史价值、社会价值、旅游价值和使用价值，并产生经济效益。

新一轮上海城市总体规划制定了保留 12km²、1000 多万平方米建筑的保护规划，包括 12 处历史文化风貌保护区，234 座完整的历史街坊和 440 处历史建筑群。近 2000 万 m² 需改造的旧房，约一半有历史价值的石库门旧式里弄住宅将保存下来，在保留外立面风貌的前提下，对其进行成套化改造。

另一方面，对一批自上海开埠以来具有相当历史、文化、政治、艺术价值的花园住宅、公寓、新式里弄住宅将进行保留和保护性改造，做到"精雕细琢，整旧如旧"，恢复这些建筑的原貌，提升其使用功能。这是一笔巨大的物质财富和精神财富。

五、体制和机制与可持续发展的关系

1）应当看到现有的某些体制和机制上所产生的不利因素，会影响到可持续发展的顺利实施。例如：由于历史原因，中心城区行政区划和规模都过小，但各个区都必须"小而全"，各自为政地发展，小规模地在同一水平上重复建设，而且有时是不顾市场需求及其发展趋势的重复建设。又因各个区之间的区位与基础、历史与现状有差异；实力与引资力度、技术与人才有强弱，起点与目标、开发观念、思路与战略布局有高低，因此，其建设的数量与质量、规模与效果、功能与形象、品位与标准、文化与内涵、环境与氛围等等，都会存在着一定的差异，甚至差距。如：以上海市区的东西向主干道—陆家浜路—徐家汇路—肇嘉浜路为例，分属三个区，经多年建设和发展，位于中心城区西南部肇嘉浜路的徐家汇地区已成为交通发达，集商业、办公、贸易、科技、文化、旅游、高档物业于一体的繁华的市级商业中心（又称徐家汇商城）和城市副中心。位于中心城区中南部徐家汇路的打浦桥地区，也已从昔日的危房棚户简屋集中地区开发成为融商业、办公、餐饮、文化、高级住宅区于一炉的新兴的具有多功能的现代化城市地区中心。相比之下，陆家浜路沿线的开发较为滞后。即使已建成的一些高层住宅也较多属见缝插针的小块基地的楼盘，标准与品位都欠佳。但陆家浜路是黄浦江上市区第一座越江大桥——南浦大桥的浦西主要入口之一，故交通功能很强。因此，在中心城区适当地合并规模较小的行政区，对建设的整体性和规模性发展有百利无一弊。因为，有一定规模的行政区，考虑问题的深度和广度，开发思路和战略布局也会有所不同，考虑问题会不仅从本区，而且从整个城市，乃至更高的角度给自己定位。把视线转向全国，转向世界，从比较优势的新发现中提高认识，转变观念，会重识优势、再造优势和增创优势。

2）2000 年 7 月 1 日，上海市人民政府宣告，撤销黄浦区和南市区，设立新的黄浦区，就是一个典型的例子。黄浦区与南市区都位于市中心区沿黄浦江西侧，区域面积都很小，原黄浦区为 4.56km²，原南市区为 8.29km²，合并后，新的黄浦区行政区域面积为 12.85km²，人口 68.6 万人。新黄浦区建立，对加强和完善上海中心城区的城市功能，进一步形成具有世界一流水平的现代化城市格局，具有重要的现实意义。新黄浦区通过功能重塑，资源整合，优势互补，对经济、社会、城市建设等各项事业进行科学规划整体推进，以求得 "1+1 ＞ 2" 的倍增效应。

原两区都沿黄浦江，"撤二建一" 后，8km 长的 "黄金岸线" 为外滩地区一体化开发建设创造了条件，形成与对面浦东新区陆家嘴金融贸易区遥相呼应，浦江两岸尽朝辉的格局。

新的黄浦区荟萃了丰富的历史积淀，有深厚的文化底蕴。从有 700 多年历史的上海老城厢，到记录 150 多年历史的体现近代上海发展的 "外滩万国建筑博览群" 及体现现代化上海形象的南京路步行街和人民广场地区，形成了独特的丰富的历史人文景观和黄金旅游资源。

地区经济只有充分表现出个性和特色，才能在市场中寻找自己的位置，争取有利的竞争地位。两区合并后，优势叠加、资源丰厚，地区的特色得到充分展示，为发挥特色经济和优势产业创造了广阔的空间。原南市区有着丰富的土地资源优势，为新黄浦区的区域经济发展，经济结构调整，形成新的经济增长点和增长板块，加快旧区改造，为大力发展现代服务业、文化娱乐休闲业、闲暇经济业、都市旅游业和包括办公、商业、居住在内的高档房地产业，进一步为全国服务、为世界服务及扩大对外开放提供了广阔的舞台。

总之，新的黄浦区将围绕繁荣繁华发展主线，建成大型国际现代化中心城区，成为现代大都市中央商务区的组成部分，成为上海购物中心的象征，成为浓缩上海历史文明和海派文化的旅游文化区域，成为标志性的现代中心城区。高标准、高质量推进城市现代化建设和改造，为使上海建成世界经济、金融、贸易中心之一的国际现代化大城市作出积极的贡献。

3）对城市的重点区域应跨地区进行统一规划和统筹实施，以确保高水平、高标准、高品位、高质量的建设效果和效益，避免各自为政地实施造成较大的差距。

所谓重点区域，包括市中心区的黄浦江和苏州河两岸，城市主干道两侧，主要景观轴线的两边，旅游路线，以及两或三个区交界的地区中心或繁华的商圈等。

正如在经济结构和产业结构调整中，资产和资本的重组与流动必须跨行业、跨部门、跨行政区域和跨所有制一样，城市建设的重点区域和重大项目的规划与建设亦不能局限于规模过小的各自为政的行政区域内，必须沿流域、主干道、轴线、滨水地带和重点区域整体规划和统筹实施，才能在总量、结构、布局、标准上，在功能、形象、环境、质量、内涵上产生整体功能效益、空间结构效益、规模经济效益——即"整体大于各部分之和"的效益，成为新的亮点和增长点，新的景观和风景线。才能从体制上和机制上克服小而全，只顾狭小区域的局部利益和眼前利益，急功近利，小打小闹，目光短浅狭隘的低水平、低品位、低质量、低标准的开发和建设的弊端。

六、旧城改造需在发展中不断调整

当前，在我国经济领域里，"调整"，是一个使用频率相当高的词汇，是一个具有积极意义、现代概念和富有创新的词汇。许多问题的解决，无不运用"调整"这一方法、手段、途径和过程，以达到推进改革，促进发展，使现有的工作有所突破，适应新情况和新要求，上一个新的台阶。

例如：在经济和市场领域里，就涉及许多方面的结构性调整：经济结构调整、产业结构调整、行业结构调整、企业结构调整、产品结构调整、技术结构调整、工业结构调整、布局结构调整、资产结构调整、所有制结构调整、资本结构调整、投资结构调整、市场结构调整、经营结构调整、供应结构调整、需求结构调整、消费结构调整等等。

通过上述的种种调整，加快了计划经济体制向市场经济体制转变，经济增长方式由粗放型向集约型转变。大力推进经济结构的战略性调整，使经济体制有新的突破。通过企业的资产重组和结构调整，优化布局，技术进步、产业升级加快国有企业的改革和发展，进一步扩大对外开放，提升国际竞争力，与世界经济接轨。

1. 调整，也是一种发展。

由结构调整引起的发展是属于一种内涵的发展，品质的提高。旧城区更新改造本质上是属于结构调整的发展，是属于内涵的变化和发展。在调整中不断发展，在发展中不断调整，目的是为了不断完善规划结构和优化土地利用结构，不断适应新形势、新任务和新目标的要求。

经济建设和城市建设的发展，科技的进步，对生活质量的不断追求和提高，营造国际现代化大都市，以及与世界经济接轨等等，都是促使调整的动因所在。

1）在建设过程中，一方面会不断产生新问题，研究新问题，解决新问题，求得新发展；另一方面，在知识经济和创新思维的推动下，会不断突破传统观念和已有知识的束缚，实现思维的创新，不断更新观念，以新的理念和思路驾驭改革发展的新趋势，或称进入一个新的发展时期，就需要作适当的调整。

2）旧城区更新改造在进行过程中，其目标与方式、总量与结构、供给与需求、规模与速度、内涵与质量等，也不会一成不变，都得视各时期、各阶段的外部环境和内在形势、国民经济发展的计划和财政金融状况的变化而有所调整，这也说明城市规划和建设具有动态发展的特征。

3）随着经济发展和收入水平的提高，人类的需求总是由生存向发展转移；需求的重心逐步由保障生存的低层次基本需求向个性发展的高层次需求转移。居民的消费已从重视生活水平的提高向重视生活质量、居住质量和环境质量的提高转变。规划和建设要满足需求的转变。

4）中国加入世界贸易组织（WTO）后，将作为全球经济化的一员，既有机遇又有挑战，一方面须积极调整经济结构和产业结构，提高国际竞争力；另一方面，对外开放的程度会更高、更扩大，将会有大量的外资在中国投资和贸易，外资企业大量涌入必然会增加对办公、商业、服务及高档物业等房地产的需求。同时，还会对房地产开发所需巨额资金提供支持和参与开发。反映在城市规划上将会形成更多的新的城市发展点和经济增长点，原来的规划结构和土地利用结构将面临着新需求的挑战和新发展的机遇，为适应这一新形势和新任务，对城市的规划结构和土地利用结构进行适当的调整势在必行。

2. 旧城区更新改造调整的原因

下列多种因素的任何一方有所变化，都有可能引起调整：

1）重塑城市的目标、功能和形态。

2）完善规划结构。

3）调整空间布局。

4）土地资源的重新配置和组合。

5）优化土地利用结构。

6）资产重组。

7）利益格局的重新分配。

8）实现新一轮的发展目标。

9）确保重大建设项目的实施。

10）阶段性建设的要求。

11）优化选择与决策。

12）因知识经济和创新思维的发展，引入新的理念、思路和观念。

13）市场经济体制和机制的不断完善。

14）因多元化、多渠道的筹融资机制和新的投资体制的形成和变化。

15）更符合国际现代化大城市的形态、功能、形象、环境、内涵、质量、框架、效率和效益的要求及总体运行质量。

16）投资方向和规模，建设速度和规模上的调整。

17）更审慎地注重投资质量和投资效果，以及开发、改造的质量和效果。

18）控制开发总量，调整开发结构及实行必要的土地储备。

19）更完整地走经济建设、城市建设、社会发展与生态环境相协调的可持续发展道路。

20）更好地遵循"以人为本、人与自然高度融洽"的建设原则。

21）大力开展绿化建设和环境建设。

22）为协调好人、城市、环境的关系。

23）为正确地处理好旧城区更新改造与保护的关系。

24）政策变化（调控、干预、扶持、制约）。

3.旧城区更新改造调整的方式

1）战略性调整。

2）整体性调整。

3）布局调整。

4）开发性调整。

5）理性调整。

6）适应性调整。

7）结构性调整。

8）目标上调整。

9）政策上的调整。

10）体制和机制上的调整。

11）供需平衡关系上的调整。

4.旧城区更新改造调整的内容和实例

1）布局上的调整

按照将上海建成国际现代化大城市的要求，工业布局调整已取得了较大进展，工业建设和布局的重点已由市区向郊区转移，至20世纪90年代末，内环线内106km²的中心城区，已有1600个生产点迁出，腾出了500多万平方米的用地。

到2000年，内环线以内中心城区内，1/3生产点关停并转，就地转性，发展第三产业；1/3生产点异地搬迁、转移，实施产业结构、产品结构调整和技术改造；保留1/3都市型工业的生产点。

昔日在市中心区中因工业与居住相互混杂，犬牙交错，"三废"污染，环境恶化的现象已成为历史陈迹，环境质量得到了很大的提高。

经调整，全市工业分布形成"三个圈"的工业布局：

（1）内环线内以都市工业为主。

（2）内外环线之间主要发展都市型工业和高科技产业及配套工业。

（3）外环线以外为汽车、钢铁、石油等支柱产业及装备类工业和基础原材料工业为主。

由于在市郊建成了"1+3+9"工业集聚地，重大项目和合资大项目都向新兴工业区集中。到2010年要基本形成与国际现代化大城市相适应的工业布局结构。

2）政策上的调整

几年前，上海在旧城改造中出现了两个"1000万"，引起了政府的关注。即一方面，上海的空置商品房总量达1000万m²之多；另一方面，为完成365万m²危棚简屋改造所需的动迁房源1000万m²。于是，为两个"1000万"的"搭桥"思路由此而生。

上海市政府在1998年8月28日《关于加快本市中心城区危棚简屋改造的实施办法》出台，该政策鼓励利用空置房改造旧区，让旧居的动迁户搬进空置房，使得1000万m²的各类空置房与完成365万m²危棚简屋改造所需动迁房源1000万m²"搭桥"。

此项"拆旧补空"的政策实施后取得较好的效果，大大加快了上海市旧区危棚简屋的改造，促进了空置商品房的消化，因伴有多项的优惠政策，不仅动迁居民是最大的受益者，房地产开发企业也大大降低了开发的成本。（据测算新建项目的成本每平方米可下降1000～1500元）

3）因理念、思路和观念上的更新引起目标上的调整

就在若干年前，在市中心区，不论是旧区改造还是房地产开发中，由于片面追求容积率，忽视环境效益和社会效益的旧发展观的支配下，在对待绿地问题上，十分吝惜土地和资金上的投入，以致造成改造了密集拥挤破损的危房简屋棚户旧区，又涌现了不少新的密集的"水泥丛林"和"热岛效应"加剧的地区。可是时过境迁，现在，人们已充分认识到，优美的城市公共绿地是现代化国际大城市的标志，是构成城市面貌、形象和景观的重要因素，是城市中重要的功能组成部分和优美环境的基础。绿化对城市的价值十分巨大，它兼具生态价值、健康价值、艺术价值、旅游和休闲价值、文化价值和经济价值于一身。由于认识的飞跃，观念的升华，需求的紧迫，实践的突破，现在上海的绿化建设和环境建设已成为城市规划和建设中重中之重的任务，不但在数量上快速发展，而且在质量和结构上都有很大的提高和转变。绿化建设已按照国际现代化大城市的要求和生态城市的目标在总量、布局、标准上，整体和系统地推进。

上海市的绿化结构和布局是：市郊将建设总面积为2660hm^{2}的8大片人造森林及宽度为500m，长度为98.42km，总面积为7241 hm^{2}的环城绿带。中心城区建设大型公共绿地（面积4～100 hm^{2}不等），形成数十个"绿化通风排气口"。通过沿十多条放射干道和江河两侧林带组成的绿色走廊，将中心城区各类绿地与外围大面积的郊区森林和环城绿带连成一体，形成清新空气的大流通，绿色视觉的大呼应，能使中心城区的热岛效应基本缓解，大大提高了环境质量。组成有上海特色的环、林、楔、廊、园紧密结合的绿化大系统，优美和谐的生态大环境，充分体现了经济、社会、自然可持续发展的理念。

对资本运作、投资方向、资源优化配置方面的决策，应满足促进经济建设、社会进步、环境改善，提高生活质量，改善城市面貌，创造宜居城市等方面的需求。

七、土地和资金问题

1. 土地资源和建设资金是影响旧城更新改造的两个制约因素

土地是一种稀缺资源，用去一块，少掉一块，浪费一块，损失一块。

资源的稀缺性和需求的无限性产生了如何利用稀缺资源的经济问题。

因此，除要强调珍惜土地外，怎样安排有限资源的使用，使土地资源的使用合理、科学，使用的效率和效益达到优化，以及可持续发展，是城市规划和城市建设的一个重要问题。

在旧城改造和房地产开发中，有些地区为追求片面的经济效益和眼前利益，出现高密度、高容积率、高强度的过度开发，从而形成新的拥挤、密集、绿化贫乏、环境质量差的"水泥森林"和"热岛效应"地区，破坏了生态环境和生存环境。由于是低水平、低品位和低质量的开发，这些房产都不同程度地遭遇市场的抵制，销售较差，空置现象很广泛，这实

际上是属于牺牲环境，滥用资源，损害效益的土地不良开发的行为。

土地资源的闲置和不良使用都必须加以坚决抵制。

珍惜土地的实际行动应是：①不盲目开发；②即使开发也要使资金的投入产生高质量和高效益的整体素质。

此外，在城市规划和建设中，土地的使用要留有余地，避免因当代人使用过度而使土地用尽、耗竭。虽然满足了近期发展的需要和当代人的利益，但却牺牲了后代人的长远利益，造成今后土地资源供给的结构性短缺，迫使城市新发展目标的实施受阻，新规划结构的调整受到土地短缺的约束。

2. 城市要发展，要迅速改变自己的面貌，必须要有资金投入

投入得越多，发展得越快，反之，发展就迟缓。但不能单纯地认为只要有了资金就能办好事，还必须完善地认识投资的本质属性是什么。投资是资本运作的过程，是通过资源的重新配置和资本的重新组合，使资本创造利润，获得保值、增值，获得满意和可靠的投资回报；但又必须使建设项目达到应有的质量和要求、预期的效果和效益作为前提。绝不允许投资的总体运行质量是低水平、低标准、低效益，以及投资的结果是不良资产。

在城市发展和建设进程中的每个阶段都会面临不同的形势、任务和要求，会有不同的投资方向和投资重点、投资结构和投资布局、投资规模和投资速度。因此，必须在投资决策之前，科学地研究最佳的投资项目、投资时机、投资方式、投资结构和投资效益。

此外，我们不能仅仅看到资金不足的一面，而未能看到技术不足和人才不足、发展战略和开发思路不足的一面所造成的后果。如果后者几个方面存在本质性的不足，那么即使有了充足的资金，其结果也可能产生投资项目决策失误，不能产生较好的建设效果和投资效益，甚至形成不良资产。

在进行现代化生产中，有有形投入和无形投入两个方面。有形成本投入是指土地、资源、能源、劳动和货币等五个方面；无形成本投入是指科技和文化。发达国家 100 美元产值中有形成本只占 20% ~ 30%，其余 70% ~ 80% 都是科技和文化创造的。科技和文化能创造如此巨大的效益，是因为科技和文化作为渗透性的因素，能改变土地、资源、能源、劳动乃至资金的使用效率，并能大大提高产品的附加值。目前，世界各国的经济发展中，科技进步所起的作用，科技对国民经济总产值增长速度的贡献率已达到 70% ~ 80%。中国科技进步因素在经济发展中的比重也在逐年提高，已由"六五"期间的 10% 左右及"七五"期间的 30% 左右，至今已达 50% ~ 60%。目前，所涌现的生态环境智能化居住区的规划和建设正是科技进步、产业升级的体现。

笔者认为，下一阶段旧区改造的思路应是积极实施可持续发展战略。坚持总量增长与结构优化相统一，在提高素质、质量和效益的前提下，实施数量和速度的增长。要强调以经济、社会、环境的协调及综合发展的观念和指标来指导并规范我们的经济活动、建设活动和生活方式。追求以人为本（满足人类各种需求和实现人的全面发展），人、城市、自然高度融洽，切实将提高人类的生活水平、生活质量和改善环境放在首位。在发展过程中，要进一步提高科技、文化、艺术、自然的含量和附加值为目标的深度发展。

本文发表于《规划师》2002 年第 3 期

注：

1. 本文还发表在下列论文集和丛书

世界文化艺术研究中心，《国际优秀作品（论文）》，2002.

新华丛书编委会总编室，《走向新世纪——二十一世纪大型理论文集》，2002.

中国科学技术学会管理中心学术专家委员会，《新时期全国优秀学术成果文献》.

《继往开来·中国改革开放与现代化建设成果总览》——大型文献图书.

全国党校干校系统生产力经济学研究会，中国经贸合作促进会（香港），现代学术研究文丛编委会，《中华学术博览》（1997～2002 珍藏片）——大型文献光盘，2002.

纪念建国 60 周年系列征文活动组委会，《中国优秀领导干部理论成果精选》论文集——纪念中华人民共和国成立 60 周年大型纪念文选，2009.

2. 论文集内文章系原稿

据《CNKI 知识搜索》报道，本论文的下载指数：★★★★★

参考文献

[1] 史忠良，吴志军. 经济发展战略与布局 [M]. 北京：经济管理出版社，1999.

[2] 孟宪忠. 中国经济发展与社会发展战略 [M]. 长春：吉林大学出版社，1996.

[3] 钱俊生. 可持续发展的理论与实践 [M]. 北京：中国环境科学出版社，1999.

[4] 李京文.2000 年中国经济全景 [M]. 北京：团结出版社，1999.

[5] 韩琪，郑宝银. 中国经济论纲 [M]. 北京：对外经济贸易大学出版社，1998.

[6] 陆百甫. 大调整——中国经济结构调整的六大问题 [M]. 北京：中国发展出版社，1998.

[7] 刘迎秋，王建. 中国经济成长：格局与机理 [M]. 北京：人民出版社，1998.

[8] 徐逢贤. 跨世纪难题：中国区域经济发展差距 [M]. 北京：社会科学文献出版社，1999.

[9] 陈业伟. 上海市旧城区更新改造的对策 [J]. 城市规划，1995，（5）

[10] 陈业伟. 旧城改造要加强城市规划的宏观调控作用 [J]. 城市规划汇刊，1997，（2）

[11] 陈业伟. 房地产开发要保障生态环境的权益 [N]. 房地产报，1996-4-5

[12] 张军立. 结构调整：中国经济的发展主题 [M]. 北京：企业管理出版社，1998.

[13] 上海市贯彻实施《中国 21 世纪议程》领导小组办公室. 中国 21 世纪议程——上海行动计划 [M]. 上海：上海译文出版社，1999.

[14] 马洪，刘中一，王梦奎. 中国发展研究——国务院发展研究中心研究报告选 [M]. 北京：中国发展出版社，1998.

[15] 梁东黎. 宏观经济学 [M]. 南京：南京大学出版社，1998.

[16] （澳门）高德敏. 投资项目策划与资本运作 [M]. 昆明：云南人民出版社，1998.

上海老城厢历史文化风貌区的保护

上海市是国务院公布的第二批国家级历史文化名城，它在现代化的建设大潮中，宝贵的历史遗存越来越少，其中上海城市的成长之根、本土历史文化之源的上海老城厢也正在受现代城市化的洗礼。笔者成长于斯工作于斯已逾半个多世纪，深为保护历史文化遗产的历史重任所激励，感到有责任对前人的遗存不能视若无睹，几经分析与反复思考，撰成此文，并提出若干初步建议，供有关方面参考。

一、新一轮旧区改造与保护优秀历史文化风貌的关系

1）老城厢历史文化风貌的保护已议论了 20 多年了。在认识上，经历了由不认识到认识，由不重视到重视，由不自觉到自觉，由并不迫切到认真的过程。在思想上，值得保护与不值得保护，全盘保护与全盘否定，各抒己见，难以统一。在方法上，保护什么，怎样保护，也一直在研究之中。此外，在 20 世纪 80 ~ 90 年代，当时的精力和目标都集中在众多的棚户简屋危房的改造及解决面临住房难、交通难、环境差的重压，保护优秀的历史文化建筑和历史地段、历史街区，无暇顾及，远未上升到甚为紧迫的程度。

2）现在的情况就今非昔比了。形势起了很大的变化。上海的现代化建设和发展的步伐相当快，人均 GDP 已超过 5000 美元，上海的经济综合实力已得到了很大的提高，正在向建设"四个中心"（经济、贸易、金融、航运）和世界级现代化国际大城市的目标阔步迈进。与此同时，人们的理念也开始逐步转变。

需求，已从单纯的物质需求转向同时追求精神需求和文化需求及谋求个人发展的需求。

消费，也已从保障基本生活的生存型消费转向追求享受型消费及个人发展型消费，追求提高生活质量和改善环境质量的消费。

在欣赏和投入现代化建设发展的热潮中，人们对生态自然，对传统历史文化产生了浓厚的感情，一种渴望大自然和怀旧的感情油然而生。对保护优秀的历史文化建筑呼声很高，显得甚为迫切，这就是中国老话所说的"富而思文"的现象。可以预见，上海对保护优秀的历史文化建筑、历史地段、历史街区的工作将成为今后几年的工作重点，会投入巨额资金。

3）从政府的政策导向来看，情况也起了很大的变化。

20 世纪 90 年代的旧区改造，目标 365 万 m² 的危棚简屋改造，大拆大建大动迁富有成效。180 万居民大动迁，64 万户居民改善了住房条件，迁入新居，圆了居者有其屋之梦。

2001 年开始的新一轮旧区改造，目标是 2000 万 m² 的旧房改造，但不主张大拆大建，要拆、留、改、建并举，特别要注意加大"改"和"留"的力度。要求实施控制开发总量，调整开发结构，必要的土地储备，供需总量的动态平衡。总之，要稳步推进。

2003 年又提出中心城区的旧区改建要贯彻"双增双减"的方针，即增加公共空间和公共绿地，减低容积率和建筑高度。明显地对高层、高密度、高容积率、高强度的旧区改造模式持反对态度。同时，又提出要以人为本、人与自然高度融洽的开发理念，提倡可持续发展的科学发展观。

政府当局和规划部门也将保护优秀的历史文化建筑、历史地段和历史街区列入重要的工作日程，并制定了相应的法规。如：2002 年 7 月 25 日，上海市第十一届人民代表大会常务委员会第 41 次会议通过《上海市历史文化风貌区和优秀历史文化建筑保护条例》。上海市政府批准的《中心城区历史文化风貌区范围》共确定 12 个区域，总面积达 27km^2（12 个历史文化风貌保护区分别是外滩、人民广场、老城厢、南京西路、衡山路—复兴路、愚园路、虹桥路、山阴路、提篮桥、龙华、新华路、江湾等）。市政府确定的近代优秀保护建筑有 398 处。2003 年 10 月 22 日，上海市第五次规划工作会议，强调了保护上海历史文化风貌区和优秀历史文化建筑的极端重要性，并提出了"全面规划，整体保护，积极利用，依法严管"的基本原则。

可见，新一轮旧区改造伊始，已形成"政府进行积极调控，规划进行认真调整，市场进行相应调节"的态势。旧区改造与开发建设已从过去追求数量和速度的粗犷型发展转变到重规划、重结构、重布局、重自然、重功能、重形态、重风貌、重品位的质量型、生态型、艺术型和集约型的发展。新一轮旧区改造将从偿还历史旧账型向引导城市发展型转变。这为促进和做好"保护历史文化风貌区"的工作开创了新局面，营造了很好的大环境。我们要不失时机、用改革、创新和发展的精神切实做好这项工作。

二、关于保护优秀历史文化风貌区的几点认识

1）正确认识 21 世纪的时代特征，对研究保护工作会有所裨益。21 世纪是多元化交相辉映，发展思潮空前繁荣的时代。社会的多元化和思维的开放性日趋突出，多元价值观渗透到社会的各个领域。向多元化方向发展的思潮也十分活跃，呈现丰富的、多方面的、多层次的、多视角的、多元的文化内容和形式，以及不同文化形态的多种存在形式，即：本土文化和外来文化、传统文化和近现代文化、东方文化和西方文化、全球一体化和全球多样化的并存、共荣、互补。多种文化的并存取代了过去文化封闭和文化单一的状态，从根本上改变了过去单一的、千人一面的、无生气无活力的现象，这实际上是社会前进、文化进步的趋势。

2）要在建立对优秀的历史文化建筑的尊重之上来进行旧区改造，我们并非单纯保持旧的建筑，而是保存其历史价值和文化价值。因此，要扭转将历史文化建筑或历史地段、历史街区当作是现代化建设的障碍和包袱的错误观点；而应当将其看作是历史长河中人类独特的文化记忆、时间记录和祖先的基因，是历史发展的脉络和风貌特色，是我们民族发展历史的极为宝贵的见证和财富，是构成上海这座城市面貌多姿多彩的底蕴所在，是形成上海城市的历史、文化、面貌的资源和特色的重要组成部分。

3）要正确处理好旧区改造与保护的关系，要切实保护好以下几个地区：

（1）能体现上海历史文化的传统建筑、近代建筑、历史地段、历史街区。

（2）旧区中历代沉淀下来的有价值的历史文脉和肌理，自然景观和人文景观，社会网络和街巷格局。

（3）富有文化气息和内涵的具有认同感、地域感和亲切感的街巷、场所、环境及有特色、有个性的具有地方风情和风貌的地区。

从经济学角度而言，保护好能体现上海历史文化的优秀传统建筑、街区、场所、道路、树木、环境等等，实际上是将有价值的存量资产转变为优质资产，把潜在优势转变为实际优势。将这些资源经过精心保护，丰富其内涵，提高其整体附加值，使它们古为今用，洋为中用，进一步发掘和发挥其历史价值、文化价值、艺术价值、社会价值、旅游价值、使用价值和经济价值，并产生经济效益、社会效益和环境效益。总之，优秀的传统历史文化建筑、历史地段和历史街区是一种资源，是一笔巨大的物质财富、精神财富和文化财富。

三、要重视老城厢的优秀历史文化风貌的保护

1）文化，是一定历史时期、社会背景、地域环境、经济水平、种族人群的一种生存状态、生活方式、人生状态、思维方式的综合反映，也是一种情趣和时尚的表现。世界上有各不相同的人，因此有各不相同的文化。中国地域广大，人口众多，由于地域、自然、民族、环境各不相同，也有各不相同的文化。甚至于一些特大城市，由于区域发展不平衡，也有不同的文化差异。

以上海为例：

（1）20 世纪初，外国工商业和金融业在上海得到迅速发展，中国民族资本也在上海逐渐兴起，经济、贸易、金融的发展，人口的增长，使城市建设的面貌也日新月异，尤其是在外滩及当时的租界地区。

被誉为"万国建筑博览会"，闻名世界的外滩建筑群，是从 19 世纪末至 20 世纪 20 ～ 30 年代陆续建成的数十座巍峨的大厦，不是出自同一建筑师，不是建于同一时期，然而建筑风格和色调却基本统一和谐，整体轮廓线绵延起伏、高低错落，甚为协调。人们能感受到一种刚健、雄浑、雍容、华贵、典雅、华丽的气势和魄力，宛如一首恢弘壮阔的交响史诗。

那时，为满足高层达官贵族居住需求，花园洋房应运而生，这些名人名宅汇集了世界各国的建筑精华和最流行的建筑艺术风格，可谓千姿百态、气派豪华。此外，为实业家和高级职员居住的花园里弄住宅、公寓里弄住宅和新式里弄住宅等多姿多彩的各式住宅也大量兴建。这些花园洋房和各式高级住宅大都分布在华山路、新华路、建国西路、愚园路、复兴西路、武康路、岳阳路、汾阳路、南京西路、思南路、虹桥路、多伦路等处，亦即旧时的法租界、英租界、美租界和公共租界及越界筑路等范围（图 26-1）。以上这些都被称为西方文化、富有文化或精英文化。

（2）作为上海市区发展之根，建成已有 700 多年历史，昔日纯粹是中国地带的上海老城厢，却与其他区域完全不同，除一些明、清遗存的优秀历史文化建筑外，能看到的是大

量的平民百姓生活和居住的民宅，并伴之以众多的小街小巷。这些市井建筑和区域形态是当时老城厢内居民的生存状态、生活方式、居住形态和经济水平的产物。老城厢内的建筑形式、空间形态、街巷格局、环境风貌与肌理特征完全不同于沪上其他区域，有它固有的特征、历史文化的记忆和社会风貌的印痕。这就是本土文化、民俗文化或大众文化。

（3）改革开放后，始建于20世纪90年代的上海浦东小陆家嘴的金融、贸易、经济、办公、商业、娱乐、会展等现代建筑群，构成了上海新的商务中心（CBD），充满了现代文化、国际文化或全球文化的氛围。

由此可见，任何文化都是在不同时期的历史条件下形成的，具有鲜明的时代特征，随着岁月的流逝、时代的前进、社会的变迁和不断发展、变化，会具有不相同的内涵和底蕴。

2）事实证明，上海的本土文化、

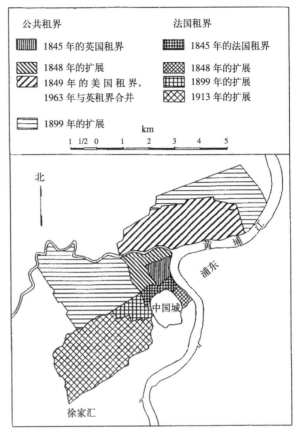

图 26-1　上海租界扩张过程示意图

民俗文化绝对不会因现代化进程加快，全球文化来势迅猛而受到严重冲击，产生失落感和焦虑感。相反在"怀旧"情愫的眷恋下，会更令人感到亲切，更有人情味，更使人感受到传统历史文化的深刻内涵和无穷魅力。

正因为上海这座城市有几种文化——传统文化和近现代文化，本土文化、民俗文化和外来文化，东方文化和西方文化；有几种风格——传统风貌与现代风格，民俗文化风情与海外特色风貌的共生共荣，有机融合，才使这座有着400多年历史的特大城市充满了生气和活力，形成一种多元、多重、多心、多层的多姿多彩的城市形态和城市风貌。

需要指出的是，以上所论及的各类文化根本不存在高低、雅俗的对比及谁超越谁的区别。它们各有各的文化底蕴和艺术风格，表现的内容和形式，相互平行不悖。都是上海多姿多彩的文化和风貌的组成部分，都是建筑文化百花园中的鲜艳奇葩，都是多元文化中不同层面文化的活力一员。这些建于不同历史时期的林林总总的代表性文化——传统文化、民俗文化、近代文化、现代文化，都是前人和当代人所创造的"高峰"，都铭刻着各个历史时期的历史文化的印记、见证和时间的记录及人们的人生状态、居住形态和生活方式的情景。因此，相互之间不能替代，也不存在谁超越谁的问题。它们是"群峰林立，各有千秋"，并在历史的长河中屹立在各个时期，折射出各有的光辉。

正如充满现代热情的南京路、高雅时尚的淮海路和洋溢着民俗、市井文化风情的豫园旅游区，都有自己的消费群体和审美人群。不同国家的人群、不同辈分的人群、不同文化的人群，都有自己的喜爱和选择。

3）一座城市的建筑像树的年轮一样，一圈一圈地生长，凝固着不同时期城市发展的历史和文化。老城厢的本质是一种历史，是一种人类经历的见证；昔日是一座县城，在以后的上海城市发展史上是旧上海中国地带大量平民百姓生息衍生之地；历史的浸润反映出一种独特的地区本质、地域文化和历史印痕。我们这一代人要负起责任，切实保护好反映各个历史时期风貌的优秀的历史文化建筑、历史地段、历史街区，使人身处其中具有一种强烈的老城厢的地域感、历史感和文化感。不管是用于回顾和了解历史文化，乃至于研究、珍藏和使用，都应保护好，这是一种历史责任。当代人没有任何理由不保护它们，更不允许无故拆除和毁坏它们。

四、老城厢传统历史文化风貌的过去和现在

有着700多年历史的上海老城厢，自南宋咸淳三年（公元1267年）建镇，元二十九年（公元1299年）设置上海县，至北伐战争的1933年上海县迁到北桥；历经元、明、清、民初等几个朝代，一直是上海的政治、经济、文化中心。历史上，长期以来，商业繁荣，交通便捷，航运发达，文化教育和宗教事业十分兴旺，老城厢内拥有众多的优秀的历史文化建筑，包括：名人宅第、民居、园林、寺庙庵观、著名店铺、会馆公所、古树名木等（图26-2、图26-3）。

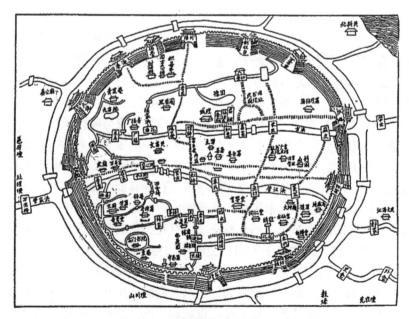

图26-2 上海县城图（清同治年间）

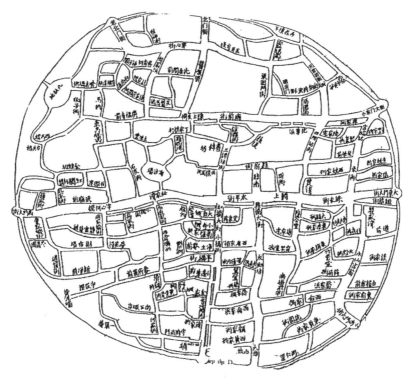

图 26-3　上海县城内的街道图

　　据统计，昔日有敬业书院等约 10 多个书院，豫园等 10 多所私家园林，城隍庙等 80 多座寺庙庵观，书隐楼等约 10 多个名人宅第，十六铺和方浜中路等 10 多条商业街，三山会馆和四明公所等约 177 个会馆和公所[1]。

　　随着上海的城市不断发展，当今，老城厢的地理位置十分优越，它位于市中心核心地段，坐落在黄浦江畔，邻近外滩、南京路、淮海路和浦东新区的陆家嘴中央商务区。老城厢拥有丰富的传统文化、建筑文化、商业文化、宗教文化、中国古典园林文化、饮食文化、民俗文化、市井文化和民间工艺等形成的老城厢独特的文脉。走进老城厢有一股强烈的历史感、文化感、地域感迎面扑来。

　　经过数百年间的风雨沧桑，世事变迁。至今，虽然许多优秀的、传统的历史文化建筑及古迹、遗址已荡然无存，但遗留下来的传统的历史文化建筑、古迹、遗址和历史街巷、街区，是一笔十分宝贵的人文资源和历史文化财富。一段城墙，一幢古宅，一所庙宇，一座园林，一棵古树，一条条老街和小巷等等，以及老城厢独特的地域格局、结构形态、街巷网络，都记载着老城厢的"历史表情"。通过它们所反映出来的轨迹、印痕和年轮，能引起人们广泛的记忆，并成为一种活的资源融入现实生活中，我们要十分珍惜地保护它们。

---

[1]　清初，上海已成为南北贸易的集散地和商业中心，全国各地客商从水陆两路运来各种货物和商品，为了同乡之间的交往和同行之间的联络，就建立了一种群众性的组织：同乡聚集之处称为"会馆"，同行同业会集之处称为"公所"。

1）老城厢现今尚存的传统历史文化建筑（表 26-1）。

上海老城厢现今尚存的传统历史文化建筑表　　　表 26-1

类别	名称		地址	建设朝代
古宅	书隐楼		天灯弄77号	建于清乾隆年间
	徐光启故居		乔家路234~244号	建于明万历年间
古建筑	文庙		文庙路215号	建于清咸丰五年（1855年）
	敬一堂		梧桐路137号	建于明崇祯十三年（1640年）
园林	豫园		九曲桥畔	始建于明嘉靖三十八年（1559年）至明万历五年（1577年）落成，前后达十九年
商场	豫园商城		毗连老城隍庙	起源于明清时期的庙会集市，形成于19世纪中叶，原名老城隍庙市场，至今已有100多年历史
寺庙庵观教堂	佛教	沉香阁	沉香阁路29号	始建于明万历年间（1590年），重建于清嘉庆二十年（1815年）
		慈修庵	榛岭街15号	创建于清同治八年（1870年）
	道教	城隍庙	方浜中路	建于明永乐年间（1403~1425年）
		大境关帝庙	大境路259号	建于明万历年间（1553年间）
		白云观	大境路	建于清光绪八年（1887年）（原址西林后路100号，现是迁建的新址）
	基督教	清心堂	大昌街30号	建于1932年
	天主教	董家渡天主堂	董家渡路185号	始建于清道光二十七年（1847年），建成于清咸丰三年（1853年）
	伊斯兰教	福佑路清真寺	福佑路378号	建于清同治九年（1870年）
		小桃园清真寺	小桃园街56号	建于1917年，1925年改建
会馆公所	商船会馆		会馆街38号	建于清康熙五十四年（1715年）
	三山会馆		中山南路1551号	建于清宣统元年（1909年）至民国二年（1913年）竣工
	四明公所		人民路852号	建于清嘉庆三年（1798年），现仅存门楼
消防设施	火警钟楼		中华路小南门	建于清宣统元年（1909年）
古树名木	古银杏树		永泰街1号	距今700年

其中尤以老城厢内的"豫园旅游区"蜚声中外。豫园花园，是以"东南名园之冠"著称的明代园林，已有400多年历史。园中有厅、堂、亭、榭、楼、台、观、轩等古建筑40余处，其形式、造型、装饰之多样和精美为其他江南古典园林所罕见。还有"大假山"、"玉玲珑"，众多的古树名木及砖雕、泥塑等等都是豫园中的珍品，称誉海内外。老城隍庙也建于明代，有500多年历史，最盛时有城隍殿、玉清宫、老君殿、星宿殿、阎王殿等10余处庙殿群落组成，邻近还有沉香阁。豫园商城则是国内外闻名的购物中心，起源于明清时期在城隍庙前的庙会集市，形成于19世纪中叶，至今也有100多年历史。在清代是各地小商品、土特产品的集散地，是上海珠宝古玩业、古画笺扇业、各地风味小点心、小食品的发祥地。在开埠前，这里还是民众唯一的文化娱乐场所。现在它以传统的商业业态和"步行王国"的形态为特征，充满了民俗文化、市井文化的色彩和氛围。豫园花园、老城隍庙、豫园商城，三者浑然一体，传统文化的各种表现形式贯穿于以园、庙、市结合在一起的有机整体之中，构成了购物、餐饮、文化娱乐、游园、宗教等功能于一体的，具有浓郁的民俗文化和市井文化内涵的旅游胜地——豫园旅游区。

除此之外，还有：

（1）富有历史文化内涵和形式特征的老街巷、老地名构成的传统街巷格局。包括这些传统街巷所具有的尺度、宽度、走向、线形和界面，以及与老建筑一起形成的街道景观和环境风貌。

（2）因圆形城墙拆除后筑路而形成的中华路—人民路环城园路围成的圆形地域形态及由"一环加十字"的道路骨架（环城园路加复兴东路与河南南路十字相交）划分成各具个性和特色的4个象限的用地结构（图26-4）。

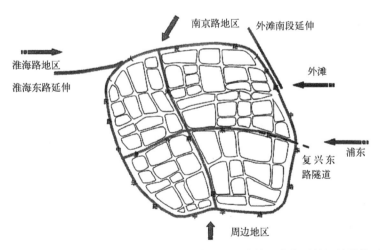

图26-4　老城厢"一环加十字"道路骨架形成的4个象限的用地结构图

2）老街巷、老地名以及由此而形成的网络特征也是老城厢历史文化风貌的组成部分。人们走进老城厢的小街小巷犹如进入"另一个世界"。数百条街巷，路面较狭窄，长长短短，委婉曲折，有的通顺，有的是死胡同；颇有大街套小巷，小巷连小弄之趣，真有"庭院深深深几许"的感觉。人们行走其间疑是柳暗无路可前,一转弯却忽然开朗又见街。这就是老城厢历史遗留下来的街巷路网格局,不失为一种富有特色的人文景观。

每一条有意义、有历史文化含意的老街巷、老地名都是历史的见证、痕迹或活化石,都包含了一段典故、一段历史或一种城市的历史色彩,越老的地名就越有文化底蕴。值得注意的是,老城厢内的许多老街巷、老地名都很有特点,几乎每条街巷都有来历,都有历史文化的内涵,都能引起人们追忆过去的历史,观其名都能了解此地过去的情景或发生过什么事情。如:

(1)文庙路。以文庙得名。旧时官学都设在文庙内,又称学宫。故孔庙学宫周围的路被命名为学宫街、学前街、学西街。

(2)乔家路。原是一条河浜,呈委婉曲折形,因明末名将乔一琦世代居此,浜因乔家住宅得名,称乔家浜。辛亥革命后填浜筑路,改名为乔家路。明代大科学家徐光启出生于乔家浜畔,现乔家路上尚有明代遗留至今的徐光启故居遗址。

(3)梦花街。这条古老的小街向世人传递着悠久的历史文化。据传梦花街在鼎盛时期时,曾开设许多小客栈,举子们在考前必先到此借住一宿,以求"梦笔生花",然后再到文庙求拜孔夫子,并在心愿树系过灵签,据说能梦想成真,如愿以偿。于是梦花街名声大振。

(4)旧校场路。此处原为军队习武之地,又称大演武场,习称"校场"。因为原为校场,故辟路时路名称为旧校场路。

(5)巡道街。清初,上海属松江府,松江府又属江苏巡抚衙门巡视,为巡视工作方便,在1730年将巡道衙门从苏州移到上海,在大东门内建造一座新衙门,占地14亩,衙门西大门前一条街称巡道街。

(6)县左街。旧县城的县署自1292～1915年的600年间一直设在今光启路处,是旧城厢的政治中心。故四周的道路都命名为县前街、县左街、县后街、县东街、县南街、县西街。现仅留县左街。

(7)以原地的私家园林得名的路有:露香园路、吾园街、也是园弄、豫园新路、豫园老路、半淞园路、小桃园街等等。

(8)老城厢寺庙众多,以原址的寺庙庵观而命名的路有:沉香阁路(有沉香阁),先棉祠弄(原有先棉祠,前称黄道婆祠)、静修路(原有静修庵)、药局弄(原有药王庙)、大境路(有大境关帝庙)等等。

(9)在宋、元、明时期,老城厢内河浜众多,桥梁纵横,以水和桥得名的路较多,如:方浜路(原为方浜)、红栏杆街(原为红栏杆桥)、荷花池弄(原为荷花池)等等。

(10)有的街巷以某个行业的作坊、手工工场和店铺较集中而得名,如:面筋弄、达布街、硝皮弄、筷竹弄、铁锚弄等等。

(11)以居住在此的达官人家和殷实富户的姓氏为名的街道,如:黄家路、刘家弄、乔家弄、梅家弄、姚家弄等等。

(12)老城厢的东部毗邻黄浦江畔,昔时在小南门到小东门之间沿江码头林立,物流繁忙,江边的道路均以码头为名,如:竹行码头街、盐码头街、王家码头街、万豫码头街、公义码头街、新码头街等等。

（13）以原牌坊得名的有：三牌楼路、四牌楼路、大夫坊、昼锦路等等。

（14）老城厢会馆、公所众多，以会馆得名的如会馆街等等。

从老城厢的老街巷、老地名中可以展现其当时的文脉传承，因此，保护富有特色的老街巷的路网结构和富有历史文化内涵的老路名，也是老城厢历史文化风貌保护的主要内容之一。

但由于旧区改造，原有的街巷格局的变迁，很多老街巷、老地名都失去了存在的基础和载体，都消失了或废弃了。从历史文化保护意义上来说，是一件令人惋惜之事。唯一补救的办法是：①历史悠久、知名度相对较高的老街巷、老地名作为新建居住区或新建住宅群的名称，如：在老城厢老西门处，一新建居住区就冠以"老西门新苑"的名称，看来开发商很尊重老西门地区特有的上海人文背景，很会利用"老西门"所拥有的特殊的区域价值和感召力，项目未开盘已引起市场极大的关注。②可将一些老街巷保留用于新建居住区内的通道之用，并保留其原路名。

有着 400 多年历史，5.09km²，以明清古城为主体的扬州老城区，有 147 处文物保护单位，30 多处私家园林，有着丰富的人文景观和众多的文物古迹。更值得注意的是，扬州老城区有 500 多条小巷，曾有"巷城"之称。这些古街深巷，不仅量多，而且密，狭而长，迂回曲折，巷连巷，巷通巷，大巷套小巷。扬州古城区保护十分重视古巷的修复、整理和保护，尤其是在东圈门历史街区一带，不仅保护了古街巷的整体格局，而且利用古巷"穿针引线"地将遗存众多的名人故居、古宅民居、园林、寺庙庵观、著名店铺、古井、名木等古建筑、古迹、遗址串起来，形成一个点、线、面整体保护的体系。人们在这些古街巷迂回曲折地走一回，看着两侧传统的历史文化建筑，另有一番风情画意，可领悟到扬州民俗风情和人文建筑的精髓。

3）名人故居，是指为社会进步和人类事业作出过积极贡献的著名人物，在此居住过，在其一生中属于重要经历的岁月。被保护的故居，房屋的建筑并不重要，应将人文价值放在第一位，如果兼具人文价值和建筑价值的名人故居，则最佳。

怎样保护名人故居，有两种办法：一种是将该故居作为陈列展示用，可对外开放，介绍此人的生平经历，对社会和人类的积极贡献的事迹及在上海和该故居内的生活和工作情况。另一种是挂牌保护，在牌上介绍人物的生平简历和建筑的历史变迁，以及此人在此屋居住的年月和做些什么事。要保护好外部的建筑形态，内部维持目前的使用状况，并定期对故居进行保养维修。在德国，几乎每一个乡村都有几幢，曾至十几幢古老的民居被政府认定为保护的对象。政府给予在住的屋主以一定的费用，起一种代管或托管的作用，定期有专业技工对这些民居进行保护性修缮。

苏州古城，在 2004 年 5 月 25 日，将 42 条古街巷和 51 处名人故居的标牌全部安装到位，写在古朴、典雅的标牌上的故事，将这些古巷和故居的历史都照亮了。

老建筑、老街区、老街巷、老弄堂、老路名、老地段、老场所、老环境，都是老城厢内具有本土的结构和肌理的特征，反映了地域特有的环境风貌——这些都是老城厢的支撑。换言之，老城厢的历史积淀、文化内涵、风貌肌理等都留在这些具有悠长年代的有价值的老环境里；融汇在久居此地的平民百姓的生活里。失去了这些，还有什么老城厢的存在可言。没有了这些，老城厢将在人们的记忆中消失，在上海的地图中抹掉，作为大上海市区发展之根的老城厢将被连根拔起，不复存在。

留存一片有历史文化内涵，有价值的老建筑、老街区、老街巷、老弄堂、老路名、老地段、老场所、老环境，就是留存了历史，留存了文化，留存了城市的记忆。其实，上海老城厢内一些优秀的传统历史文化建筑及历史文化风貌区域，经过综合保护，精心维修后可以成为现代人旅游观光的好去处，人们到此一睹旧时上海老城厢内平民百姓的市井生活、生存状态、居住形态、生活方式、里弄情结的印痕，会勾起深远的遐想和无限的思索。

五、老城厢历史文化风貌区保护的方法

1）保护，有单体保护与群体保护之分，点的保护与面的保护之别。从老城厢的实际出发，应当采用单体保护与群体保护相结合，点的保护与面的保护相结合的模式。也就是，除对某一优秀的单体或群体的传统历史文化建筑进行绝对保护和整体保护外，还可以在周围圈定一定的区域进行综合保护。亦即，以某一优秀的历史文化建筑或古迹、遗址为核心，将周边的若干物质要素和文化元素组织在一起，成为一个有一定物质功能和文化内涵的综合群体。在这个综合保护群体的地段或区域内，不仅仅有被保护的优秀的历史文化建筑、古迹或遗址，还有一些具有一定历史价值、文化意义、建筑特色、社会与时代特征的其他新老建筑。因此，是一个包含多元文化的、内涵丰富的综合群体，它具有多样性和丰富性的特征，给人以独特的视觉印象，使整个街区形态和街道景观较为多姿多彩。所划定的保护范围不求大，要小而精，能得到有效保护为主。

2）这些历史地段和历史街区的综合群体保护区，包含两个层次。

第一层次：点的保护，即以单体的优秀的传统历史文化建筑或古迹遗址为核心，与其周围紧紧相毗邻的道路、街巷、旧宅、树木、空间分隔的表达等一起保护，建筑要保持原来的高度和宽度，体量和比例，形式和结构，建材和色彩。街巷要保持原有的宽度、走向、线形、路面结构，这就好比是骨肉相连，皮毛依存一般。这样，才能体现比较完整的，呈现一定年代的历史文化的氛围、环境和格局；才能保持原有的脉络、肌理和风貌。

第二层次：以第一层次所保护的地段为核心，在其周围可有一些与其相毗邻的近现代建筑一起并存、兼容，形成一个多元化的综合性群体保护区域。

"海派文化"的实质就是文化的多元化传统。这种综合保护的独特内涵之处在于：承认多元世界中的各种生态和事物都可以独自存在为基础的互容和共生。东方的和西方的，传统的、近代的和现代的，都可以和谐地、恰如其分地并存共融。

3）在综合群体保护的历史文化风貌区内，也非就事论事地所有建筑都一概保留，也要进一步梳理，一般可分成三类：①作为保护核心的、优秀的传统历史文化建筑；②应该保留的其他建筑；③可拆除的、无价值的破旧建筑，破坏整体风貌的建筑和乱搭乱建的违章建筑。在保护地段内拆除破坏整体风貌的建筑及违章建筑的空地，可以辟为公共空间和公共绿地。在保留地段内拆除无价值的破旧建筑和违章建筑的空地，除可以辟为公共空间和公共绿地外，需添建的新建筑，必须与旧建筑在密度、形式、层高、建材和空间分隔的层次相协调，并借此降低区域的密度，创造一定的、美好的环境空间，使之形成更完整和

更美好的形象。

在传统的历史文化风貌保护区内，对已确认可以居住的保护和保留的旧住宅建筑，在保持建筑外貌和环境风貌的基础上，提高其居住标准、住宅成套率，增添居住生活设施，完善和提高地段的整体居住环境和生活环境质量。解决好保护老城厢风貌与居民现代生活之间的矛盾。

为更好地衬托被保护的优秀的历史文化建筑或建筑群，在其四周围保留相应的老建筑是十分必要的：

（1）被保护建筑的周围创造一定的空间环境，使建筑与环境一起保存，并有机结合成完整的形象。

（2）使整体保留地段的现状具有较为完整的历史风貌，因为地段的风貌不仅仅反映在建筑，而是体现在由建筑、绿地、道路、环境等物质及其他人文因素构成的空间之中。

（3）使历史风貌区特有的空间形态、文脉和肌理特征得以保存，不受破坏。

这就是保护与保留相辅相成不可割裂的密切关系。《威尼斯宪章》也曾指出过："保护一座文物建筑，意味着要适当保护一个环境。任何地方，凡传统的环境还存在，就必须保护。""一座文物建筑不可以从它所见证的历史和它所产生的环境中分离出来。"

六、老城厢历史文化风貌保护区的选择

风貌是反映一定的历史、文化特征的城镇景观、自然环境和人文环境的整体面貌。它兼具一定的形式、形象、形态的外表与气质、神韵、品位的内在，并应有相应的文化含量、艺术含量和审美形式、审美特征、审美价值。因此，风貌应该是外表和内在相结合的统一整体。

1）综观目前老城厢的现状，基本上还具有一些明清以来遗留下来的传统的历史文化建筑、街巷格局、历史形态和痕迹、文脉和肌理、公共空间的形式和分隔及固有的环境风貌等特征，综合性地存在于一个区域或地段之中。基本上可以形成为历史文化风貌区的，笔者建议有以下 4 处（图 26-5）：①以文庙为核心的历史文化风貌保护区；②以书隐楼和徐光启故居为核心的历史文化风貌保护区；③以大境阁和老西门为核心的历史文化风貌保护区；④豫园民俗民居历史文化风貌保护区。

（1）文庙历史文化风貌保护区。

保护对象：文庙。

文庙是一座崇祀孔子的古建筑群，建于清咸丰五年（1855 年），是上海中心城区唯一的儒学圣地，是著名的历史文化名胜古迹。以棂星门、大成门、东西庑殿、大成殿及崇圣祠形成的是祭祀区域，按明清风格原貌作群体布局。以魁星阁、明伦堂、尊经阁、放生池、儒学署、文曲门、大中门和游廊等处设置的，为弘扬上海建城 700 多年的"上海文化名人碑林"及绿化庭园等是休闲区域。此外还辟有文庙书市及沿街的古玩、书画、古钱币、邮品等文化用品店铺。

范围：东起曹市弄、庄家街、半径园路，西起仪凤弄、中华路，南起文庙路、蓬莱路，北至静修路、复兴东路。

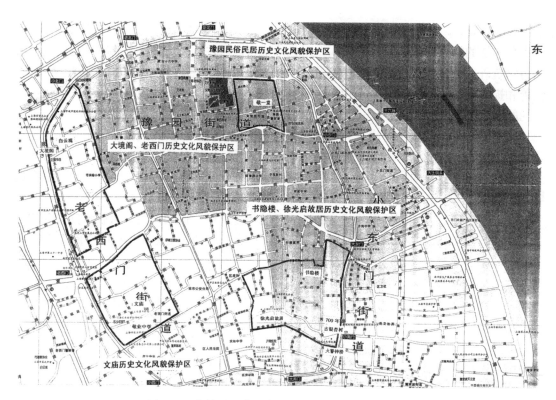

图 26-5　老城厢四处历史文化风貌保护区的位置图

现状提示:除文庙外,还有百年名校敬业中学,学宫街、文庙路口有三幢新式里弄住宅,学前街东侧蓬莱路 303 弄是一片石库门旧式里弄住宅,梦花街北侧有两片新式里弄住宅和旧民居。

规划提示:注意学前街、学宫街、学西街、梦花街、静修路、仪凤弄、老道前街等街弄所包含的历史文化的寓意。在中华路、文庙路口或中华路、梦花街口最好能形成一条视觉走廊,使文庙能透露出来。拆除由老道前街——学西街——仪凤弄——梦花街所围绕的简棚屋区,形成一片文庙前的绿地。按总体规划,此保护区内的文庙路、老道前街、学前街、学宫街都是步行道,因此,保护区核心部分是一个不受机动车干扰的步行区域,并通过文庙路、曹市弄、庄家街、蓬莱路、学前街等道路与中华路及复兴东路、河南南路"一环加十字"的主要道路相联系。

(2)书隐楼——徐光启故居历史文化风貌保护区。

保护对象:书隐楼、徐光启故居。

书隐楼建于清乾隆年间,距今已有 200 多年历史,是今日上海市区唯一的一座大型清代住宅兼藏书楼。原屋主为沈初,浙江平湖人,乾隆进士,官至户部尚书,曾担任清代大型学术著作《四库全书》馆副总裁。为保存这部书的手稿,沈初定居上海建造了这座建筑。深宅大院书隐楼占地近 0.13hm²,为五进"口"字形两层走马楼式住宅,有 70 多间房间。四周筑有高 12m 的风火墙,比原上海县城墙高出 4m,远看似一座白色城堡,甚为壮观,无论在建筑文化和建筑艺术上都有很精致之处。楼宇雕梁画栋，古建筑内保存着大量精美的砖雕，造型生动、形象逼真、刻工精细，都是砖雕艺术中的珍品。

徐光启故居建于明万历年间，共三进，正门面朝俞家弄，现存乔家路上的是最后一进，原为9间，故称"九间楼"，抗战中毁了2间，现存7间，2层楼房，建屋至今已有400多年，是明代遗存的一幢住宅，明代大科学家徐光启在明嘉靖四十一年（1562年）4月24日诞生于此。

值得一提的是，乔家路的历史非同一般。在明清时，乔家浜的两岸有许多名人宅第和深宅大院。除明代的名将乔一琦（故居在今乔家路134号处）和大科学家徐光启（故居在乔家路234～244号）在此居住过外，清代还有郁松年的藏书楼"宜稼堂"也在今乔家路77号处，郁氏在清咸丰年间是上海巨富，喜读书和藏书。中国著名经济学家于光远是郁氏后裔。清末明初大画家王一亭的"梓园"也在乔家路113号处。他1907年置地0.67hm²建住宅，因花园内有百年梓树，故住宅取名梓园。王一亭在此曾接待过世界大科学家爱因斯坦夫妇。可见，跨明清两朝的大官、名将、大藏书家、大画家都曾在此居住过，乔家路不愧是一条富有历史文化内涵的老街。

范围：东起中华路，西至凝和路，南起西俞家弄、俞家弄，北至面筋弄、巡道街、引线弄、蓬莱路。

现状提示：中华路沿线，从金坛路至乔家路，已建成"绿地名人坊"等高层建筑三处。金坛路北侧有集贤村新式里弄住宅。乔家路尚有133弄和151弄的石库门旧式里弄住宅。巡道街西侧有几幢旧式里弄住宅。要保持巡道街的尺度和西侧的建筑高度。要保护乔家路整条道路的传统街巷的线形和界面特征。

规划提示：以北面的书隐楼为核心形成的保护点与南面的以徐光启故居为核心形成的保护点，由巡道街和乔家路两条街路为线，与之联系起来成为一个整体，形成一个点、线、面相结合的综合群体保护区。

从中华路、金坛路口形成一条视觉走廊，将书隐楼透露出来。亦可将位于永泰街1号的有700年历史的古银杏树及位于中华路俞家弄口的小南门处上海最早的消防瞭望塔——火警钟楼等古树、遗址组织到该历史文化风貌保护区内。该保护区可通过光启路、凝和路、望云路、乔家路、蓬莱路等道路与"一环加十字"等主要道路相联系。

（3）大境阁——老西门历史文化风貌保护区。

保护对象：大境阁古城墙、老西门。

大境阁古城墙，明朝中叶嘉靖年间，倭患严重，上海地区深受其害，屡遭劫难，疯狂掠夺骚扰，百姓苦不堪言。于是在嘉靖三十二年（1553年）10月至年底迅速筑成上海城垣，防倭寇入侵。古代人民受"天圆地方"认识的影响，筑城多取四方形，但上海新筑之城墙却呈圆形，颇具特色。城垣周长4.5km，高8m，在城垣四周开设：10扇陆上城门，4扇水上城门，肇家浜横贯全城，方浜在小东门附近流入，薛家浜通过水门与黄浦江相连。城墙上有雉堞3600个，箭台20所，敌楼4座。环城开城壕，护城河长5km，宽20m，深近6m，城池面积为1.6km²。在倭寇平息后，万历年间，当地百姓分别在城垣的四座箭台上改建四座庙。制胜台上建观音阁，振武台上造真武庙，万军台上修丹凤楼，大境台上筑大境阁，内奉关公，又称大境关帝庙。大境阁为3层高阁，朱栏曲槛，甚为雄伟壮观。当时这四座楼阁成为沪上名胜。直到 1912 年 1 月 19 日，老城墙被拆除，在原址上修筑了环城路，即现在的中华路—人民路环城圆路。唯独大境关帝庙和一段残余的明代古城墙未被拆除，保留至今，成为上海市城市发展的一个重要见证。

旧县城的 10 扇城门中，在今复兴东路中华路口有一城门为仪凤门，因位于城垣正西面，故习称"老西门"。老西门在上海城市总体规划中是著名的地区中心之一。原老西门地区的范围是东至复兴东路、曹家街，南至中华路、文庙路，西至复兴东路、西藏南路，北至中华路、方浜中路。

范围：东起露香园路、贻庆街，西起中华路、人民路，南起翁家支弄、北孔家弄，北至人民路。

现状提示：露香园路因原址有明代名园露香园而得名，有一上海市实验小学为市重点小学。万竹街北侧有一排旧式里弄住宅，南侧 41 号是两幢连在一起的住宅，颇具特色。青莲街上的 131 弄 2 号和 156 号都是颇具特色的近代建筑。木桥街上有一片旧式里弄住宅。

规划提示：因旧区改造原因，原在西林后路的白云观已迁建到大境路，在大境阁的东侧，与同属道教的大境阁结伴为邻。因此，具有传统街巷特征的大境路更具重要内涵。因两座道观在大境路北侧，则路南的民居和店铺，不论在层高、尺度、比例、结构、建材、色彩等都应与之协调，保持风貌的一致。

在老西门处，对中华路、人民路—环城绿带—大方弄，与沿街 3 层民居的空间层次和分隔关系的处理要让人们联想到旧时护城河—县城旧城墙与城墙内毗邻的街巷与建筑的空间层次与分隔关系，使人感到旧时"老西门"的环境风貌就在眼前。保护区通过大境路、露香园路、方浜中路等道路与"一环加十字"的主要道路取得便捷联系。

(4) 豫园民俗民居历史文化风貌保护区。

保护对象：以传统的小街小巷为骨架的街区和整体环境风貌。

范围：东起丹凤路，西至安仁街，南起方浜中路，北至福佑路。

现状提示：有上海最早天主堂——敬一堂。

保持小街、小巷、小弄堂的传统街巷格局及低层民居的形态特征。体现特定年代的生存状态、居住形态、生活方式、社会网络的特征。老街区所反映的小街、小巷、小弄堂、老建筑、小天井、小庭院、灰砖墙、两坡顶、骑楼、石库门、木门帘、裙板等建筑元素和符号，充满了老与旧的气息。

规划提示：保护区的位置毗邻和依附于豫园花园、老城隍庙、豫园商城三者浑然一体的"豫园旅游地区"。因此，该区域的功能定位，可以作为豫园旅游区的补充部分，由于豫园旅游区内场地和设施已趋饱和，再要增添和扩大旅游项目有一定难度，为满足人们对民俗文化、市井文化等旅游方面的内容更广泛的需求和发展，可以尝试在此区域内进行开辟。

整个街区，可以保留一部分作为居住功能，所有的传统街巷格局和老建筑加以保留，维持原街区的肌理和文脉特征，以反映旧时平民百姓居住的民宅和街面店铺的生存状态、居住形态和生活方式。其余部分，可发展为富有民俗文化、市井文化等内涵的旅游区域。但要强调的是，不能将旧区拆光后重建，而是利用深含历史文化肌理和文脉的原传统街巷和老建筑的基础上进行布局。眼下，各地时兴恢复老街、古镇、古村落，老城厢内也可选择一个传统街区进行保护性的古为今用。

在这个"保护区"内可以开设体现老城厢民俗文化和市井文化方面的为旅游服务的设施：

①昔日老城厢著名的民间工艺品，可在此设立手工业作坊兼销售，即前店后工场的形式，产销直接见面。如：顾绣、蓝印花布、陶壶、铜鼎、银器、珠宝加工、中式旗袍、唐装、旅游纪念品等等。还可开辟古玩市场，恢复一些旧时特色名店，如：大昌象牙店、丽云阁笺扇庄、冯鎏堂笔墨庄、林福记花竹店、镌业荟萃中心、古籍书店等等。

②民居旅游旅馆，利用现有民宅进行装修并添置设备完善设施，以中式家具和装潢、中式礼仪服务来接待中外宾客。

③开设茶馆、书场、酒肆、餐厅、画廊、书画社及武术馆等传统的、民间的文化娱乐健身休闲等服务设施。

④将流传于旧时老上海街头巷尾的民间传统小吃汇集于此，形成小吃一条街，可以开店设铺，边制作、边展示、边堂吃、边外卖。每当逢年过节，在豫园商城内都要举办庙会、灯会、春节、元宵节、端午节、中秋节等传统文化活动，其中举办的民间传统小吃汇展时总是深受欢迎，盛况空前。现在的年轻人都习惯于吃奶油蛋糕、曲奇、哈斗、卷筒、蛋挞、比萨饼、派、蝴蝶酥之类西点，对许多老上海传统民间小吃无甚印象。因此当梅花糕、海棠糕、老虎脚爪、葱油饼、蟹壳黄、棉衣饼、马拉糕、麻油馓子、糯米油墩子、酒酿饼、多味豆腐花、袜底酥、麦香塌饼、炭岗炉大饼、萝卜丝饼、上海麻糕、南翔小笼馒头、猪油薄赤糕、面筋百叶、桂花赤豆糖粥、全色鸡鸭血汤、油豆腐线粉汤等50余种流行于昔日上海街头巷尾的传统有名小吃纷纷亮相时，飘香四溢，轰动沪上，广大游客尽情品尝，一饱口福和眼福，体验了一次浓浓的怀旧之旅。

⑤开设老城厢民俗文化、市井文化展览馆。该馆可通过图片、实物和殷实史料，深刻反映老城厢的历史面貌、传统文化和发展水平，全面了解老城厢历代人民的民俗风情、社会风貌、物质生活和科学文化。

"新天地"是在几条石库门旧式里弄住宅建筑群内，用中西合璧的模式，成功创造出时尚元素与传统元素和谐结合的、很有品位和特色的休闲文化娱乐胜地。

"旧天地"（笔者对此"保护区"内的旅游区域的临时取名），是在老城厢的一个历史街区内，利用传统街巷和老建筑的环境和风貌为基础；利用传统的民俗文化和市井文化为底蕴，营造一个人民大众喜闻乐见的传统形式和内容相结合的旅游点，以满足人们日益增长的怀旧情愫的需求和对永远美好的"历史表情"的回忆。

以上历史文化风貌保护区都可通过老城厢"一环加十字"的骨架路网相连，构成一个旅游网络，形成一个有机整体。

2) 历史文化风貌综合保护区的特征。以文庙和书隐楼、徐光启故居为核心的历史文化风貌保护区是包含一个优秀的传统历史文化建筑为核心，在此范围内将若干个物质要素和文化元素组织在一起，成为有一定物质功能和文化内涵的综合群体，这些历史文化风貌综合保护区的特征如下：

（1）集各种性质、类型和形式的建筑于一体，除优秀的历史文化建筑、古迹遗址外，还有教育、文化、居住、店铺、道路、广场、绿化、古树等，甚至包括路面上原有铺设材料。

综合群体保护区内包含若干个时间和年代的跨度，包括：元、明、清、近代、现代于一体的建筑群大空间或几个历史时期的小空间组成的系列空间。在历史文化风貌保护区内，根据不同的组成内涵，有可能是单个历史时期的风貌代表，也可能是容纳和包含几个历史时期、不同文化背景的历史状况和风貌特征，体现了城市的传统风貌和建筑的历史演变。每个标志性建筑都在历史上存在它的价值，并在这个综合群体内反映着一种历史轨迹、文化沉淀、一种社会变迁、时代特征、经济状况，乃至一种生存状态、生活方式、居住形态，此外，还反映一种历史文脉和肌理。以上这些内容都是组成历史文化风貌的内涵和底蕴。

（2）从美学和艺术视角来看，这个综合群体保护区内，建筑形式丰富多彩，文化多元，具有一种多重、多层次的内容、形式、尺度的对比，如：多层、高层、低层的高度对比，传统形式和近代、现代建筑形式的对比，旧式里弄、新式里弄、多层住宅、高层住宅与沿小街小巷的旧宅、民居之间的对比，大小、宽狭、虚实的对比等等。古代建筑、近代建筑与现代建筑等不同时代的建筑相互映衬、有机组合成一道风景线。这种多样性和旋律性的对比具有一种韵律感和节奏美，一切都在对比中得到整体上的协调，达到对立统一和多样统一的和谐。每一个历史风貌区都具有一种富有特色和个性的气氛和环境，都具有良好的视觉美学的效果。

（3）历史文化风貌综合群体保护区是一个多元并存，海纳百川，共生、共融、共荣的综合群体；耐看，耐品味，能引发广泛的回忆、追思和联想、思考，让人们在面对现代的同时还能记得过去。在这些将许多关系并存在于某一文化形态之中的综合群体，人们能看到传统历史文化建筑散发出老城厢的古韵风貌，旧居民宅显示出老城厢市井民俗的朴实之感，石库门旧式里弄住宅透露出老上海的生活气息，现代高层住宅建筑展现出新上海的时代特征。它们反映着历史发展的脉络，记录着人类文明的发展历程，构筑出层次丰富的城市风貌和景观，营造出历史魅力与现代活力及多元文化、多种价值的兼容并蓄的新形象；是一个融历史文脉和肌理与当代建筑风韵于一体的具有多元文化的高品质区域。

3）在多元文化中可产生各种组合，不乏成功的例子。

1989年，在巴黎卢佛尔宫的拿破仑广场中心，一座高21m的玻璃金字塔拔地而起，三面环绕着三个高5m的小金字塔和7个三角形喷水池。设计别致、简洁、明快，极富令人耳目一新的时代感，与雄伟壮丽、金碧辉煌、古典的卢佛尔宫交相辉映，十分协调，更增添了这座举世闻名的艺术殿堂的魅力。

在罗马、维也纳等城市的街头，游人们常常为城市中古老的历史文化建筑和古迹、遗址等与现代建筑并存的美丽景观流连忘返。古典与现代之美，历史与现代之美，这两朵优美之花同时绽放，是视觉审美的一席盛宴。

被誉为上海当今著名的新地标——新天地，是将上海近代建筑的标志——石库门旧式里弄住宅建筑改变居住功能，创造性塑造为集餐饮、购物、演艺等功能为一体的时尚、休闲的文化娱乐中心。新天地的整个外貌结构，完全保持原状——东方的，里面的餐厅、酒吧、咖啡馆、夜总会与巴黎、纽约无甚区别——西方的。东方—西方、传统—现代的二元模式相互沟通;两种风格、两种元素,融为一体;传统的韵味和时尚的情调,和谐共鸣。在新天地,门外是风情万种的石库门里弄,仿佛置身于20世纪30年代的上海;门内则完全是现代和时尚的生活方式。一步之遥,恍若时光倒流,有隔世之感。新天地被公认为领略上海历史文化和现代生活形态的最佳去处之一。

4)树立正确的因地制宜的保护与更新的关系。在老城厢的旧区改建中,要谨慎处理好保护和建设的关系。要树立正确的因地制宜的更新改建和开发建设的理念。尤其是在几个历史文化风貌保护区的更新改建时,应作如下的思考:

经过选择和取舍,以保护和保留的老街巷、老建筑、老设施为骨架;成片、成地段的传统空间结构和肌理及为人们所熟知、认同的地域和环境为格局,然后在被认定可拆除的、无价值的破旧建筑的地段上,增添公共绿地和公共活动空间、道路等设施或配之新建筑。这就是在"留"和"改"的基础上作出的保护性更新改建规划和建设的思考步骤。

新添建的建筑,其形式和层高、体量和色调、容量和密度、空间的分隔和尺度,要与周围被保护和保留的老建筑、老街巷相协调;与老城厢的审美特征和环境风貌相和谐,与固有的肌理和文脉相延续。在新和旧、过去与现在、原生和再生的和谐结合下,形成一个多元化的舒适的人居环境。

老城厢历史文化风貌保护区的更新改建,不能用脱胎换骨,旧貌换新颜的大拆大建大规模的改建和开发方式。即使在可拆除的地段上作更新改建,也应以老街巷形成的地块作为更新和改建的基本单元。

总之,保护好优秀的历史文化风貌区是弘扬民族历史文化,是历史赋予我们这一代人的责任,是未来寄予我们这一代人的期盼。这不仅是将优秀的传统历史文化传承给我们这一代人,而且还要将这些优秀的传统历史文化延伸至后代。

UNESCO(联合国教科文组织)总干事松浦晃一郎于2004年6月29日在同济大学作题为《UNESCO和21世纪的挑战》的讲演时强调城市建设与遗产保护应并重,他指出:"要保护文化的多样性,促进文化的多元化发展,并且在不同文化间进行对话,我们的第一任务就是保护世界上不同文化的多样性,而且要阻止对它的破坏。"

本文发表于《城市规划汇刊》2004年第5期

注:本文还发表于下列论文集和丛书:

中国管理科学研究院学术委员会,《中国当代思想宝库》发现杂志社,2005(8).

被评为"优秀学术成果一等奖"

世界学术成果研究院,中国社会科学人才资源调研中心,《世界重大学术成果精选》(华人卷Ⅱ)2006.

被评为"世界重大学术成果奖"特等奖

纪念毛泽东同志逝世30周年编委会,《新时期领导干部理论研究选集》,2006

《世界优秀学术论文(成果)文献》香港:世界文献出版社,2006.

国际传媒人物传记中心，北京东方诸贤文化传播中心，人类主流人物研究院，《探索之旅——改革与进步、发现与思考》香港：世界文献传媒出版集团，2006.

中国国际专家学者联谊会，《中国百科优秀作品（论文）》，2007.

《中华魂 中国百业创新发展论坛》（第二卷）. 香港：中国国际新闻出版社，北京和谐之光发展中心，2008.

中国欧美同学基金会，红旗颂纪念文献编委会，纪念毛泽东诞辰 115 周年系列征文组委会《中国领导干部大视野·理论成果精粹》.2008.

中国新闻文化促进会法制新闻工作部，前沿创新理论部，《共和国重大前沿创新理论成果文选》，2010.

被评为第二届"共和国重大前沿理论成果创新"特等奖

据《CNKI 知识搜索》报道，本论文的下载指数：★★★★★

老城厢　新容颜

——旧区焕发新的活力

今年是改革开放 30 周年(1978 ~ 2008 年)。原南市区在这 30 年来所发生的巨大变化，说明了没有改革开放、解放思想、创新务实，就没有今日南市之进步。

回顾在 1978 年时，我在原南市区人民政府城市建设办公室从事城市规划工作。当时的南市，人口高度集中，建筑密集，居住拥挤，旧区人口密度高达 9 万人 /km²，中华路—人民路环绕的老城厢地区 2km² 居住 26 万人，净密度高达 24 万人 /km²，可谓上海之最，居住困难户占总户数的 61%，棚户区住户占总户数的 14%，旧区中 73% 居民都住在旧式里弄住宅。市政基础设施差，75% 居民用煤球炉，89% 居民用马桶。旧区内有 300 多家工厂、车间、仓库等工业点，绝大部分与居住相互混杂，犬牙交错，"三废"污染严重，环境质量低劣。区内道路狭窄，交通不便，旧区人均公共绿地仅 0.07m²。这都是历史遗留下来的难题。

昔日，又处于计划经济时期，财力不足，资金匮缺，因此，南市区旧区改造的任务十分艰巨，真是任重而道远。

但是，作为一个城市规划工作者，就要有高瞻远瞩的目光和宏观超前的思维，虽旧区改建的任务繁重，但更要看到南市有许多优势，这是今后的希望所在，是再发展的基础。旧区要通过土地使用功能的调整和城市布局结构的调整，对未来的发展要有正确的定位和科学的展望，以发展经济和改善人民的生活为目标，解决各种矛盾和困难。将城市中各种物质和其他要素统筹安排、协调发展、综合布局，纳入经济发展、城市建设、社会进步和环境改善的可持续的科学发展的轨道。让城市生活更美好，让城市居住更美好，让城市环境更美好。

改革开放、解放思想、创新进取带来的一系列的变化，为加快城市的发展和旧区改建创造了有利条件，如：从计划经济转变为市场经济，从闭关自守向对外开放；一年一个样，三年大变样，层层递进，大力推动了旧区改造。上海要建成金融、贸易、经济和航运四个中心，大力发展现代服务业的战略目标的定位；2010 年召开世博会，这所有的一切都使上海的经济建设持续快速地发展，城市建设和旧区改造的步伐更日益加快，城市面貌日新月异，上海正向着建设世界级现代化大城市阔步前进。

2000 年，黄浦、南市"撤二建一"，成立了新黄浦区。原黄浦有富足的财力，原南市有富裕的土地，两者优势互补，强强联合，从此新黄浦步入了新的发展历史阶段，进一步开创了新局面。

原南市区背靠黄浦江，面朝市中心，有着优越的地理位置和富裕的土地资源，这些潜在的优势终于在当前上海建设"四个中心"，建设世博会和新黄浦的契机中脱颖而出。

1）具有700多年历史的老城厢内核心区域"豫园旅游区"，极大地丰富了黄浦区商旅文一体化建设的内涵，使新黄浦拥有现代、近代、传统三大文化板块的独特优势和完整格局。

2）北起新开河南路，南到陆家浜路外马路，东临黄浦江，西到河南南路—人民路—中华路—桑园街，这一滨江区域，前称"南外滩"，总用地面积约2.6km2，滨江岸线长约4.8km，是建于20世纪30年代的号称"万国建筑博览会"的老外滩的延伸部分，现一起形成了"外滩金融集聚带"，与浦东陆家嘴CBD遥遥相对。

3）西藏南路两侧沿江地段都是世博会浦西地区的范围，"城市最佳实践区"就开设在此。"城市最佳实践区"是世界各国最精彩的城市建筑的汇集，世界各地的建筑智慧和文化智慧都集中在此展现。

4）十六铺客运码头早在清乾隆年间已是东亚最大的码头，有着140年历史。上海开埠后，众多的长江和近海客轮航线都云集在此进出。2004年12月2日凌晨，候船大楼爆破成功，从此退出历史舞台。十六铺地区正建设成为滨江休闲、旅游观光的景观带，终于还江于民，造福于民，让市民共享社会公共资源和城市景观。该工程在2007年4月动工，2010年竣工。

以上这些特色区域都在大上海新一轮城市再发展中挑起了重担，这些沉睡了多年的陈土故壤被时代的脚步声唤醒，揭开了层层面纱，露出庐山真面目，为精心营建新黄浦和建设世博会作出重要的新贡献。

这也说明了城市规划一定要为今后新的城市发展点和经济增长点，新时期、新阶段、新形势所提出的新目标，预留发展的空间，或进行规划结构和土地使用结构调整的可行性留有余地。

改革开放30年来，原南市区这片6.94km^{2}的土地上，城区面貌也发生了巨变。

原先估计按改革开放前计划经济时代的旧区改造模式和财力，上海市的棚户简屋及质量极差的旧式里弄住宅进行改造需要100年，现在时间可大大缩短。大部分棚户简屋区相继得到改造，如：大到西凌家宅、海潮路、惠祥弄、新街，中到东凌家宅、安澜路、益元路、方斜路、沪军营路、老新街、江边码头、清流街、董家渡路、柳市弄、外咸瓜街、里咸瓜街、瞿溪路、徽宁路、唐家宅等等。这些棚户区都从地图上消失了，代之以高楼大厦或成街成坊的新住宅小区，大量蜗居在棚户简屋区达数十年，甚至两三代的居民都已乔迁了新居。他们仿佛换了一个人生，找回了做人的尊严，圆了"居者有其屋"之梦。

几乎所有的有"三废"危害或与住宅相互混杂的工厂和工业点都已关、并、停、转，或外迁。城区的环境质量、居住质量和生活质量较前大为改善。

南浦大桥和内环高架路最先建成，接着中山南路、陆家浜路、复兴东路（包括复兴东路隧道）、河南南路等经改扩建都成为市、区两级主干道。为配合世博会的交通，西藏南路、国货路、斜土路、南车站路等道路也正在扩建。人民路和西藏南路隧道也正在加紧建设中，在世博会开幕前竣工。

近几年来，已通车的地铁有4号线和8号线，不久将通车的还有9号线和10号线。城区的地下轨道交通和地面道路交通相互衔接，四通八达，出行甚为便捷。昔日老城厢道路狭小，交通闭塞，出行不便，公交线路仅有 11 路、23 路、24 路、66 路等少数线路的状态已一去不复返，只能成为历史的回忆了。

古城公园的建成犹如在老城厢的北面向黄浦江开了几扇落地长窗，使浦江对岸的陆家嘴金融城与老城厢的豫园旅游区遥遥相对，传统与现代隔江对话。

总之，老南市在 30 年内真是发生了巨大变化，昔日南市地区改建规划的蓝图，已有很多部分认定为改建的区域，被描上了各种美丽的色彩，注入了新的元素，发挥着新的功能，呈现了新的形象。但是艰巨的任务尚未结束，还有不少零星的棚户地段和众多的质量较差的旧住宅，要继续加快改建。在老城厢中一些富有传统历史文化氛围的旧宅、历史街区，人民大众喜闻乐见的历史人文空间和固有的文脉、肌理、区域形态等要予以切实保护。切莫将这些历史的记忆在拆旧建新、拆低建高的大拆大建中消失殆尽。要让优秀的历史文化建筑和历史遗存与现代化建设并存共融、和谐共鸣、相映生辉。宜居环境的构筑和生态文明城区的营造，要融入到当前的城市规划和建设中。真正做到：让我们的城市居住更美好，生活更美好，环境更美好！

记得我曾在 1988 年 8 月《上海滩》杂志的首页"我所希望的上海滩"专栏上发表过一篇短文《让南市旧区焕发新的活力》。事隔 20 年，果然在这改革开放的大浪中，这片土地乘风破浪，沿着坚定的目标前进，终于焕发了新的活力，美好的期盼正在逐步变成现实，这都是改革开放带来的福祉，南市旧区的明天将会更美好！

本文发表于上海《黄浦民建》2008 年第 6 期

豫　园

（专著简介）

一、文字

中国园林深厚的历史文化内涵和美学思维，及其多种类型和多元性的表现形式，在豫园中得到了充分的诠释和演绎。豫园内许多优美的楼、阁、厅、堂、观、亭、廊、轩、榭、舫、台等传统建筑，在千姿百态的古树林木花卉、假山奇峰堆石、池塘溪流、蜿蜒的曲径、步道，板桥、墙垣及色彩、光影、明暗等背景的映衬下，犹如一幅幅优美的中国传统山水画，散发出中国古典园林迷人的魅力，充满了情景交融诗情画意的意境；富有节奏感和韵律感，给人以不同的崇尚自然、唯美、古意的视觉美的享受。

（一）前言

1. 写书之动因

2003 年，上海市人民政府颁布了《上海市 12 个历史文化风貌保护区》，有着 700 多年历史的上海老城厢居然名列其中，令人兴奋不已。因为，这一块被蒙上陈旧、简陋、落后尘埃的土地，长期以来一直被看作为"下只角"，是上海被"遗忘的角落"。老城厢内的一些有悠久历史的文化建筑、古迹、遗址、历史街区，富有地域特色的传统的小街小巷路网格局，成片朴实无华、饱经历史沧桑的民居旧宅，充满民俗文化和市井文化氛围的区域形态等，这些众多的有价值的历史文化遗存，城镇发展历程的沧桑记录，都被视为落后文化的形象，被认为是拖了现代化建设的步伐，必须得予以全部拆光不可，把历史的记忆全部消除。那些错误的观念一直存在了很长一段时期。

一种强烈的责任感和使命感驱使我要为这片故土陈壤发掘和弘扬一点有价值的历史文化，并极大地激发我写作的欲望。

经悉心研究，在 2004 年夏天发表了《上海老城厢历史文化风貌区的保护》论文（《城市规划汇刊》，2004 年第 5 期）。从历史文化的角度剖析了老城厢历史文化风貌的价值；对为什么要保护，保护什么，怎样保护，提出了系统的见解和建议。论文发表后引起了很大的反响和关注，令人欣慰不已，更增添了我继续深入研究的决心和信心。

在发表了《上海老城厢历史文化风貌区的保护》论文后，又萌发了研究豫园的设想。豫园建于明代，有着 400 多年的历史，是老城厢的瑰宝，江南名园之冠，蜚声中外。起先只是多视角、多方位拍摄豫园内亭台楼阁、厅堂轩榭廊及山水、林木等美景，自娱自乐、自我欣赏，仅此而已。但在拍摄了数百张照片后，在令人目不暇接的美景前，深受陶醉，开始考虑在这秀美的形式之内和幽雅的表象之后究竟蕴含着什么样的历史底蕴和文化内核。这激起了我研究豫园的欲望和激情，并为拟写之书即兴命题为《豫园赏析》。在 2005

年 8 月正式启动学习和研究豫园的艰辛旅程。

我学的是城市规划，在古建筑和古园林面前是门外汉。但在纵览群书后发现，研究和撰写中国古典园林专著的许多学者，都有不同的专业背景。有的是古建筑和古园林专家，有的是中文、历史、哲学（文史哲）和艺术、美学的学者，有的是搞文物、考古的专家，有的是建筑行家。那么多的专家和学者，济济一堂，纷纷从不同的专业视角和知识领域来研究中国古典园林，是学术繁荣、百花齐放的可喜景象。也使笔者信心大增，在学术面前人人平等的前提下，愿加入这支多元化专业成分的研究行列，从多元的视角为中国传统文人山水园林的豫园之研究，作出一份微薄的贡献。

从原先仅在古园林外徘徊、窥探、凝视，到走进园内赏析、思忖、研究，深感要了解传统，得先广泛深入地学习传统、解读传统。在边读书、边思考、边研究、边写作的过程中，深为中国传统文人山水园林深厚的历史文化底蕴和传统艺术、美学的博大精深所震惊和感动。

豫园虽同属于江南园林体系，但与其他园林并不雷同。我拟从"立意构思、空间布局、审美特征"等视角来深入赏析这座名园。并拟尽量按照自己固有的、习惯的认识客观事物的程序、方法和思路，不落俗套、不受束缚地发挥自己的分析和想象力，以创新务实的精神对这座具有 400 多年历史的明代园林进行研究，拟拓展一些新的思考空间，形成一些新的概念。

2. 城市山林

明代是以苏州为中心的江南私家园林发展的鼎盛时期，上海豫园也在这个时期应运而生。当时的文人十分喜爱和迷恋隐居山林，他们身在城市，心在山林，身居城市却纷纷追求山林之意趣，于是就大建模仿自然山水的私家园林。这是明代文人、士大夫、雅士这一类群体构建其生活雅趣和实现人生理想的重要组成部分。

城市山林就是指文人、士大夫、雅士在城市中隐居的住所。城市山林在当时已成为园林的代名词。明文征明为拙政园建设提供 31 幅画并题诗 31 首，称拙政园"虽在城市，而有山林深寂之趣"。

仅仅是一墙之隔，园林内外判若两个世界。

园林外是车水马龙、市声喧嚣、烦躁拥挤的闹市；但被高墙围隔的园林内，却充满了自然山林的野趣。当人们一跨进豫园时，眼前静谧、幽深、古朴、飘逸、典雅、秀丽的氛围迎面扑来，并有袅袅暗香浮动，令人心旷神怡、神清气爽，仿佛回到了历史上某一段时空。这山石池泉，小桥流水，郁郁葱葱的茂林修竹的山水、花木景观，这亭台楼阁、廊舫榭堂轩台等典雅的建筑景观，这充满了传统文学气息的诗、书、画的环境和传统的吉祥如意、瑞福氛围的人文景观，人与自然，人与天地全然融汇于一体。

整座园林洋溢着清丽隽永、幽静古雅、妩媚疏朗的风韵，柔情如水，玲珑婉转，缠绵悱恻，令人陶醉。园林充满了诗情画意的意境，浓浓地释放着迷人的东方艺术的含蓄婉曲之美的魅力。这园林精心的构思和营造，达到了"虽由人作，宛自天开"的境界。小小园林却给人一种深邃无尽的时空感。人既能享受到城市的生活，又能有回归自然的山水风光的游憩之处。这些宅园式的江南园林是一座一座小巧玲珑、淡雅幽深的"城市山林"。历代文人都对此有甚佳的吟咏诗句，如：

元·维则所："人道我居城市里，我疑身在万山中。"

明·文征明："绝邻人境无车马，信有山林在市城。"

清·乾隆皇帝："谁谓今日非昔日，端知城市有山林。"

清·王赓："居士高踪何处寻？居然城市有山林。"

豫园，就是一座精巧雅致的"城市山林"。

不出城郭而获山水之趣，身居闹市而享林泉之致。这就是江南名园豫园，中国传统文人山水园林的永恒的艺术魅力。

当游毕豫园时，人们会深切感到这里不是一个地域上的概念，而是一种历史文化的概念，欣赏到的是一幅幅静娴、高雅的传统山水、花木画面，感受到的是俯仰舒展自如的幽雅柔情的美感。在园林中，不仅看到的是形和质，更是经数千年历史和文化熏陶及天与地哺育的中国传统东方艺术和中国古典园林的精、气、神。

故云：走进豫园，就是走进历史。

3. 如何欣赏豫园

为让更多游人切身感受到中国传统文人山水园林所蕴含的丰富的历史文化底蕴及深邃的东方古典艺术和美学的真谛所在，为使著作有一定的完整性和知识的系统性，对书中所涉及的某些历史文化的含意，一些经典元素，一些经典景点，在有关章节，略加展开，稍作延伸，简洁介绍其来龙去脉和发展的渊源，以避免知其然而不知其所以然。

园林中的一个个景致，犹如一幅幅画跃进眼帘，好比一支支柔情幽雅的乐曲在耳际环绕萦回。

中国园林最大的特点就是有感情，景中有情，情中有景；无景不生情，无景不涵情，无景不留情。常言道：看园如看画，游园如读诗。这情景交融、诗情画意的园林，可观可赏，能品能尝，令人陶醉。

但园林再美，视何人来欣赏。如没有一些中国传统诗与画的知识，对传统文化、历史一无所知，对中国昔时的文人和传统山水画没有概念，则游园只能是走马看花而已了。这似画似诗的美景，若无诗心、画眼的基础修养，怎么欣赏其蕴含的深邃的诗情画意的意境呢？若无传统的艺术、美学的基础修养，又怎能欣赏中国古典园林所特有的婉曲含蓄之美呢？

但也别将问题看得太深奥。本书在游园、论园、析园的基础上，深入浅出、雅俗共赏地将自己领悟中国传统文人山水园林的造化之美、深厚的历史积淀和文化底蕴的粗浅体会娓娓道来，与游人共享学习和研究的成果。

需要提醒的是，与现代园林不同的是，中国传统园林很有潜质，含蓄内敛，历史文化底蕴深厚。因此，需多次观赏，反复领略，才能感知和品味到中国传统文人山水园林之美和东方艺术之魅力。如唐代画家阎立本评张僧繇的画时，初看认为"虚得名耳"，再看就变成了"犹如近代佳作"，第三天去看竟视为"名下无虚士"，甚至"坐卧观看，留宿十余日不能去"。欣赏豫园也得有这份兴趣和专注。

总之，中国园林深厚的历史文化内涵和美学思维，及其多种类型和多元性的表现形式，在豫园中得到了充分的诠释和演绎。

（二）目录

（2）亭的功能

（3）亭的布局

（4）豫园内亭的数量、布局位置和功能性质

①亭按地理位置分布

②亭按功能性质分类

③各类型亭的含意

第二节　园林建筑的色调

第三节　墙

第四节　"上、中、下"的立体化装饰（含木雕、砖雕、石雕、泥塑）

一、上至屋顶

二、中至建筑的木雕，墙上的砖雕、石雕、泥塑，雕花门楼上的砖雕

1. 木雕

2. 砖雕、石雕、泥塑

画幅大致分类和内容简介

（1）宣扬用功勤读，发奋上进

上京赶考（泥塑）

渔樵耕读（石雕）

鲤鱼跳龙门（砖雕）

（2）选自中国经典名著《三国演义》中情节

甘露寺（石雕）

连中三元（砖雕）

（3）神话传说

八仙过海（砖雕、石雕）

广寒官（砖雕）

神仙图（砖雕）

（4）比喻福禄寿喜、富贵长寿

松鹤长春（泥塑）

长寿瑞福（泥塑）

梅兰竹菊（泥塑）

吉祥如意（泥塑）

瑞凤祥云（泥塑）

喜上眉梢（泥塑）

长生不老（泥塑）

（5）其他

千里送京娘（砖雕）

郭子仪上寿图（砖雕）

梅妻鹤子（泥塑）

第二节　唯美

一、调动多种因素营造美

二、从七个方面表达中国园林的唯美

　　1. 神韵

　　2. 风格

　　3. 手法

　　4. 理念

　　5. 技巧

　　6. 意境

　　7. 目标

三、重视构图和形式美法则：对比

　　1. 构图

　　2. 对比

四、婉曲含蓄之美

　　1. 藏

　　2. 曲

　　(1) 为什么中国园林布局求"曲"

　　(2) 豫园是"曲"的天地

五、雅

　　1. "雅"的含意

　　2. 中国园林美学特征的核心是一个"雅"字

　　3. 雅的类型

　　4. 中国园林之"雅"韵归纳为九个字

　　5. 在相邻的艺术中汲取"雅"的韵味

　　(1) 昆曲与园林

　　(2) 评弹

　　(3) 民乐

　　(4) 江南丝竹

　　(5) 古琴

　　(6) 绘画　陈逸飞画家的仕女画

　　(7) 书法

　　(8) 中国瓷器

第三节　古意

一、深、厚、长的"古意"

二、充满古意的园林建筑的名称

　　1. 有年代悠久的历史典故为基础

　　2. 撷自名家名人诗句中的精华字词

3. 与相邻的某一事物有联系，有呼应

4. 直露其使用功能

5. 起引景、导游的作用

三、中国园林建筑中的匾额与楹联

四、中国传统吉祥如意瑞福的图案与寓意

1. 吉祥如意瑞福图案的组成

2. 吉祥如意瑞福图案表达的主题

3. 介绍八个吉祥如意瑞福图案的寓意和象征

（1）龙凤呈祥

（2）连中三元

（3）吉祥如意

（4）太极图

（5）喜相逢

（6）富贵平安

（7）卐

（8）连年有余

4. 龙

5. 狮

第四节　意境

一、何谓意境

二、意境的构成

三、意境的美学特征

1. 意境能产生景、情、意、境

2. 拥有众多的经典元素和经典景观

3. 与传统的诗、书、画紧密结合

4. 有许多历史典故、历史人物、历史故事、历史事件和神话传说

5. 充满了传统的吉祥如意瑞福的氛围

6. 山水、林木、花卉所显示的传统的人文精神和人格魅力

7. 具有多样的审美个性和审美特征

（三）内容简介

全书从"立意构思、空间布局、审美特征"等视角全面、系统地赏析这座具有450年历史的明代园林，"奇秀甲天下"、"江南名园之冠"的豫园，并拟拓展一些新的思考空间和形成一些新的概念。

全书分四章，文字21万余字，照片及图片200余幅。书的章节和内容简介如下：

第一章　豫园的历史沿革

第二章　豫园的立意构思与总体布局

从研究中国园林与文人、山水、传统山水画的渊源关系，从研究中国传统山水画的审美特征和对园林的影响后，认为中国古典园林的学术名称应是"中国传统文人山水园林"。传统园林的独特风韵可归纳为：雅、静、古、幽、柔、婉、清、秀、媚9个字。

详细介绍豫园三穗堂、万花楼、点春堂、会景楼、玉华堂、内园6个景区的布局结构，并将整个园林划分为28个空间。在每一个景区介绍的最后，都有一个"景区的空间布局和审美特征"的小结，简洁勾勒出每个景区无一雷同的布局特色和审美个性。

第三章　豫园的建筑及装饰

豫园内建筑类型较多，有楼、堂、厅、阁、殿、观等主体建筑及轩、斋、榭、亭、廊、舫、台等小品建筑。各类建筑都有其使用和观赏的双重功能。书中详细分析每个建筑类型的功能、结构和外观特征及其布局的特点。

豫园内的雕刻装饰丰富多彩，这些木雕、砖雕、石雕、泥塑等艺术作品充满了吉祥如意瑞福的氛围和传统的民俗文化的内涵。形成上至屋顶，中至建筑和雕花门楼的各部位，下至地面铺地的立体化布置和装饰的格局，使园内熠熠生辉，成为景观的重要组成部分。

第四章　豫园布局结构的艺术和美学特征

本章从"自然"、"唯美"、"古意"三个视角深入阐明传统文人山水园林豫园的几个本质性的问题。

1) 中国传统园林是在"天人合一"的哲学和"顺应自然"的理念指导下，以山、水和树木为基础的自然和自然美作为最高艺术境界和审美境界。故十分注重山、石、水、林木的布局及山水景观、林木景观和山水林木景观乃至建筑、山、水、林木四大造园元素融为一体的综合景观的构筑和营造。

书中详尽分析了山、石、水、林木所显示的传统的人文精神，以及贯穿于全园6个景区之中的以"山水"为中心的"院落"布局结构，并对置石、竹石、林木种植与配置作专门论述。

2) 对中国园林的规划结构和空间布局所运用的传统的构图和形式美法则作了深入的分析，尤其是对婉曲含蓄之美，藏、隐、隔和对比等形式美法则的运用。对中国园林能在有限的土地上创造无限的空间，达到小中见大，小中见多，以小观大，以少胜多，以及获取小中见美，小中见静，小中见雅，小中见幽的艺术效果，作了深入的研究。

3) 历史积淀之深，文化内涵之厚，时间跨度之长，使豫园具有深厚的历史文化内涵和底蕴。书中对充满古典文学气息的具有深邃的历史文化品位和艺术感染力的匾额和楹联，以及具有浓郁的吉祥如意瑞福的传统民俗文化艺术氛围的图案和纹样，在传统园林中所起的造景和造境的作用，进行了详细分析。

最后对诗情画意、情景交融和精致雅逸的意境的塑造作了专门的论述，尤其是对何谓意境、意境的构成及意境的美学特征作了综合的分析。

（四）豫园6个景区的空间布局和审美特征

1. 三穗堂景区

三穗堂景区是江南名园之冠——豫园的第一景区，帷幕徐徐拉开，犹如一出戏的第一场，一篇文章的开首篇，一本书的绪论。景区规模不大，但布局简洁紧凑，严谨中见活泼，规整中显自然。

同江南其他中国园林一样，三穗堂前的空间较狭窄，但一转弯就是一个由三穗堂与粉墙之间形成的广场，空间开敞，尺度宜人。两棵姿态优美、一高一低、一疏一密，以孤植形态种植在中间的广玉兰和罗汉松夹道相迎。一对元代铁狮子，雄的气宇轩昂，雌的温情脉脉，迎面恭候，此时此刻，来自中外八方的游客气氛顿时活跃起来。一对铁狮子和两棵花木形成高低、刚柔和虚实的对比，在桂花、香樟、女贞、广玉兰、罗汉松、石榴等花木的衬托下，环境显得十分祥和、宁静。

穿过卷雨楼东侧较狭窄的夹弄后，眼前忽然开朗，一座气势磅礴、雄浑秀美的黄石大假山耸立在面前。黄石大假山是豫园的重点景观之一，由明代著名叠山家张南阳设计和堆叠。景区是以大假山和水池为中心，卷雨楼、仰山堂为主体建筑，渐入佳境游廊所围合的空间，集中国园林四大造园元素——山、水、建筑、花木之大成。造园元素的各自审美个性，经艺术组合后所构成的布局美和意境美得到了充分的演绎。

景区的布局是一个由点（罗汉松、广玉兰和一对铁狮子）、线（渐入佳境游廊）、面（三穗堂和卷雨楼、仰山堂两幢建筑群及仰山池水面）、体（大假山）构成的和谐群体。由于反复运用了"欲扬先抑"、"欲宽先窄"的传统造园手法，因此取得了豁然开朗、引人入胜和小中见大的效果，在有限的面积中创造了无限的艺术空间。

游毕三穗堂景区，爱思索问题的有心人不禁会纳闷：豫园如此秀美幽雅，为何入园处十分狭窄局促？！这涉及中国传统文人山水园林入口的空间设计问题。

"奥"、"旷"这个空间的概念在中国园林设计中是一个十分重要的设计手法，最早是由唐代文学家柳宗元提出的。所谓奥，即隐蔽、幽邃；所谓旷，即空敞、高远。"奥"与"旷"属一组对比的美学关系。中国江南园林的入口处空间都较狭窄隐蔽，设置成"奥如"型空间，主要目的是不使园外的喧嚣和尘埃涌入园内，也不使园内幽静的美景直露园外。游人往往要走过一段狭长的曲折的夹弄或转折若干个小庭院才能"豁然开朗"地到达开敞的境界，开始欣赏到优美的园林景致。

这就是"先抑后扬、先奥后旷"，"曲径通幽、柳暗花明"的艺术造景手法。它能起到引人入胜，激发人们的惊喜感和寻胜探幽的兴趣，还能起到小中见大，以有限的面积创造无限的空间之作用。

此时此刻，此情此景，人们才想起了三位古代诗人所描述的这种特殊的心理感受：

陆放翁："山重水复疑无路，柳暗花明又一村。"

秦少游："菰蒲深处疑无地，忽有人家笑语声。"

王半山："青山缭绕疑无路，忽见千帆隐映来。"

人们可以想象到在"疑无路"的情景下，"忽有"、"忽见"、"又一村"的惊喜之状的心理感受。明末画家文震亨在《四库全书·长物志》中对园林入口处的空间设计提得更具体："凡入门处必小委曲，忌太直。"入口处甚奥，几经曲折始进入开敞境界，甚旷，这已成为中国江南园林入口空间的设计模式。

2. 万花楼景区

万花楼景区的布局采用"先抑后扬"的手法。从会心不远方亭进入复廊就形成较为狭长的封闭空间——是"抑"的过程。但因复廊的两侧开有漏窗，游人透过漏窗左顾右盼能欣赏到亦舫和鱼乐榭两个小品建筑，因此，并无压抑和封闭之感。复廊的里侧通万花楼，外侧通两宜轩，抵此就忽然开朗，眼睛为之一亮，情绪为之一振。由抑到扬，由暗到明，由窄至宽，由曲至敞，"抑"的过程到此结束，进入"扬"的区域。

在这个敞的空间里内涵十分丰富，是景区的中心和高潮之点。嶙峋剔透的湖石假山，静静流淌的一弯溪水，挺拔苍劲的古树名木，使空间流动的隔水花墙，秀丽精美的万花楼及两宜轩、回廊小筑、山石小景等构成高、中、低，点、线、面、体和竖线、曲线、横线、折线融汇一体，相互呼应、交织的组合体。是高与低、曲与直、疏与密、动与静相互对比，多样统一而达到和谐的布局。这众多元素不是刻意地排列，而是自然、活泼、艺术地综合。游人们从复廊走出后看到的就是这样一个由美妙的多元元素合成的变化丰富的空间，真是令人意想不到，这就是形式美与空间内涵美相融合的布局。游人们可在两棵枝干挺拔、华庭如盖、绿荫蔽日的茂盛的参天古树掩映下，尽情地看山水、观鱼、赏花、品建筑，仰视围墙上神威气昂的穿云龙。

3. 点春堂景区

点春堂景区的建筑较集中，但因楼、堂、台、轩、亭、圃等建筑形态各异，大小不一，有的轻巧、活泼、精美，有的端庄、凝重、规整，在轴线上的排列也较自由，不对称，故并无拥塞、密集之感。总体布局上，景区在假山、水面、山石相间，花木的簇拥和龙墙的围合下形成若干个曲折有致、高低起伏、收放不一、动静相间、疏密有致的空间序列。

清乾隆皇帝在北海《塔山四石论》中写道："室之有高下犹山之有曲折，水之有波澜。故水无波澜不致清，山无曲折不致灵，室无高下不致情，然室不能自高下，故因山以构室者，共趣恒传。"这种高下、曲折、深浅之美就是园林布局中所表现出的韵。点春堂景区的三条不在同一平面上的"高下"、"曲折"的"轴线"设置是为致情，情即韵，韵即节奏韵律之美，其布局立意的意图是为营造一种抑扬顿挫、高低错落的律动之美。

点春堂景区有三条南北纵向轴线：

以点春堂和抱云岩、水池为中心的轴线是主轴线，虽布局较为规整严谨，但因抱云岩和水体的形态较为自然，小戏台又精致灵巧，其他建筑的体量有大有小，长短不一，布局呈现出统一中有不统一，平衡中有不平衡，对称中有不对称的艺术效果，故气氛较为活跃。在这条主轴线上形成北、中、南三个动静不一的空间：北端以藏宝楼为主的空间为静；中间以点春堂、小戏台为主的空间为动；南端以和煦堂为主的空间也为静。

东侧以快楼为中心，西侧以穿云龙墙为中心的两条轴线都为次轴线。两条次轴线东西遥相呼应，烘托中央的主轴线。

三条轴线不在同一水平面上，不在同一高度上的组合，其形态不拘一格，变化自然，相互之间高低起伏，错落有致，跌宕自然，不仅有丰富的层次感，而且扩大了空间感，形成优美的天际轮廓线，使景区的大空间呈现一种生动活泼跳跃的韵律和节奏感，给人以立体美的视觉享受。

4. 会景楼景区

水是会景楼景区的主题和特色。九狮轩景点是由水池、水岸、山石、竹林、水杉林、花木、建筑和平台组成的内容丰富的群体。尤其是九狮轩后面的密林和右侧的树阵，前面和左侧的开敞的水池和山石，这一刻意的布局正如清初园艺家陈淏子在《花镜》中所描写的"设若左有茂林，右必留旷野以疏之"。整体空间，这疏与密、虚与实、动与静的对话结合得如此完美，脉动着一个"雅"字，洋溢着蕴藉儒雅的风貌。整个景点所有元素的布局与它们之间的组合都沉浸在一个"静"字里。

会景楼、流觞亭、浣云假山前的水池面积不大，虽被低平的三曲板桥一分为二，但仍不失为一个整体。池岸用湖石砌筑，水的边界自然而曲折有致，增添了水的动势。三曲板桥浮于水面上，流觞亭贴水而筑，会景楼环水而建，围廊从水中升起，建筑与水的高下远近之关系十分细腻，给人以不同的美感。

这三曲板桥非同寻常，起着既分又合的作用，有三个特点：

(1) 此石板桥非直线形，而是随意折、弯一下，形成"三曲"。

(2) 三曲板桥将水面划分为两个部分，形成两个水体形态不同的景观空间：外形轻快秀美的流觞亭突出于水池中，亭亭玉立，妩媚动人，与墙外得月楼、浣云假山形成一个围合空间；会景楼与东侧的折廊、玉华堂又形成一个围合空间。以三曲板桥为界的东西两个空间又构成一个以会景池为中心的、四周环绕以会景楼、流觞亭、玉华堂和墙外的得月楼、折廊、浣云假山及柳树、枫树、栀子花、石榴、白玉兰、香樟、罗汉松、黑松、五针松、梅树、紫藤、芭蕉等浓密绿荫覆盖的"大院落"。

(3) 三曲板桥低于两岸，桥、岸和水面形成三个平面的高低落差之势。桥浮于水面，游人贴近水面行走，有漂浮水面的凌波之感。这座平板三曲桥形态曲折自然，平易近人，并与水面和桥端的富有山路野趣之参差崎岖的山石路面融为一体，三曲板桥为此景区的"点睛之笔"。

水呈多方向流动，或蜿蜒流入浣云假山的山洞，或攒入流觞亭下，或流入长廊下，或流入四周岸边的水湾和水口，流向莫测。水池虽小，似无边，水的各种流向均不知其有多远多深，增加了水的流动性和灵活性的感觉；水池呈现出一池活水之状。

以水为特色的会景楼景区，虽呈现一南一北的水体结构，但却有其内在联系。九狮轩前的水池和会景楼、流觞亭前的水池，形态是前者规整，后者曲折；池岸是前者用黄石堆成，后者用湖石砌成；前者是一大块水体，后者是两小块水面；建筑有轻松活泼的亭和轩及凝重华美的楼。因此，两者形成了活泼的动静对比之美，并融汇成了有机的整体。

总之，水之静、水之动，水之活、水之柔，水之灵秀、轻松，水之淡雅、幽静之多元化特征，在会景楼景区的水体中得到了充分的演绎。"山不在高，贵有层次；水不在深，妙于曲折。"将水巧妙地切割整合是会景楼景区布局结构的主要特征。

5. 玉华堂景区

开启"衬玉玲珑门"后，就呈现出玉玲珑—玉华堂—积玉峰—五老峰四个节点，分别构成"三玉"（玉玲珑—玉华堂—积玉峰），"三石"（玉玲珑—积玉峰—五老峰）的内在联系和结构关系。它们横贯整个景区，相互呼应、相互衬托、相互映照、相互对比，并最后统一在一个和谐的菱形四边形的框架中。再加上积玉假山、谷音涧和衬玉玲珑门左侧的石笋、石峰群及一泓池水积玉池，山石风貌和山水景观甚为浓郁，是景区的一大特色。玉华堂景区的布局是典型的以山水为中心，四周环绕建筑的"院落"结构。

一个是在石座上的玉玲珑，一个是在水中的孤石积玉峰，一个是在门旁的石笋群，一个是在院内的群置堆石五老峰。四者在不同的地点，以不同的姿态，不同的高低错落，跌宕参差，相互呼应。它们各有依托：玉玲珑和石笋群是在粉墙为背景的衬托下，积玉峰是被平静的碧水依偎着，五老峰是在藏书楼和绮藻堂的围合下。

玉华堂景区是以玉玲珑、玉华堂、积玉池为中心，开阔而舒展的水和山石布局为骨架，东西两侧规整华丽的楼堂建筑（东侧的涵碧楼、听涛阁，西侧的绮藻堂·得月楼、藏宝楼）遥相呼应，形成一个较大的围合空间。轻快、通透、纤丽、自然的积玉水廊穿插其间。它使景区富有生气、充满了诗情画意的气氛，是一个虚实对比，动静结合，刚柔相济，曲直融汇，点、线、面、体交织的多姿多彩、统一和谐的建筑群大空间。

6.内园景区

由别有天、可以观、洞天福地、凤凰亭、九龙池、假山、睡眠龙、林木及堪称艺术珍品的清代镂空砖雕和碑刻等组成的九龙池景区，是一个集约型的小巧灵透的空间群。小建筑一座接一座，小院落一个连一个，形成一个既分又连、既藏又露、隔而不断、委婉曲折有致的"院落群"。景区古树参天，修竹挺拔，浓荫蔽日；建筑精巧；有水、有石、有龙。人文景观和自然景观互相交融，环境十分幽深、自然、静谧、古雅，是豫园最有灵气，最"幽"之处。

别有天、可以观、洞天福地、凤凰亭，这四个小品建筑的布局紧凑，曲折迷离，饶有趣味。在南北向狭长的用地上，排列不在一条直线上，而是前后左右，错落有致，退让有序地呈曲折形组合。洞天福地、可以观、别有天都分别面朝九龙池、砖雕《郭子仪上寿图》和位于假山上的耸翠亭作为对景。这一组景点中的三个规模不一的小空间所组成的空间序列，运用从窄到敞，由暗到明，由收到放的对比；空间从隐蔽狭隘到忽然开朗的欲扬先抑的过程，给人以曲折、幽深、变化的审美效果，十分引人入胜，产生了静中有动的较为活泼的布局美。

在这组建筑群中，可以观是主体，是"点"，可以观连同砖雕《郭子仪上寿图》所形成的空间是"面"，洞天福地和别有天这两个亭是"点"，连接二亭之曲廊是"线"，于是"点"、"线"、"面"结合构成一个有机的活跃的群体。

总之，九龙池是一个线条的世界，众多美丽元素汇集于此小舞台上演奏了一首优美的抒情乐曲。各类元素各展其态、各显其美、各领风骚，但却未见杂乱无章。曲直交织，刚柔、虚实交融的多样统一，幽静秀美的和谐群体清晰可见，使人目不暇接，美不胜收。景区虽静，但静中蕴动，是舒展圆润之动，典雅幽深之动。

内园面积较小，但却能容纳较多景点，而且不显得有很密集之感；布局从容、自由，大有挥洒自如之势，为什么？主要是立意出奇、构思精巧、想象丰富。笔者认为大致运用了三个方法：

1）向空中发展，向空中要地。以假山为载体，在假山上建两层楼的耸翠亭和船舫。船舫还可与延清楼、还云楼、观涛楼等三幢建筑的二层楼相通，还可通到古戏台的西侧看廊。这样，大大增加了游览路线、活动范围，扩大了空间。

2）该密则密，该疏则疏。内园的北半部布置建筑较多，密度较高；而南半部的古戏台区域则较宽舒，中间还有一个广场，密度较低。这样就从密度较高的空间——静观景点，进入较宽敞的空间——古戏台景点；这一密一疏，一紧一松、一合一开、一繁一简，先密后疏、先紧后松、先合后开、先繁后简，就是疏密、松紧、开合、简繁之间的对比，给人以心理上的慰藉，并产生了空间的扩大感，有一种以小见大的突变的感受。

3）景色多变，幽曲无尽。越隔越大，越隔越幽，越隔越曲，越曲越幽，有时使人难测其范围有多大，难测其尽端究竟在何方，达到了小中见大，以小见大，使有限的土地感受到无限的空间的效果。例如：从别有天处，既可经山洞抵达静观前假山群和古戏台，也可上坡廊抵达静观前假山上的耸翠亭，并经船舫、延清楼、还云楼、观涛楼到古戏台，这一处点睛之笔的布局令人叹为观止、拍案叫绝。

由于密中有疏，密中透风，密的感觉因组合的出奇制胜而被转移。这就是中国园林中传统艺术形态和传统构图技巧的艺术效果及和谐布局的真谛所在。

（五）后记

记得在大学毕业时，就向往将来能写一本书。经数十年的努力，结合工作实践曾发表了三十余篇文章，但著书这一目标和夙愿至今才得以实现。

我非常喜欢学术，热爱专业。这也许是知识分子的一种本分的责任感和使命感吧。回顾在20世纪80年代初至90年代初，研究的主要目标是旧区改建，尤其是棚户、简屋、危房地区的改建。20世纪90年代初至21世纪初，着重于探讨旧区改建与宏观调控和可持续发展方面的问题。近几年来则致力于研究上海具有700多年历史的老城厢历史文化风貌区的保护，以及有450年历史，建于明代的江南名园——中国传统文人山水园林豫园的研究。

写这本书并非易事，书的内容涵盖甚多的知识，包括：中国历史，传统文化和哲学、艺术、美学，中国传统建筑和园林，中国绘画理论和传统山水画等等，综合性很强，必须具备一定的完整的知识结构才能胜任。一个人的知识总是有局限性的，书中涉及有关的专业知识该是胸有成竹，充满自信，但一些跨学科的知识就得花大量的时间和精力深入学习，广泛研究。在这一过程中我拓宽了视野，增长了知识，收获颇丰，真正体会到了山外有山，楼外有楼，学到老，学无止境。

文字配以大量照片和图片，图文并茂，目的在于让广大读者和游人在游毕豫园后，再看拙著，结合游览时的记忆，图文对照，更能领略到豫园的美，加深对豫园美的欣赏深度。

最后，我要深深感谢关心、支持、帮助我写成此书和顺利出版此书的有关人士。在他们的鼓励和帮助下，使我树立了不达目的誓不休的信心，为保护和弘扬上海老城厢优秀的传统的历史文化遗产作出应有的贡献。

我还要深深感谢我的家人，夫人周美华女士包揽所有家务，悉心照应，创造了安静整洁的环境，使我能集中精力研究和写作。女儿陈蓓菲、儿子陈英奇，他们在繁忙工作之余，不辞辛苦地为此书打字、编排、校对及大量照片的编存等工作，十分细致、负责。连年仅十岁读小学三年级的小外孙张博瀚也经常关心地问我："外公，你的《豫园》写得怎么样了？"，我深感安慰。

由于作者学识有限，在书中难免有不妥和谬误之处，敬请有关专家和广大读者赐教指正，不胜感激。

二、摄影

豫园是一份珍贵的历史文化遗产，是中国传统文人山水园林中的瑰宝。

优秀的古建筑和优美的山水花木景观，其美的表露是不会仅定格在单一的画面上或锁定在单一的角度中。它必然会在不同的方位和视角，不同的距离和高度，不同的背景和氛围下，呈现出迥异的形象和形态，演绎出多元的审美特征和审美个性，折射出多种的光泽和异彩。笔者在多元理念的驱使下，在动态的过程中，从不同的视角和视点进行观察，试图从多侧面演示其千姿百态的古雅、清幽、飘逸的美的形象。

豫园内许多优美的楼、阁、厅、堂、观、亭、廊、轩、榭、舫、台等传统建筑，在千姿百态的古树林木花卉、假山奇峰堆石、池塘溪流、蜿蜒的曲径、步道、板桥、墙垣及色彩、光影、明暗等背景的映衬下，犹如一幅幅优美的中国传统山水画，散发出中国古典园林迷人的魅力，充满了情景交融诗情画意的意境；富有节奏感和韵律感，给人以不同的崇尚自然、唯美、古意的视觉美的享受。

中国园林是由建筑、山、水、花木等四大造园元素组合而成的综合艺术品。各造园元素不论是单独欣赏还是品味其各种千姿百态的组合形态；不论远观近看，俯瞰仰视，还是正看侧视，都可以得到完全不同的艺术形象和审美感受。这正应了宋代苏轼描写庐山的诗句："横看成岭侧成峰，远近高低各不同。"清初名士李渔（笠翁）将中国传统文化的特点概括为"精"和"雅"两个字；雅致的韵味，精美的氛围，在豫园各景点和景观中都能充分地领略到。

从 2004 年 8 月 3 日至 2010 年 9 月 30 日，6 年多时间内，共 64 次到豫园摄影。春夏秋冬，拍照有时在上午，有时在下午，根据不同的光线多方位捕捉山、水、花木、建筑等最美的姿态和独特的视角，以及以山水、林木、建筑等组成的优美的综合景观。共积累了 4000 多张照片，经反复分类筛选到 304 幅，构成了一本"豫园摄影集"。

图 28-1　大假山

（一）三穗堂景区

1）大假山（图 28-1）。

2）元代铁狮、渐入佳境游廊入口景观（图 28-2）。

图 28-2　元代铁狮渐入佳境游廊入口景观

图 28-3　渐入佳境游廊、钓鱼台

图 28-4　大假山上山腰小石桥横跨幽谷溪涧、望江亭

3）渐入佳境游廊、钓鱼台（图 28-3）。

4）大假山上山腰小石桥横跨幽谷溪涧、望江亭（图 28-4）。

5）仰山堂、卷雨楼（图 28-5）。

（二）湖心亭　九曲桥　荷花池

1）湖心亭（图 28-6）。

2）湖心亭、九曲桥 、荷花池（图 28-7）。

3）从湖滨楼三楼观赏湖心亭建筑群（图 28-8）。

图 28-5　仰山堂、卷雨楼

图 28-6　湖心亭

图 28-7　湖心亭、九曲桥、荷花池

图 28-8　从湖滨楼三楼观赏湖心亭建筑群

（三）万花楼景区

1）古银杏（图 28-9）。

2）万花假山（图 28-10）。

3）复廊（图 28-11）。

4）鱼乐榭（图 28-12）。

5）隔水花墙（图 28-13）。

图 28-9　古银杏

图 28-10　万花假山

图 28-11　复廊

图 28-12　鱼乐榭

图 28-13　隔水花墙

（四）点春堂景区

1）凤舞鸾吟（小戏台）（图 28-14）。

2）从快楼上俯瞰小戏台前景色（图 28-15）。

3）穿云龙（图 28-16）。

4）藏宝楼、学圃、水阁前山水林木景观（图 28-17）。

5）双龙戏珠与双狮相迎门前景观（图 28-18）。

图 28-14　凤舞鸾吟（小戏台）

图 28-15　从快楼上俯瞰小戏台前景色

图 28-16　穿云龙

图 28-17　藏宝楼、学圃、水阁前山水林木景观

图 28-18　双龙戏珠与双狮相迎门前景观

（五）会景楼景区

1）会景楼（图 28-19）。

2）九狮轩（图 28-20）。

3）流觞亭（图 28-21）。

4）三曲板桥、流觞亭前山水林木景观（图 28-22）。

5）得月楼上俯瞰会景楼景区（图 28-23）。

（六）玉华堂景区

1）玉玲珑（图 28-24）。

2）积玉水廊（图 28-25）。

3）听涛阁（图 28-26）。

4）五老峰（图 28-27）。

5）玉华堂与积玉水廊之间山水林木景观（图 28-28）。

图 28-19　会景楼

图 28-20　九狮轩

图 28-21　流觞亭

图 28-22　三曲板桥、流觞亭前山水林木景观

图 28-23　得月楼上俯瞰会景楼景区

图 28-24　玉玲珑

图 28-25　积玉水廊

图 28-26　听涛阁

图 28-27　五老峰

图 28-28　玉华堂与积玉水廊之间山
水林木景观

（七）内园景区

1）古戏台（图 28-29）。

2）耸翠亭（图 28-30）。

3）可以观前睡眠龙、啸月洞门（图 28-31）。

4）九龙池南侧黄石洞、波浪形围墙及隔水花墙（图 28-32）。

5）九龙池南侧粗干、置石、细竹、流泉之景观（图 28-33）。

图 28-29　古戏台

图 28-30　耸翠亭

图 28-31　九龙池南侧黄石洞、波浪形
围墙及隔水花墙

图 28-32　可以观前睡眠龙、啸月洞门

图 28-33　九龙池南侧粗干、置石、细竹、
流泉之景观

陈业伟著 . 豫园 . 上海文化出版社，2009.1

注：2010 年，《豫园》列入"全国大中专教学用书"。
香港精彩香港书城，台湾有卖网书店、华书网网络书店，均曾销售《豫园》。

中轴线·对称

中国古代的城市规划和建筑群的组合布局受到"中庸"、"和合"、"重礼"的哲学思想的影响和指导，形成了特有的空间布局的理念和充满了中国传统文化的艺术形式和审美意境。如：

1）中轴线·对称。
2）四合院的围合组群和院落布局结构。
3）棋盘式方格网道路系统和矩形街区的布局体制。
4）讲究群体美、空间美、整体美的视觉效果。
5）美感体现在对称、平衡、稳定之中。
6）追求持中守衡、整体和谐的审美意象。
7）推崇中庸、中和、正大之美。
8）崇尚自然、师法自然、回归自然的"天人合一"的意境。

一、中轴线

所谓风水是对方位和环境的诠释。

那么，东、南、西、北的四个方位是怎样产生的呢？

古人最早从太阳的朝起夕落，认识了日出、日落的方位。日后人们将太阳升起的方位称东，太阳落下的方位称西。

后来，古人又发现了向阳背阴的现象，将阳光明媚、通风良好的向阳方位称南，将处于阴影、寒冷的背阴方位称北。

于是就有了东、南、西、北四个基本方位，形成"四方位空间"。以后发展到建筑的布局，尤其是主体建筑，以坐北朝南、向阳背阴定为最好的方位。为此，古人还委派青龙、白虎、朱雀、玄武为东、西、南、北四个方位的代表圣兽之威的守护神。

人们在认知日出为东、日落为西，以后又将春夏秋冬四季与东南西北相对应，于是时间与空间的关系紧密了。

久之，人们又意识到东西与南北各联成一直线构成十字交叉，其交叉点是四方位空间的居中位置，是空间的中心，形成"中"方位，这是一个独立的方位，于是产生了东、南、西、北、中的"五方位空间"。

将南、中、北连成一线，称南北轴线，又名中轴线。

中轴线能起到一个大空间内的控制作用。围绕中心，以中轴线为基准，将各主体、各群体、各组团，主次分明、等级有别、高低有致，坐南朝北依次展开、有序排列。

　　除了几幢主要建筑坐落在中轴线上之外，其余都围绕中心和中轴线，按主次、前后、上下、左右对称布置。大到北京故宫中轴线，小到四合院住宅，一座城市、府衙、宅邸、庙宇、道观等均体现这一布局理念。最长的中轴线莫过于北京故宫的贯穿南北的中轴线，南起永定门，北至钟楼，全长 7.8km，这是世界上最长、最壮观的中轴线。

　　轴线不仅起联系若干主体建筑和节点的作用，还起加强视觉的结构因素。

　　在规模较大的建筑群中，除中轴线外，还可以在两旁设置次轴线；形成另一个或几个组合群，横向展开层层递进，可形成多院落、多层次的空间序列结构。

　　中轴线上的主体建筑与其他建筑之间的关系，犹如众星拱月，从不同的方位和不同的层次簇拥着主体建筑。

　　这种群体布局，犹如一首优美的乐曲，不仅有序曲，还有高潮和尾声。有独唱、领唱、重唱，有伴唱、和声、合唱。旋律有主有次，有轻有重，有高有低，有近有远，有稀有密，有动有静，富有韵律感和节奏感。

　　轴线的形式，可以是一根直线轴，也可以是一根曲折的轴；或是由系列空间组成的实轴，乃至一根虚轴。视具体的规划情况而定，如：万科水晶城的总平面规划，就是由 3 种住宅类型的 9 个建筑组团组成，并有一个"Y"形景观轴。

二、对称

　　世界万物存在的方式和相互关系，一直是追求一种平衡的状态与和谐的境界。

　　中国古人一直将对称与平衡视作为最美的形态。

　　古代建筑群的布局十分讲究对称。

　　因对称而获得平衡，因平衡而和谐。平衡与和谐是相辅相成的。平衡是差异的双方维持相对稳定、相互协调的状态和结构关系。阴阳调和在总体布局中反映的就是对称平衡。

　　中轴线与对称是互为衬托、浑然一体的产物。对称以中轴线作为基准而展开，没有中轴线就无对称可言。中轴线是对称的骨架。对称能更突出中心和强调中轴线的存在和作用。

　　对称与平衡的理论基础来源于中国儒家哲学思想——"中庸"之道与"和合"精神。这是中国传统伦理道德的重要理念，是传统人文思想与价值观的核心所在，是传统艺术追求的最高境界。

　　"中庸"思想的含意就是：不偏不倚、持中守衡、稳定有序。

　　"和合"思想的含意就是：和睦、融合、和谐。

　　反映在对待事物的态度上，重视整体观念、秩序观念、和谐观念、稳定观念。这就是经典书上所讲的：尚公、重礼、贵和、中庸。

　　中国古代社会是一个重"礼"的制度。

　　"礼者，人之规范"，是社会的秩序，社会的秩序就是等级秩序。当时的社会通过一系列、一整套的规矩、规范、制度来维护、稳定等级秩序，这就是"礼"。因此，重礼就是重等级、重秩序。

三、中轴线·对称

"中轴线与对称"是一个整体，是一种组合形态和空间结构。"中轴线·对称"这一形态能呈现一种"中和之美"的美学特征，美感尽在平衡之中。能产生宁静端庄，稳定整体、秩序井然、中规中矩的审美心理。庄子曾说："与人和者谓之人乐，与天和者谓之天乐。"创造和谐的环境与心平气和的心态，使人也和，天也和，不正是社会的期望吗？人际需要和谐，布局需要平衡。中轴线·对称的布局结构，也是中国传统山水画所表现的"至大"、"至刚"之气和"至中"、"至正"之境界的"正大之美"在中国传统建筑群布局上的反映。这充分说明艺术都是相通的，一些经典的传统的形式美法则具有普遍意义，并可相互借鉴。

森严的紫禁城的"中轴线·对称"严谨规整的布局，能烘托和显示王权至高无上的统治思想及尊贵显赫的崇高地位。这就是建筑群空间组合构成的艺术形象所产生的巨大生命力、魅力和震撼力（图29-1）。

唐长安城是中国古代最大的城市。城市用地面积为 $84km^2$，城市人口几近 100 万。用地规模是明清北京城的 1.4 倍（图29-2）。

城市以南北向的中轴线与东西向的横轴线十字交叉为骨架，形成对称的布局结构。

东西向的横轴线将城市分为南北两大部分。皇城坐北朝南，位于城市的中心位置，呈"品"字形布局。城内是中衙署，重要的中央官署都集中于此。东南和西南处有太庙和社稷坛。皇城的北面是宫城，有三座宫殿，以中部的朝会正宫的太极宫最大，东、西各有太子殿和后妃的宫殿。以后，唐长安又在东北部增建了另一宫殿——大明宫，规模比太极宫更大。

全城道路纵横有序、泾渭分明、整齐划一，是典型的棋盘格系统。南北向大街有 11 条，东西向大街有 14 条。在中轴线朱雀大街的两侧对称地布置着 108 个里坊（隋文帝时将四周道路围成的方格形区域称为"坊"，隋炀帝时改称为"里"）。坊的大小不一，有 $26.7hm^2$、$34hm^2$、$49.2hm^2$、$52.2hm^2$ 和 $76hm^2$ 五种规模。可见，坊的面积较大，相当于现在城市的居住区规模。

长 9km 的中轴线朱雀大街的东西两侧各辟东、西两集市，相互对称，规模相仿，面积各有 $81hm^2$（一坊的长宽约为 $900m \times 900m$）。集市内设有各类商铺和贸易肆、行。有为普通市民服务的商店，也有为贵族、官僚服务的商业和外国商人开设的店铺、商行（商人多为波斯人和阿拉伯人）。真所谓是商贾云集，邸店林立，贸易繁荣。唐中期后，在里坊中也开设了商店、铺行，就近为市民服务，方便了市民生活。

综观唐长安城严谨规整的格局，气势宏伟。充分体现出唐王朝权力高度统一和集中的气势及精神。总体规划是以"中轴线＋对称"与"棋盘式道路网＋矩形街坊体制"布局结构的典范。

巴西首都巴西利亚城的总体规划思想的立意是两条轴线正交成"十"字构架，以南北向的中轴线为平衡轴，绝对对称地向东西两侧延伸、展开。从而形成似"飞机"、似"展翅大鹏"的布局形态。东西向轴线长约 8km，沿着半岛走向扩展，随地形弯曲，布置住宅

北/North

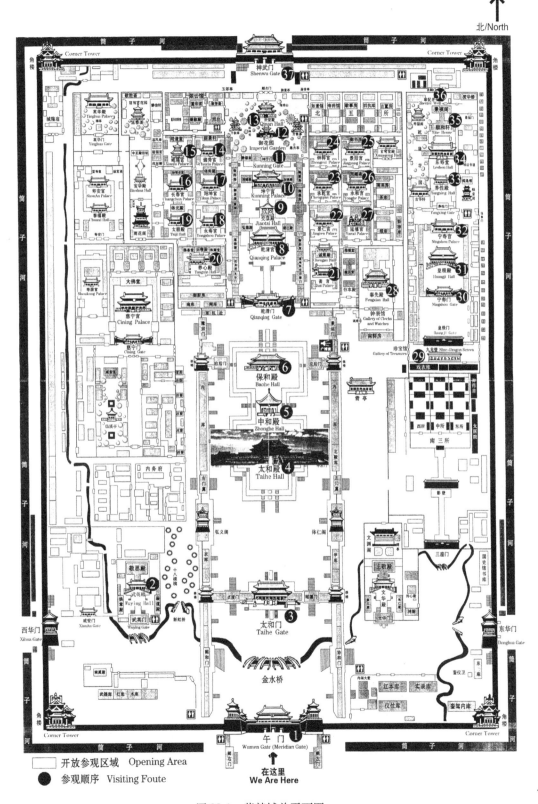

开放参观区域　Opening Area

参观顺序　Visiting Foute

图 29-1　紫禁城总平面图

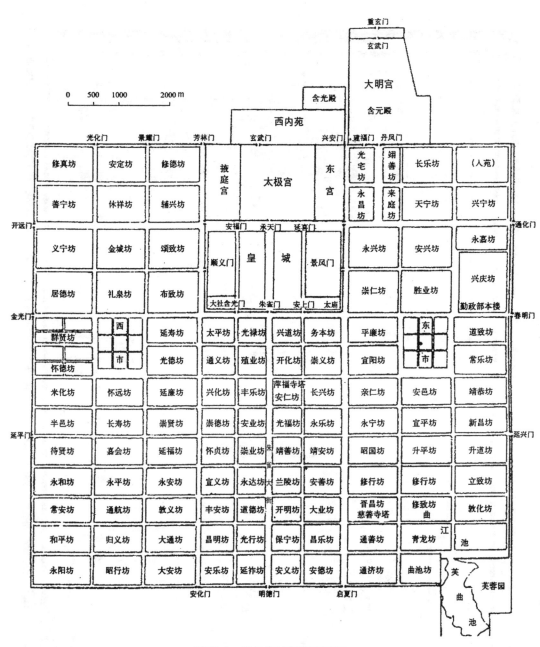

图 29-2 唐长安城复原平面图

区。南北向轴线长约 3.75km，面向海洋，与优美的风景配合得很好。这是一条公共建筑较集中的轴线，是城市市中心的所在地（图 29-3）。

在南北中轴线上，自南至北，"机头"是三权广场（由立法、行政、司法等机构组成国会大厦、政府宫、高等法院），然后依次是大教堂、文化中心、娱乐中心、银行贸易区、商业中心、旅馆区、广播电视塔、体育运动中心。轴线的两侧还有：展览中心、植物园、动物园、马术俱乐部；南端还有高尔夫俱乐部和帆船俱乐部，北端"机尾"是市政广场，建有市政厅、警察局、消防队、公共福利部门。后面是火车站、仓库、工业设施和军营。近海区域设置高级住宅区和大学城。机场放在城市的西郊。

巴西利亚城市总体规划是由巴西著名建筑师卢西奥·科斯塔设计。规划的创意来自于在十字架，并把一条轴线的两端弯曲起来，形成一个类似等边三角形的轮廓。

交叉轴线的方案也是古老城市规划的方式，如埃及象形文字中有一个圆内含十字的图形，被认为是最早城市象征的图案。在

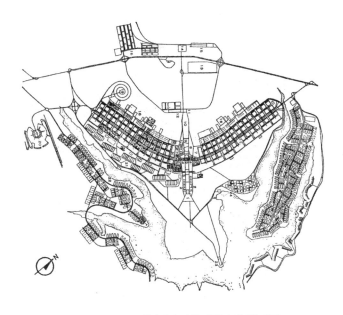

图 29-3　巴西首都巴西利亚城市总平面图

1—三权广场，2—办公区，3—教堂，4—文化娱乐区，5—高速道路立体交叉，6—银行及事务所地区，7—商业区，8—旅馆区，9—无线电台、电视塔，10—体育中心，11—广场，12—出版印刷工厂，13—兵营，14—火车站，15—仓库，16—货场，17—公寓式住宅区，18—并联式住宅区，19—墓地，20—飞机场，21—使馆区，22—郊外住宅区，23—帆船俱乐部，24—大学

古罗马和传统印度的城市规划中也应用了十字图案。十字的交叉点是中心，城区由此向四周扩展。

富有想象力的科斯塔由此确定了巴西利亚城的总体规划格局——似一架昂首蓝天的"飞机"载着巴西向着美好的未来飞翔。因代表巴西人民的腾飞精神而被载入史册。早在1987年，这座仅 27 岁的城市被联合国教科文组织列入"世界文化遗产名录"，成为世界上唯一获此殊荣的现代城市，这是史无前例的。今年（2011 年）是巴西首都巴西利亚建城 50 周年。

中轴线·对称的布局，虽平衡严谨、井然有序、稳定和谐，但并不会显得呆板和单调。因为，在中轴线上被串联的建筑也有主次之分，按功能可有不同的体量、高度和形式上的变化，但要协调，不能影响主体建筑的突显。因此，在中轴线上的建筑，因主次和前后的排列而产生的序列感和层次感，因高低错落、起伏跌宕而产生的韵律感和节奏感，使中轴线成为一条有生命有活力的轴线。

如：故宫中轴线上的主体建筑三大殿——太和殿、中和殿、保和殿，因功能不一样，其体量、层高、装饰与屋顶形式都各不相同（图 29-4）。

太和殿——面阔 11 间，进深 5 间，高 30.05m，建筑面积 2377m²，屋顶为重檐庑殿顶，檐角安放 10 个走兽，装饰豪华，是中国规格和等级最高的古建筑。太和殿是举行各种盛大典礼的场所。如：皇帝登基，皇帝生日，册立皇后，元旦、冬至节日节庆，颁诏，派兵

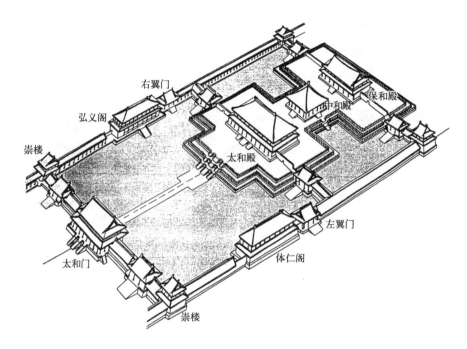

图 29-4　前朝三大殿鸟瞰图

出征、赐安等等，都要在这里举行大典或仪式，接受文武百官的朝贺。

中和殿——位于太和殿和保和殿之间。面阔和进深各为 3 间，四面出廊，建筑面积 580m²，屋顶为四角攒尖顶，檐角安放 7 个走兽，大殿平面呈方形。中和殿是皇帝去太和殿前小憩的地方。在举行大典前的一天，皇帝在此阅览奏章和祝辞。

保和殿——面阔 9 间，进深 4 间，高 29.5m，建筑面积 1240m²，屋顶为重檐歇山顶，檐角安放 9 个走兽。保和殿是举行盛大宴会的地方，每年除夕和正月十五，皇帝在此宴请外藩、王公大臣。自清朝乾隆帝始，也是每三年举行"殿试"的场所，由皇帝亲自监考。公主出嫁时，也在此宴请驸马。

这不同内涵和形象的三幢建筑，主次分明、大小有别地排列在中轴线上，它们相互呼应、相互映衬、高低起伏、跌宕有致，富有韵律感和节奏感。使整体布局严正中有变化，对称中显灵活，统一中见多样，静中有动的艺术效果油然而生。

在总体布局中，中心是重要的节点，是核心所在，是"风水穴"（风水最好之处）。

中国古代各朝都城的规划，不仅拥有严格的中轴线，而且对南北轴线和东西轴线相交的中心点之布局十分重视。如：

1）北京城的中心就是皇城。

2）皇城的中心是紫禁城。

3）紫禁城的中心是太和殿。

太和殿的中心是须弥山，其上有象征九重天的 9 层台阶的须弥座，即皇帝上朝时坐的龙椅——楠木金漆雕龙宝座。

这种布局是多么严正、严肃、严谨！

（一）平衡之内涵

任何完美的艺术作品都能体现出形态之间的平衡关系，任何事物的存在状态都能体现出一种相互组合的平衡关系。

"中轴线·对称"中的中轴线，又称"对称轴"或"平衡轴"。

中轴线两侧的建筑布局的形态可以是绝对对称，也可以是稍有变化的均衡对称。绝对对称和均衡对称都是形式美法则和构图原理中"平衡"的两种不同的构成方式。其区别在于：

1. 绝对对称，又称"均齐"

在平衡轴两侧的物体的形态配置既等量，又等形，是以对称原理构成的平衡关系。

绝对对称，又称绝对均齐、轴对称。是以一条中心线作为对称轴，两侧等量等形，以相互呼应的关系，较严谨的精确平衡为特征，形成绝对对称和均齐的平衡形式。构成的总体形态表现出：庄重、严谨、稳定、安静、严肃、规整、坚实、统一的气氛和审美特征。具有重复性、机械性、装饰性的特点，注重几何构图，强调理性与秩序。

有的绝对对称的规划不仅做到平衡轴的两边等量、等形，还达到等距离、等空间的对称程度。

皇都花园总平面规划的中轴线是一条对称轴。两侧的建筑排列绝对对称、均齐、平衡。布局效果规整、平稳、祥和；在严谨中显有活力，在统一中求得变化，静中有动。拥有 34 万 m² 的住宅区，由别墅、多层带电梯房、小高层等多种住宅类型组成，形态变化丰富、高低错落、跌宕有致、富有韵律感和节奏感（图 29-5）。

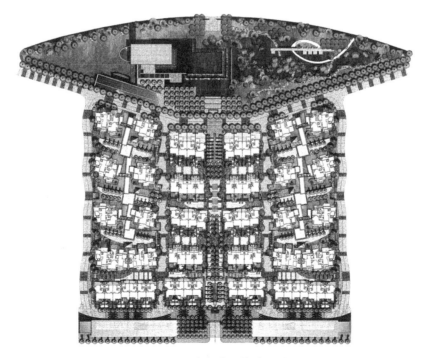

图 29-5　皇都花园总平面图

别墅都被水环绕，水流淌到每幢建筑，进入每户人家，仿佛建筑浮在水面上，真正的水景住宅。每幢别墅都耸立在一个独立的环境中，拥有高度的私密性、幽静性和安全性。

规划师运用极简主义的理念，竭力使人、空间、自然、大地完美结合。绵延环绕式的水景，优美的绿化景观，实现了真正的与大自然为伴的自然生态家园。整个住区洋溢着优雅、娴静的氛围，具有典雅大气、雍容华贵的审美特征和高端住宅区的品位。

皇都花园住宅区规划将居住与公共活动空间两大部分截然分开。位于北面的公共活动区域是集水面、绿化与公共活动设施于一体的大花园。规则的建筑与不规则的自然的水面和绿化种植交织在一起，充满了动静相宜、娴静清灵的气息，与紧凑布局的居住部分形成鲜明对比。

由水池、叠泉、景观花坛、休闲小广场等组成的中心轴，是一条颇为壮观、优美，富有装饰性的步行林荫大道，并将住宅区的居住和活动中心紧密联系在一起。

2. 均衡对称，简称"均衡"

在平衡轴两侧的物体之形态配置虽等量但不等形，或虽等形但不等量。在平衡轴的一侧稍有变化，是平衡关系中的不对称形式，但又不失均衡的整体感。

这种在中轴线两侧的"近似量"和"近似形"的均衡布局形态是富有弹性的平衡关系。它具有以下几个特点：

1）在总体工整的感受中，显现出局部变化的多样性和丰富性。

2）在整体和谐的、平衡的框架中，不失局部的生动性和灵活性。

3）给人总的感觉是，远看仿佛一样，近看各有千秋。

4）在视觉上，平衡轴两侧的形态之间既有一定的共性特征，又能具有比较鲜明的个性特征。达到了在严谨中体现活泼，在统一中求得变化的效果。

白金瀚宫别墅区的总体规划是以中心轴两侧均衡对称为构思，追求所谓的"王者气魄"的立意为出发点而展开的布局（图29-6）。

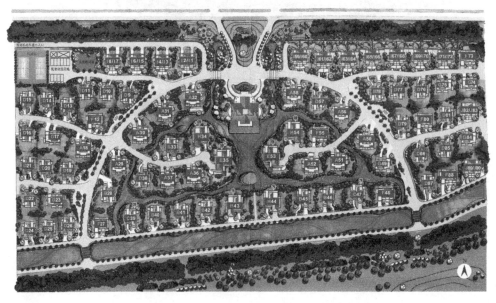

图 29-6
白金瀚宫总
平面图

　　从别墅区南侧的天然河道引水入内营造水景，形成委婉曲折的水网，并由此而分隔成几个形态优美的岛屿。在岛上的住宅傍水而建，家家临水而居。户户都可通到河边的石埠头，人可以一级一级地直通河边，是典型的亲水别墅和岛居式的居住布局结构。

　　由公主喷泉、豪华会所、国王大道、皇后步道、伯爵湖畔等组成的别墅区的入口广场和住区中心的布局，豪华有气魄。

　　建筑布局遵循委婉曲折的水网、路网和绿网，在自然、洒脱的布局中，洋溢着优雅、抒情的氛围。由于对称轴两侧不论是建筑的排列还是组团的组合，不采用绝对对称的构图，而是运用"似等量"和"似等形"的稍有变化的相对对称的均衡布局，因此，规划结构充满了生动、活泼、浪漫的布局美，呈现出一派清新、灵秀、雅丽、静幽、自然的庄园气息。

　　别墅区的中心位于中心轴上突出于湖面的小岛上，傲然屹立，极具王者气度赫然在目，但却呈现出平等、精心服务于每个住户的姿态。

　　这条中心轴虽有续有断、有实有虚，但却将陆地、水面、建筑、绿岛紧密连接成一个整体。并以此为中心，将路网、水网、绿网舒展蔓延开去，形成一个布局灵活、变化有致、生机盎然、幽美的生态水景别墅区。

　　丹麦哥本哈根住宅区总平面以6排条状多层住宅组成的行列式"基本形组合单元"为基础，运用横向移动对称的构成方式，等量、等形、等距离、等空间地连续重复排列成四组。四个"基本形组合单元"相互之间高低、上下、左右、前后的错落的关系处理得十分得体和舒适。总体规划属于均衡对称的布局形态。给人以明快、律动、和谐、相互呼应有秩序，毫无单调、呆板的感觉，因有变化的重复形成统一中有不统一，平衡中有不平衡，而富有韵律感（图 29-7）。

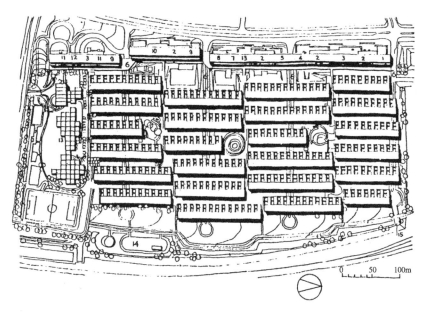

图 29-7　丹麦哥本哈根住宅区总平面图

1—电影院；2—幼儿园；3—休息中心；4—乒乓球房；5—商店；6—汽车道；7—社会中心；8—酒铺；9—洗衣房；
10—管理用房；11—托儿所；12—青年俱乐部；13—学校；14—休息及运动场地；15—垃圾站

（二）四合院

四合院在我国已有2000多年历史。以南北中轴线为准，两边对称布局，位于正东、正西、正南、正北四个方位的四座建筑与中央庭院组成四合院，属围合的院落组合形式。简单的四合院是"一进一院"，也有二进、三进乃至四进、五进院落的大型四合院，可容纳"四世同堂"的家庭，以达到传统大家庭追求大团圆和人丁兴旺的理想。但也能达到大家庭聚居，小家相对独

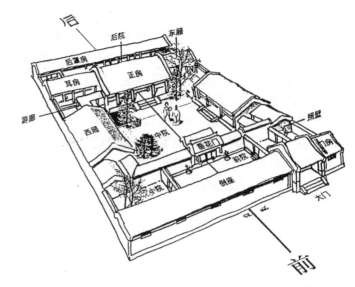

图 29-8　四合院平面图

立的生活方式。四合院的设计思想是古代儒家礼教思想和道家"天人合一"思想的有机统一。四合院的建筑布局充分诠释了中国古代伦理秩序和等级观念，包含了严格的中国传统的家庭观念、生活方式和居住理念（图 29-8）。

在中国古代宗法礼制、伦理秩序严明的社会体制下，四合院住宅中，家庭按身份、辈分划分；人按父子、长幼、男女、上下、尊卑确立地位。做到了尊卑有序、男女有别、贵贱有分、长幼有序、上下有别。随之，定位在主次、前后、左右、大小及不同进和不同方位的居住空间中。空间的等级区分了人群的等级。形成有严明等级和秩序井然的居住体制，伦理秩序、等级秩序和建筑秩序达到了高度统一。可见，当时四合院的设计思想是十分缜密和精细的。

四合院是建筑与庭院组成的综合体，方正的建筑布局代表儒家的精神，以南北中轴线为脊梁，东西两边对称布局，正襟危坐、中规中矩。自由的庭院是人与天地、人与自然共融互通的空间，是道家师法自然、天人合一思想的最佳诠释。每一"进"的院落与其周围的建筑形成一个组群。一座四合院大宅可以拥有几"进"、几"院"，但其中必有一个中心院落，庄重典雅，有一定的气势。其他都是一些朴实无华或小巧玲珑的院落。这些大小不同的院落相互联系成一个院落系列。

在中国传统民居中"庭院"是重要的组成部分，所谓无"院"不成"居"。庭院是各栋房屋的联结点，是人与人进行接触、交往和家庭公共活动的场所。

庭院既起封闭型四合院建筑的采光、通风及排水、泄雨和集水的作用，而且，种植着树木花草的庭院能将空气、阳光、日光、地气、灵气、神气等输送到建筑室内的各个部分。家人在这一方天地中可自由自在地活动，看天、看地、看太阳，赏月、观星；还可与天对话、对酌；上接天灵还可祭天拜佛。因此，中国民居的庭院不论面积大小，都能达到上与天地相通，人心与天地交融的作用。这符合中国传统人生美学所强调的天地之和、天人之

　　和、生命之和的信念，达到了人与自然天地可以情感交流的天人合一的境界。

　　因此，四合院有着特殊的人文思想和文化底蕴。

　　北京城，四合院与胡同以其方正的棋盘式的几何图案形式及严谨的对称结构，与雄伟恢弘的长达 7.8km 的南北中轴线一起构成了气势威严的王朝古都的形象。

（三）棋盘式街道网络与矩形街坊体制

　　围绕中心与中轴线，东南西北四方位空间的认定，坐北朝南、向阳背阴的定位，不偏不倚的对称、平衡布局。道路横平竖直，纵横有序，泾渭分明，街坊排列整齐，规正有方。于是就形成了方形或矩形的街坊和棋盘式道路网络的布局形态（图 29-9 ～图 29-11）。

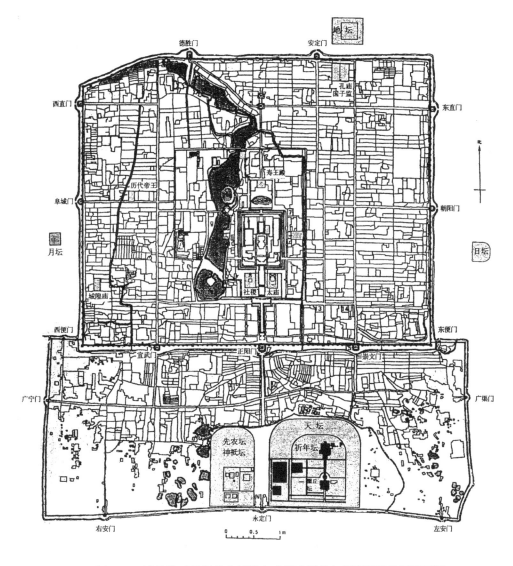

图 29-9　清乾隆时代的北京城棋盘式街道网络与矩形街坊体制平面图

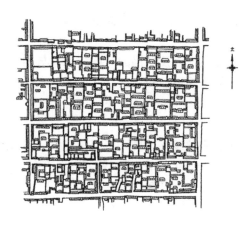

图 29-10　清代北京街坊局部图之一
（据《乾隆京师全图》摹绘）

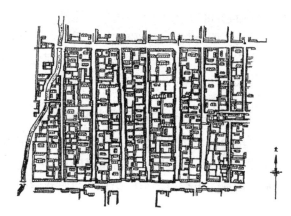

图 29-11　清代北京街坊局部图之二
（据《乾隆京师全图》摹绘）

　　国外早期也有类似的城市布局（图 29-12、图 29-13），如：1811 年纽约城市规划就采用方格网道路系统布局，道路笔直，街坊端正，城市平面整齐划一，均衡统一。18 ～ 19世纪美国大多数城市都是这种方格网道路系统。美国纽约曼哈顿，南北长约 13 英里，东西宽约 2 英里，总面积约 22.2 平方英里，在 1803 ～ 1815 年规划时，呈纵横分明的长方形格子网道路系统，共分成 2028 个街坊，被称为"栅栏格子"。街道不命名，而是用数字表示：东西向街道都以街命名，如第一街；南北向街道以大道命名，如第一大道。东西向

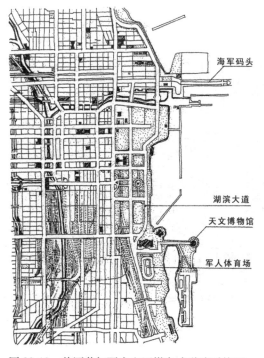

图 29-12　美国芝加哥中心区棋盘式道路系统图

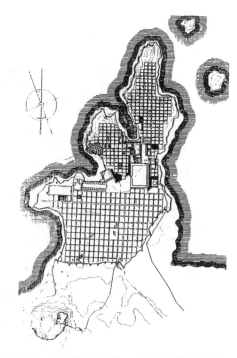

图 29-13　古希腊米利都·爱奥尼亚城市总平面图

有 12 条大街，南北向有 155 条大道。古希腊人和古埃及人早已学会用方格网道路系统来划分土地和组织住宅区的方法。据载，最早出现在公元前 7 世纪末。有关书中都认为这完全是由测量工程师用丁字尺、三角板画成的。

但是，同样是棋盘式道路网，方形或矩形街区体制，在中国古代有其深邃的传统历史文化内涵及立意构思、空间布局和审美特征的理念。

选自正在撰写中的《住宅区建筑群空间布局的艺术性和结构的多元化》一书

2010 年 1 月 初稿

2011 年 9 ~ 10 月修改定稿

城市更新与文化传承

一、城市需要文化的滋养与驱动

当前上海的旧城改建与过去大不相同，已经进入了一个新的历史时期，立意高了，思路开阔了，视野宽广了，思维开放了，头脑也更理性了。

尤其是在城市的价值观和审美取向方面都有很大的改变和提高。

城市的更新，内涵越来越丰富，目标越来越多元，形态越来越多样，理念越来越深邃。

城市更新与文化传承，这两者完整地结合成一整体，使上海中心城区的旧区改建进入了一个新的境界。这说明文化传承已是城市更新的重要组成部分，旧区改建必须思考优秀的传统历史文化建筑与历史遗存的保留、保护与传承。

10年前，曾将"环境"提到很高的程度，认为一个现代化城市越来越依靠"环境"的支撑，优美的环境是城市经济发展的重要推动力，是对外开放、招商引资的基础，是城市现代化、城市可持续发展和宜居城市的重要标志之一。

那么，今天就要再加上一个理念：文化。

现代化城市的发展需要文化的支撑与提升，需要文化的滋养与驱动。

一个没有或缺乏文化内涵和底蕴的城市是无活力、无生气、无个性、无特色的，也是没有创造力、想象力和竞争力的。尤其是一个没有传统的历史文化遗产保留和延续的城市是缺乏灵魂与根基的。因为，它没有历史的纵深感、层次感和厚重感。人们看不到城市发展的过程，所以是一个断层的城市。

现在，人们已进一步认识到旧区的更新改建不仅仅是技术或经济层面上的一些物质要素的安排，更不是简单的"拆"与"建"的决策问题，而是在总体战略上已进入到这样的层次：

（1）文化和精神层面及艺术和美学层面上众多要素参与的综合思考，统筹兼顾。

（2）经济发展、社会进步、生态自然这一复合系统必须相互协调，综合、可持续发展。

总之，在旧区更新改建中开始有了文化思维。对城市的本质的认识已提升到文化这一高度。

过去一直认为文化是指文学艺术方面的：文学、诗歌、音乐、戏剧、绘画、电影、舞蹈、书法等等，这就片面了。实际上，城市中的人文思想和人文精神，城市的内涵和底蕴，城市的气质和品位，城市的个性和特色；城市中的人文景观和自然景观；保护优秀的传统历史文化建筑、历史遗存、历史街区；留住旧区的历史文化记忆，保留旧区的文脉和肌理；追求"人与自然"，"人与建筑"，"人与城市"的和谐等等都是属于文化的理念和城市文化的范畴。

一个城市、一个地区给人留下最深刻的印象、最难忘的情愫是什么？是文化，是这个地方的文化符号或是文化名片。它们不论是一个建设项目、一个窗口、一个地区或一个节点，所展示的城市风貌，所代表的城市形象和城市价值，都凝聚着当代的人文思想和人文精神，深含着优秀的传统历史文化的内涵，并与周围的现代气氛相处和谐。如：上海的外滩、苏州河、新天地、田子坊、思南公馆、外滩源、徐家汇源、上海老码头……都是一些富有鲜明特色的优美的城市文化名片。它们都是一种城市的文化力量，富有魅力、感染力、亲和力及视觉的冲击力。

城市是一个文化生命体。

维克多·雨果有一句名言："建筑就是历史。"建筑传承着一个时代的文化、历史和风貌，并散发出特定的人文思想和人文精神，能引起人们无限的思索和遐想。

人们又进一步认识到城市是一部历史。城市与人一样也有记忆。凡是有深刻历史文化积淀的城市，其文化记忆都默默地蕴藏在城市的肌理之中，即：承载在一座座老的建筑物、名人故居、老店旧铺和无数的历史遗址内，潜移默化在老街小巷组成的路网格局、历史街区、地域形态、空间结构、环境风貌内，乃至沉淀于生活方式、风俗习惯、居住形态、社会经济及人们的价值观和审美观之中，并形成独特的人文思想和人文精神，城市的个性和特征，城市的气质和品位，城市的风貌和景观，建筑的形式和风格。因此，保护优秀的历史文化建筑和遗存不单纯是为了保护旧建筑和老房子，而是要保护其历史文化和城市记忆，保护其中隐含着的故事和传说。而且，这些记忆是不可复制的，每一幢老建筑的消失，每一个历史地段或历史街区的拆毁，都是一段文化记忆的丧失。

当前，城市面貌趋同的情况十分严重，导致南方和北方一个样，大城市和小城市一个样，城区和郊区一个样。各地方具有的地域特色、民族风格和城市风情等正在消失。

所以会搞成千城一面、千篇一律、雷同、单一、缺乏个性、无生气、无活力，究其原因大概有以下几个：

1）认识上的，非此即彼的"二元对立论"的传统观念。

2）文化上的"单一性"。

3）审美观上的缺失和偏见。

4）价值观上的急功近利和浮躁。

5）缺乏创造力、想象力、竞争力的基本动力。

过去对现代化城市的概念，认识十分单一，并进入了误区。认为现代化的城市就是高楼大厦林立、宏伟广场、宽阔道路、大草坪、大水面……一切旧建筑都是落后、贫穷的象征，是建设现代化城市的障碍。认识上的新旧对立，传统与现代不能并存，完全容不得旧的建筑、老的遗址存在，犹如眼睛里容不得半点砂子那样，都必须全部拆除。拆旧建新、拆低建高、喜新厌旧；左手拆掉旧的真古董，右手建造新的假古董；所谓一手毁遗，一手仿古，盛极一时。

于是不少优秀的传统历史文化建筑、历史遗存和历史街区都在轰轰烈烈大拆大建的旧城改造中被推土机铲平，化为灰烬。历史性文化空间的破坏，导致城市记忆的消失，历史文脉的断裂，历史肌理的破损；旧区的特色、个性、风貌、色彩和许多古老的地标都消失殆尽，荡然无存。

许多人见到古代历朝名人字画和古玩文物等会非常赞赏、爱不释手，甚至不惜斥巨资收购珍藏。但对那些记忆着历史沧桑、记录着老上海厚重的历史文化积淀的老建筑、老街巷、历史地段和历史街区，却熟视无睹。随着一座座高楼大厦的拔地而起，随着这些历史老建筑、历史地段和历史街区的消逝，我们永远失去了一段难忘的历史，抹去了一段特有的记忆，揩掉了一片历史表情，却少有人为之痛惜，真令人失落和茫然。

二、尊重多元文化，保护文化的多样性

多元文化和文化多样性的理念认为：多元文化的内容和形式能并生共荣，不同文化形态的多种形式能并存共融。

不论是东方文化与西方文化，传统文化与现代文化，本土文化与全球文化，精英文化与大众文化，高雅文化与民俗民间文化等等，不同文化之间可以互相对话、交流、沟通、包容；相映生辉，相得益彰，呈现对立统一和多样统一的和谐之美。各类文化之间无高低贵贱之分，相互不能替代，也不存在谁超越谁的问题，它们是群峰林立，各有千秋，折射出各自的光环。

上海正因为是一个多元文化和文化多样性的荟萃之地，有着丰厚的文化底蕴和历史内涵，总是显出与众不同的气质和品位，才使这座城市充满了活力和生气，有创造力、想象力、竞争力和爆发力，成为有个性、有特色、有智慧、有理想的魅力四射的国际大都市，一个十足的海派文化的大城市。

只有树立了多元文化和文化多样性必须受到保护的理念后，人们才会自觉地尊重、保留、保护、延续反映各朝代、各时期的优秀的历史文化建筑和遗存、历史街区和工业遗产。

应像社会上尊重老年人一样，一些历史文化老建筑理应受到尊重和保护，因为它们的厚重的历史沧桑感中蕴含着历史印痕、文化沉淀和精神内涵，这就是一种美。不仅能供人们欣赏和游览，让人怀旧、追思以往岁月和历史时空的情景，从中受到启迪和教益。而且有些老建筑和历史遗存在保持其外貌特征、原有格局和环境风貌的前提下，注入新的内涵和功能，不仅赋予了自己新的生存环境，焕发了新的生机和活力；又可形成一个个具有新的人文思想和人文环境的空间，具有了新的价值和审美体验，达到了既保护又利用的双重目标，这就是保留—保护—传承—更新—发展的过程。

上海世博会城市最佳实践区内，巴塞罗那案例馆内墙壁上写着这样一句话发人深省："恢复文物瑰宝，供市民使用。"他们将一些古建筑和老房子保留并利用为图书馆、音乐厅、咖啡屋，乃至社区活动中心、邻里中心、幼儿园等公共活动设施。

在希腊雅典，人们可以看到古城废墟和市民住宅为邻，现代建筑与历史遗迹隔街相望，现代生活与古代遗迹和谐相处。它们都最大限度地保护历史文化遗迹，维护历史文化遗产的尊严。希腊文化与旅游部秘书长丽娜·蒙多尼博士说："我们的理念是，文化保护不是一种简单的拯救，而是在拯救过程中，将之与民众的日常生活融为一体。"

有的国家对历史遗产的保护与尊重多元文化联系在一起，并在政府机构设置中成立专门的部门，如在澳大利亚首都地区政府中就设有"多元文化和遗产部"。

上海近年来也作了许多有益的探索，如：新天地、八号桥、田子坊、思南公馆等，

并取得了成功。这些新的城市公共活动空间，传统文化与时代生活完美融合，传统的韵味与时尚的情调和谐共鸣，历史的魅力与现代的活力相映生辉。

它们都成为一个个具有多元文化内涵的高品质区域，成为上海城市文化的新亮点和新名片。由于在保护中引入了新的利用机制，并颇见成效，使人们认识到优秀的历史遗存都具有历史价值、文化价值、社会价值、审美价值、旅游价值和经济价值，潜在的优势可以变为现实的优势。

于是保护和利用历史文化遗存的认识提高了，多方面的积极性和自觉性被充分地调动了起来，将城市更新和文化传承的工作推进到了一个新的台阶。

最近，上海静安区政府在旧区改建中提出了一个非常重要的承诺：今后，在旧区改建中再也不能以兴建一个崭新的商品房小区为标志了，要把保留城市记忆、肌理、历史、文化作为旧区改造的目标，要原汁原味地保留已有的花园洋房、新里、旧里和每一条弯弯曲曲的弄堂。

上海松江区政府也有同样的认识：过去，对旧区存在误区，认为旧区形象破旧是落后的标志，而且浪费用地阻碍发展，要拆旧城腾地。现在我们在老城改造中就摒弃"拆除再建"的做法。原有的风貌建筑可以转换功能再利用，原有的工厂可以改造成低收入人群的住房或引入创意产业。这样既可使效益最大化，也延续了城市历史风貌，对城市原有的东西赋予新的发展内涵。

必须清醒地认识到，要树立多元文化和文化多样性的重要理念，并非易事。首先，必须调整既有的思维定势和传统理念，乃至知识结构。尤其是对现代化城市内涵的包容度及对旧区更新与文化传承之间密不可分的依存关系，都必须有全面、深刻的理解，并认真吸收城市发展新的理念。

中国古代哲学告诉我们：事物的发展靠的是"和"而不是"同"；事物的丰富靠的是"多元"和"多样"，而非"单一"和"雷同"。中国 2500 年前，孔子早已提出"和而不同"的思想。和谐，是中国传统历史文化中的重要理念，是一种重要的价值取向和审美追求。只有不同的东西才能产生和谐，而非相同的东西才产生和谐。和，是在所见各异的基础上达到的，异是和的前提，无"异"哪来"和"。和谐思维要求，尊重差异，包容不同成分，容纳多样存在，这就是和谐的本质所在。有差异，有多样、有对立，才能达到差异共融、多样包容、对立统一，然后构成和谐之美。有多样才能有变化，有对立才能成对比，有差异才能寻求均衡。多样、对立、差异都可各抒己见、共生共荣、相辅相成、互补互济、交相辉映、协调统一，达到整体和谐之美。和谐之美就是多元文化和文化多样性之美。和而不同的和谐之美是中国传统的艺术和美学的最高境界。现代美学中的"多样统一"与"对立统一"的形式美法则与中国传统的"和而不同"的思想有异曲同工之妙。

费孝通先生在 80 寿辰聚会上讲了一句 16 字箴言："各美其美，美人之美，美美与共，天下大同。"各美其美，即各自赞美自己的文化；美人之美，即同时也要欣赏别人的文化；美美与共，天下大同，即各种不同的文化可以和谐相处在一起。这是对"和而不同"思想的很好的阐述。

上海世博会是人类想象力和创新精神的集中展示，是多元文化的大交流，文化多样性的大展示。

上海世博会中，许多国家展馆的外貌和形象，有的奇思妙想、巧夺天工、争奇斗艳；有的充分展示了本国、本民族传统文化的特征和历史遗存；有的充满了时代的时尚元素；有的充满了寓意、象征的特色。他们对上海世博会"城市，让生活更美好"主题的演绎、形象的表达、场馆内容的展示和文化的传递都有各自的独到之处，真是风格迥异、独具匠心、无一雷同，琳琅满目、五彩缤纷、魅力四射，让人目不暇接。充满了智慧的光芒和浪漫的色彩。

像中国、日本、沙特阿拉伯、以色列、西班牙、英国、法国、阿联酋、芬兰、新加坡、德国、波兰、俄罗斯、瑞士、罗马尼亚等国展馆，其绰约多姿的建筑形态和独具文化个性的艺术表达，充分说明了在全球多样化的语境下，规划师和建筑师都充满了活力、智慧、理想、进取、想象、创意、激情及对未来的追求和憧憬。他们都将建筑当作艺术品来创作。许多展馆都深含文化、艺术、美学和自然的内涵及城市发展的新理念，并得到新材料、新结构、新能源等现代科技的支撑。

在上海的世博会上可以看到当今世界的文化是多么丰富多彩，多元和多样。只有包容文化的多元，并以多种形态存在，才能使文化更丰富，更活跃，更多样，更有生命力。文化的宽容，文化的共享，文化的繁荣是相互促进和相辅相成的。多元才有兴趣，差异才能多彩，正是这种差异形成了人类文化的多彩多姿、博大精深。要能欣赏那些由于多元文化和文化的多样性而形成的新的文化形象，新的艺术形态，新的视觉形象和新的建筑形态。

上海世博会是全球文化的大竞技，是人类文明成果的大展示；也是对现代和未来城市发展的方式和理念，对未来生活的走向及其价值的路径，进行积极的探索、思考和实践。无疑，这会极大地推动和提高多元文化和文化多样性这一重要理念在我们心中的深切认同，使许多固有的、习以为常的社会思维、价值观和文化取向发生震荡；使单一的审美追求和审美情趣发生急剧的冲击。人们认识到多元文化可以相互展示、交流、对话、沟通和交融，不同文化形态的多种存在形式可以共生共荣、和谐相处，优秀的传统历史文化遗存必须受到尊重、保护和继承，传统的文化元素与现代的时尚形态可以交相辉映；也认识到生态、绿色、低碳是人类生活和生存之本，要尊重自然，使人与自然、城市与自然和谐相处。

三、有益的探索，创新的实践

（一）旧式里弄的保护与传承

石库门旧式里弄住宅是近代以来最典型的上海民居建筑。中西建筑相融合的石库门旧里已不仅仅是一种建筑形式，它已成为上海历史的重要组成部分。石库门，作为一个历史文化空间，承载的是上海的历史记忆和城市的性格，现在石库门已成为上海城市的符号和文化品牌，已成为上海城市文化和城市精神的代表，是中国近代建筑史上一笔宝贵的建筑和文化的财富及富有历史文化内涵的人文遗产。

最早的石库门旧式里弄住宅都是一幢建筑一户人家居住。以后因居住日益困难，一幢房子都住有好几户人家。对历史遗留下来众多居住密集、拥挤，设施落后，不成套的石库门旧式里弄住宅如何保护、更新、传承,让广大居民提高居住质量、生活质量和环境质量,已提到重要的改善民生的原则高度。

针对不同历史建筑的保护对象有不同的保留和保护,传承和利用的方法与途径,以居住功能为主的石库门旧式里弄住宅的历史街区为例,上海就有三种不同的保留和传承的方法。

1)步高里——位于上海陕西南路 287 弄,建于 1930 年。街区总用地面积 6940m²,建筑面积 10004m²,共有 79 幢建筑,住 375 户居民。系 2 层砖木结构,住宅的外墙为红砖清水墙。总平面形式为单开间,底层是天井、客堂、楼梯间和厨房间;楼上为前楼和亭子间,亭子间上面是晒台。少数尽端单元有两开间。

1989 年,步高里被列为上海市优秀近代历史建筑保护建筑和上海市文物保护单位。

步高里采取绝对保护和传承的模式,保持"原居住、原生活的原生态状态"。近年来每户增加了煤卫设施,生活质量得到了一定的提高。但目前还住得比较拥挤,要逐步迁出一定的居住人口,降低居住密度,健全现代生活的辅助设施,达到每一幢房子居住一户人家的独门独户成套的舒适的居住标准及宜居的环境质量。这也是目前上海旧里中存在的普遍性问题,为此要切实作出最大努力来改善。

2)建业里——位于上海建国西路 440 弄、456 弄和 496 弄,形成东弄、中弄、西弄三条弄堂的格局,建于 1930 年。街区总用地面积 17400m²,建筑面积 20400m²,共有 260 幢建筑。总弄留出一块空地,供汽车倒车和居民活动之用。建国西路沿街设有商店,供应居民日常生活所需粮油和日用杂货。

建筑的外墙用红砖清水墙,山墙采用马头风火墙。每排房屋之间纵向设砖发券,横向设过街楼。住宅的总平面形式为单开间,底层是天井、客堂、后客堂、楼梯间和厨房间;二楼是前楼、后楼、楼梯间和亭子间,厨房上面减低层高,设二层亭子间。这样,立面就形成"前二层后三层"的外观,因此,建筑很有特色。建业里是现在上海最大的石库门旧式里弄住宅街区,1989 年被列为上海市优秀近代历史建筑保护建筑。

建业里原设计 260 户居民,现住 1050 家住户,36 个单位,居住密集、拥挤,住宅结构破损严重。

保护性改建工程严格按照历史原貌"修旧如旧"的原则。改建后的建业里,40% 恢复石库门里弄住宅,由居民居住。其余部分将作为以石库门里弄住宅为特征的服务式公寓。共拥有 80 ~ 100 套房间,沿街开设古董、文物商店及购物商场等设施,还建有小型地下停车场。

3)新天地——位于太仓路 181 弄,占地 30000m²,建筑面积 60000m²,是采用将所有住户易地安置,全盘保留石库门旧式里弄住宅的形式风貌、弄堂格局和空间形态。内部注入新的功能,代之以餐厅、酒吧、咖啡馆、夜总会、服装、饰品、工艺品、艺术画廊等文化娱乐和时尚的商业设施(图 30-1 ~ 图 30-4)。

在新天地,门外是风情万种的旧式里弄住宅,仿佛置身于 20 世纪 30 年代的上海;门内则完全是现代和时尚的生活方式。一步之遥恍若时光倒流,有隔世之感。新天地被誉为领略上海传统历史文化和现代生活形态的最佳之处,成为上海新的地标。上海石库门博物

图 30-1　新天地图 1

图 30-2　新天地图 2

图 30-3　新天地图 3

图 30-4　新天地图 4

馆如此描述"新天地"："中老年人感到它很怀旧，青年人感到它很时尚；外国人感到它很中国，中国人感到它很洋气。"真所谓是，"老少皆宜，中外青睐"，得到了社会的广泛认可。

可见，以上三种旧式里弄住宅的保护模式各不相同。有的将居民全部原地保留，增强现代生活设施，改善居住条件，保持原生态居住功能。有的将原住户全部异地安置，保留原住宅的形式和外貌，改变居住功能，注入新的内涵加以利用。有的采取折中办法。但万变不离其宗，最终目的都是为了改善原住户极差的居住水平、生活质量和环境质量，拯救濒临危损的旧住宅，修旧如旧地保护历史街区。

"新天地"和"建业里"的保护性开发利用模式应是多元文化内容和形式并存共融，不同的文化形态可以有多种并存形式的理念指导下的探索。是极少数和个别的特殊案例，不具备推而广之的普遍性意义。

石库门旧式里弄住宅有其固有的平面布置、结构、层高、建材及外貌特征，与附属的石库门旧里的符号、元素和装饰。以其独有的品位和气质、形式和风格，反映出独特的历史价值、文化价值、建筑价值、人文价值、社会价值和审美价值。因此，保留石库门旧式里弄住宅街区不能仅停留在保护建筑及其外貌特征上，而是要整体保护成排的旧里弄住宅及其毗连的大小弄堂所组成的总平面布局、空间形态与环境风貌；以及住在建筑里面的居民的生活方式、居住状态、邻里情结、风俗习惯等等。这样才能综合反映出石库门旧里的生存状态、市井风情、人文景观、人文环境、生活风景线和旧里风貌，以突显旧里的原有的历史记忆与文脉、肌理。

在保护传统历史文化遗存中，逐渐认识到，看一幢建筑与看几幢建筑，一个建筑群，一个街区时，其感觉会很不一样。因为几幢建筑或一群建筑会形成一个组合，一个结构，一种形态；会形成一个空间，一个环境，一个景观，一种风貌。因此，保护历史文化建筑或历史遗存不能仅保护一座单体建筑，要尽可能保护与之相连的环境。因为，一座历史文物建筑不可以从它所见证的历史和它产生的环境中分离出来。一个老建筑之所以具有传统的含量，就是因为它生长在相对原生态的氛围里，之所以具有历史意义，就是因为孕育在清晰的历史脉络的环境中。因此，要提倡成街成坊地保护，只有在整体保护中才能维护其历史的文脉和肌理，保留它的特有的文化底蕴与文化记忆。人们才能清晰地感受到它们的存在。

保护旧式里弄街区一定要回归原生状态，即：保留建筑，保留居民；留住人气、留住生活，保护环境、保护风貌。建筑与环境，人与生活要一起保留，总之，要保留真正的"石库门"文化。

4）田子坊——田子坊是一个石库门旧式里弄，位于上海泰康路 210 弄，原名志成坊，建于 1930 年。目前所称的田子坊范围应是：南起泰康路，北临建国中路，东起泰康路 200 弄，西至 274 弄。整个街区以石库门旧式里弄为主，集中在南面泰康路一边，包括 210 弄、248 弄和 274 弄三条弄堂；少量为新式里弄和西式洋房，集中在北面建国中路一边。此外，还有建于 20 世纪 70 年代前后的 7 个街道工厂，主要集中于 210 弄内，少量散布在他处。因此，田子坊是一个具有多种住宅类型，并与工厂混杂的住区，用地面积约 20000m² （图 30-5 ～ 图 30-9）。

图 30-5　田子坊图 1

2001 年，画家黄永玉探访陈逸飞工作室，并为这里取名为"田子坊"。此名来源于《史记》，其中记载我国古代最长寿的画家田子方，在方字旁加个土，为坊，意喻此处为文人、画家、艺术家集聚之地。

泰康路，长 420m，是一条工艺品特色街，现已有 160 多家创意设计机构和文化艺术企业，分别来自美国、澳大利亚、法国、英国、丹麦、

图 30-6　田子坊图 2

图 30-7　田子坊图 3

图 30-8　田子坊图 4

图 30-9　田子坊总平面图

日本、加拿大、爱尔兰、新加坡、马来西亚，以及中国香港和中国台湾等国家和地区。沿街商店的商品都富有创意和文化气息。

工厂建筑面积约 2 万 m²。至 20 世纪 90 年代因产业结构的调整，工厂均已关、停、并、转，厂房和仓库都处于闲置状态。1998 年，一批从事创意设计的艺术家和设计师们先后来到此地，开辟各种艺术工作室，有画家陈逸飞、摄影家尔冬强、剪纸大师李守白、香港陶艺家郑玮、法国设计家卡洛琳、南斯拉夫摄影家尤·费伯、丹麦的沈翠娜等等。这里成为上海最早的创意产业园区之一。现在已吸引了来自日本、韩国、澳大利亚、新西兰、法国、新加坡、英国、香港等 26 个国家和地区及国内 20 个省市的约 200 家中外创意企业，主要从事创意文化产业，如：油画、摄影、陶艺、美术、服装、广告、建筑、室内等设计室，还有出版社、艺术馆、健身房、武术房、古玩店、书店、服饰店、娱乐中心和咖啡馆、酒吧等设施。

田子坊三条旧式里弄内居住着 671 户居民，约 1600 人，已有 429 户居民出租房屋给约 188 家企业开店设铺，主要经营服装、首饰、工艺品、画廊、酒吧、咖啡馆及特色餐厅等。里弄内尚有一些住户既未开店设铺，又不乔迁他处，过着自己平常的生活。市民在厨房或后门口淘米烧饭或洗衣服，行人路过住家门口，不时可闻到灶间里飘出来的饭菜香味及邻居间的谈笑声，呈现出一幅原生态的日常生活图景和浓郁的里弄生活气息。小店、小铺与弄堂人家生活相互参差交错在一起，别具风味。

由于受到里弄住宅的开间和进深的限制，田子坊内开设的各种店铺规模都不大，但商品都很时尚、前卫，店堂陈设精致，格调高雅，都有各自的特色和个性，所谓：一店一创意，一店一风景。石库门旧里与时尚店铺完美结合，相映生辉。新与旧，过去与现代，原生与艺术相互交织并存共融，给人以耳目一新之感，甚富吸引力和魅力。

田子坊的三条里弄住宅，房龄长，建筑陈旧，居住密集，弄堂狭小，设施简陋，环境较差。

而今，这一石库门旧式里弄住宅历史街区的建筑形式和环境风貌均未改变，拥挤密集的平面布局、空间形态、弄堂格局及旧里的风貌、人文环境，都得到了原生态的保留。尤其是旧式里弄内的许多细节还依旧存在，如：

（1）总弄几排房子之间的过街楼依然存在。

（2）有些住宅的后门口都装有住户自砌的水斗。

（3）到处可看到挂在墙上绕成圈圈的剩余架空线。

（4）二楼住房阳台上还晒着衣服、拖把，甚至一只一只晒衣架都很随意地吊在弄堂里的架空电线上。

（5）大弄堂内一侧都成为自行车和摩托车的停车场。

（6）垃圾箱、倒桶站和简易公厕还是分别放在大弄堂内。

（7）住宅的外墙面已呈满面斑驳和脱落之状。

这里是老上海社会生活多个层面中的石库门旧式里弄住宅的一道风景线，保持着原汁原味的上海石库门旧里的生活场景和环境风貌。旧里的表情在此显示得完整无缺，毫不掩饰和刻意改变，顺其自然。石库门文化和里弄的记忆都得到真实的留存。这里是体验上海旧住区原生态城市文脉、肌理、质感、色彩、气息的最佳之处，是中西交融的市井文化和兼收并蓄、海纳百川的上海海派文化的新窗口。

田子坊是一个集创意产业园区、各色小店小铺和居民住户于一炉的多功能的混合的历史街区。它有建筑有生活，焕发着旺盛的生命力和活力。多元文化水乳交融，多种形态并存共融，多种功能相得益彰。它们是华洋杂居、五方杂处，是各种文化和谐相处的世界。

现在，田子坊已成为上海石库门旧式里弄保护与传承，创新与利用的又一成功探索，已成为上海新的地标和旅游景点，蜚声中外。

（二）花园别墅的保护与传承

1999 年 9 月，上海市人民政府提出要对历史建筑和历史街区进行保护，决定在位于市中心区的思南路花园别墅进行整体性保留保护的试点。要恢复花园别墅及其建筑群和街区的原有历史文化面貌（图 30-10 ～图 30-15）。

图 30-10　思南公馆图 1

图 30-11　思南公馆图 2

图 30-12　思南公馆图 3

图 30-13　思南公馆图 4

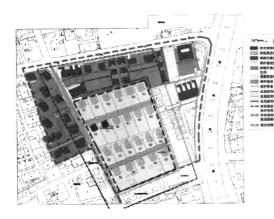

图 30-14　思南公馆总平面图

图 30-15　思南公馆模型鸟瞰图

思南公馆位于思南路旁，一到夏天两侧人行道上枝繁叶茂的粗壮法国梧桐树，环抱成一条绿荫蔽日、华盖如伞的绿色拱廊，显得十分静谧和幽雅。思南路是上海滩上一条浸染海派神韵的美丽的林荫道。

思南公馆街区东起重庆南路，西到思南路，南面临复兴中路，北至花园别墅群的边界，是上海著名的近代花园别墅集聚之地。总用地面积 50000 多平方米，总建筑面积 78800m²，需保护的老建筑有 51 幢，其中 39 幢是市级优秀历史建筑，都建于 20 世纪 20 ~ 30 年代。

上海近代曾出现 10 种住宅建筑类型，除石库门旧式里弄住宅和高层公寓两种类型的住宅以外，其余 8 种住宅建筑类型都在此展现，如：独立式花园别墅、联体式花园住宅、联排住宅、新式里弄住宅、花园里弄住宅、多层公寓住宅、外廊式住宅、带内院的独立式花园住宅。

十余年前的思南路花园别墅居住拥挤密集。1944 年前这类别墅原本都是每幢住 1 户或 2 户。可是到 20 世纪末，平均每幢别墅住 14 户，部分达 17 户之多。厨卫合用，楼梯间走道布满煤气灶和水斗，电线乱拉，火灾隐患十分严重。洋房门前还摆水果摊、葱油饼摊和修理自行车摊。庭院里到处乱搭乱建违章建筑，养鸡、养鸭。住宅被破坏到不堪重负。总之，承载着城市历史文化记忆的老建筑和历史街区面临毁灭的危机。花园里的绿化和景观也被破坏殆尽。高大茂盛的香樟、榆树、枫杨等树木也遭受摧残，奄奄一息。

思南公馆的保护修缮工程整整花了 10 年时间。前 5 年是立项、调查和置换的前期工作，后 5 年是精心修复时期。从 1999 年年底启动至 2010 年 10 月正式对公众开放。真所谓是"十年磨一剑"。

独立式花园别墅的修缮，不论从建筑的外在形式和内部格局，甚至细部的装饰都本着修旧如旧的原则，原汁原味恢复当年的历史风貌。修缮工作的细致达到精雕细琢的程度。对砖木结构进行加固更新，并达到 7 级抗震标准。恢复红瓦屋顶、用卵石贴面浅灰色墙、深黄色门框、赭色百叶窗、深咖啡木门、粉红色地砖等。连老式的铸铜把手和插销、五金件、天地锁等都按当年式样特制。楼梯的扶手、门上的装饰条、门楣的雕饰、木地板的材质和颜色、顶上的石膏线、壁炉形式和绿色小瓷砖等，每样都保持原样。花园也养护得郁郁葱葱、林木繁茂，爬山虎缠绕墙面，映衬、烘托这花园洋房的当年风姿和神韵，呈现出一片宁静、清幽的环境。

以花园别墅为主体的思南公馆历史街区分成4个功能区域：

1）沿复兴中路的北里拥有25幢老建筑和5幢新建筑，是特色名店区，总建筑面积21000m²，有十多条宽窄不一的步行街和6个大小不等的公共空间和休闲广场穿插其间，极富里弄街区的特色环境和氛围。

设施众多，有慧公馆、晶浦会等经营传统中式菜肴的餐馆，也有经营日本、希腊、法国、秘鲁和东南亚等国外特色菜肴的餐馆，形成多元美味餐饮系列。还有咖啡店、啤酒屋、花廊、艺术画廊和艺术展厅等。汇集了许多上海独一无二的生活艺术和时尚休闲的高品质的特色专卖店和名铺名坊。

2）东苑是至尊府邸。从重庆南路至别墅区之间是高端的多层公寓住宅，供市场出售。

3）沿思南路的西侧将建10幢花园别墅，与路东侧的思南公馆的建筑风格相互呼应，形成一个有机整体。这些别墅将用作大企业、大公司的会所或办公，称为企业公馆。

4）位置居中的南苑是思南公馆最精华的部分，有15幢建于20世纪20～30年代的独立式花园别墅坐落在此，现命名为"酒店式住宅"，又称"酒店式公馆"。15幢住宅分三排布局，都具有不同的装饰风格：第一排4幢别墅，有上海味道的欧洲古典风格；第二排6幢别墅，属现代装饰风味；第三排5幢别墅，采用时尚、简约的风格。

每幢酒店住宅都有：客厅、餐厅、厨房、书房、娱乐休闲房、管家用房、专用车库、四间套房式卧房及专属的独立花园。个别住宅还配置健身房和水疗区，别墅分3层和4层两种规格，建筑面积在500～600m²。4层楼住宅还装有古董电梯。

15幢酒店住宅，包括另8幢住宅共计23幢独立式花园别墅，不出售，不成为少数人的私有财产，要向公众开放，说明思南公馆的生命力更在于文化而非商业。

整幢出租的酒店住宅每天租金3.8万元。开业以来一些大企业家、社会名流、影视明星等不断来此光顾，休闲度假。

思南公馆的保留保护和传承利用的价值，不仅仅是恢复了一幢幢花园洋房当年的风采容颜，并整体保护了这花园别墅历史街区的风貌和神韵。这些近百年的历史建筑在建筑美学和建筑艺术上的造诣堪称经典。人们在此徜徉可领略到建筑文化的源远流长和深厚的底蕴。触摸到历史的体温，也体验到居住生活品质的极致。

更重要的是，又拯救和留住了一片弥足珍贵的城市记忆，又寻找到了一条城市历史发展的生命线。

思南公馆是当前上海的一个富有个性和特色的新的城市公共空间，也是一张充满海派风情的上海城市历史建筑和文化的新名片。

（三）工业遗产的保护和利用

上海是中国民族工业的发祥地，有着许多老的工业遗址，它们都有着深厚的城市工业文明的内涵和工业文化的底蕴。这些工业企业都凝结着当时的社会经济、社会生产力、产业经济和工程技术等方面的历史信息，它们都见证了城市发展的历史。

许多工业遗产与其他历史文化遗产一样都具有历史价值、文化价值、社会价值、科技价值、建筑价值、审美价值和经济价值，如：建于 1865 年的杨树浦煤气厂、1883 年的杨树浦水厂、1865 年的江南造船厂、1913 年的杨树浦发电厂、1923 年的上海制皂厂、1927 年的四行仓库、1933 年的上海工部局屠宰场等。

现在上海有 200 处工业遗产，约 4000 万 m² 的老厂房和老仓库。面对这些工业遗产，可选择那些有一定的年代，地理位置较好，有一定的规模和建筑特色，有民族工业的代表性；既有历史文化价值，又有为现代服务的使用价值的工业遗址予以很好地保留，并赋予新的内涵与功能加以开发、利用。可以作为创意产业园区或博物馆或其他文化娱乐、时尚商业、特色餐厅、休闲服务等设施。

实践证明，很多工业遗址被有效保护和利用后都展现出独特的形象、体量和个性，具有新的审美体验和魅力，真让人耳目一新，为多元文化中新的一员。

上海第三次全国文物普查中，工业遗产首次被作为文物的一个专栏保护项目。工业文明的价值真正被认识，工业遗产被保护性再利用，是在 20 世纪 90 年代末，来自台湾高雄的设计师登琨艳率先将自己的艺术工作室设在苏州河旁的果品仓库内，他尽可能保持建筑古旧的原貌，但室内装饰既古朴又时尚。然后，一些怀旧的艺术家纷纷来到苏州河畔租用大小不一的老厂房和老仓库，建立了自己的艺术工作室。如：位于苏州河北岸的建于 1927 年的"四行仓库"（新中国成立前曾是金城、盐业、大陆和中南这四家银行的仓库），在 1999 年，留美建筑师刘继东在此开设自己的设计事务所，并命名为"四行创意仓库"。

建于 1932 年的春明粗纺厂，是苏州河畔保留最完善的民族纺织工业建筑群，现在已成为 M50 创意产业园区。上海啤酒厂，也是苏州河边的一个大厂，1933 年由匈牙利建筑师邬达克设计，在原址建造了一座生态绿地公园梦清园，其灌装楼和酿造楼经保护性修建，成为展示苏州河治理的博物馆。还有些老厂房和老仓库都被保护和利用，成为啤酒博物馆、丝绸博物馆、纺织博物馆、印钞博物馆、元代水工遗址博物馆、商标火花收藏馆等。

以后，艺术家和设计师们开发利用有各方面综合性价值的老厂房和老仓库成为创意产业园区的热潮蓬勃兴起，代表性的有：8 号桥、M50、1933 老场坊、田子坊、同乐坊、上海老码头、四行创意仓库、五角场 800 艺术空间、新十钢（红坊）、800 秀、2577 创意大院等。

2010 年年初，上海已加盟联合国教科文组织创立的"创意城市网络"，并获"设计之都"称号，上海是世界上第七个以设计为主题的"创意城市"。

上海世博会规划在保留富有历史文化底蕴的老厂房并加以利用方面，堪称典范。世博会基地中保留了 38 万 m² 的历史建筑，25 万 m² 的近现代工业厂房被保留和利用，如：黄浦江两岸的江南造船厂、南市发电厂和上钢三厂等。这些厂的一些厂房、车间、办公楼、仓库、船坞等历史遗产得到妥善保护并加以利用，组织到世博会总平面中，成为各类场馆等设施。如：建于 1865 年的江南造船厂，其飞机库已成为上海企业联合馆，总办公楼改为船舶馆。原上钢三厂特种钢车间改为宝钢大舞台，厚板车间改为"中南美洲联合馆"。始建于 1897 年的南市发电厂改为城市未来馆，165m 高的大烟囱已变为巨大的气温计，实时播报天气。世博村内有9幢建于20世纪30年代的花园洋房是原中国酒精厂高级管理人员的办公生活用房。在2002年1月14日，由浦东新区人民政府公布为浦东新区文物保护单位的"上海溶剂厂建筑群"，经修旧如旧整修后，保持原貌，加固结构，提升内部软硬件设备，使老建筑重现风采和神韵。这9幢建筑与1幢全新高星级酒店一起，组成为各方宾客提供高品质酒店式服务的建筑群。这些老建筑与历史人文空间同园内各国现代化场馆和建筑交相辉映。

1.8号桥

2003年下半年，建于20世纪70年代的上海汽车制动器厂的老厂房保留传承，改建为上海时尚创意中心（图30-16～图30-19）。

图 30-16　8 号桥图 1　　　　　　　　图 30-17　8 号桥图 2

图 30-18　8 号桥图 3　　　　　　　　图 30-19　8 号桥图 4

保留老厂房的原有格局不变，如：高大车间内的钢结构屋架、锯齿形厂房的外形、厚重的砖墙、室外林立的管道和铁铸消防楼梯、斑驳的地面等，呈现出一片工业建筑特有之美。原工厂用地 $7000m^2$，建筑面积 $12000m^2$。厂内建筑的二层楼都用"天桥"将每栋房子连成一个整体，便于入驻企业之间相互交往。

创意园区有众多的创意类、艺术类和时尚类的企业，包括近百家海内外知名的建筑设计、服装设计、影视制作、画廊、公关媒体等都聚集在此，如：美国的 SOM、日本的 HMA、加拿大的 B&H、英国的 ALSOP、法国的 F-emotion 公关公司、香港风尚国际有限公司、吴思远的电影后期制作室等事务所、公司和品牌产品企业，还有时尚商铺、商务中心、休闲后街、咖啡茶座、时尚餐饮等。园区内设置了大量的室内、半室内和室外公共空间，提供更多自由和交流的空间。

上海时尚创意中心之所以取名 8 号桥，有两重意思：一是整个园区有 4 座"天桥"，因地处建国中路 8 号，故园区命名为 8 号桥。二是寓意为不同创意产业提供一个丰富的交流平台，以此作为一座桥梁，连接过去和现在，国内外时尚、创意、文化和设计及世界各地的朋友。8 号桥已成为国内外闻名的旅游休闲之地和城市文化的名片。

2.1933 老场坊

1933 老场坊的前身是"上海工部局宰牲场"，始建于 1933 年，是当时远东最大的宰牲场，拥有 $33000m^2$ 建筑面积（图 30-20 ～图 30-23）。

图 30-20　1933 老场坊图 1

图 30-21　1933 老场坊图 2

图 30-22　1933 老场坊图 3

图 30-23　1933 老场坊图 4

整栋建筑外方内圆，无梁楼盖，高低错落，廊道盘旋，宛若迷宫，但空间的布局和相互间的关系都按生产流程的要求而设计，堪称建筑艺术和生产工艺的完美结合。

宰牲场的外貌具有明显的英国式建筑之特征，墙基用花岗石砌成，外立面的窗均为花纹精美的镂空小方格窗，具有古罗马巴西利卡式风格。虽年代已久，但依旧魅力非凡。

老建筑得到保留保护和传承利用后，注入新的元素，引入新的概念，开发新的产业，如：开放式创意街、时尚美味餐厅、咖啡屋、茶座、精美手工艺坊、画廊、艺术展示中心、字画拍卖行、酒文化博览会、国际品牌折扣店、旅游纪念品店等等。已成为中外游客在上海最喜爱的聚集地之一。每逢休假日或节日里，可听到人群在狭窄逼仄的"牛道"里，上下来回穿梭，发出各种语言的阵阵赞叹声。

3. 老码头

上海十六铺码头形成于清代咸丰、同治年间，其范围沿黄浦江北起当时上海县城的大东门，南至万裕码头街及王家码头街。十六铺依托长江和东海航运的发展，成为南北货、海味、水果、粮食、禽蛋等大宗货物的上海集散地。在 20 世纪初叶，十六铺已成为远东第一港口。1947 年，这片区域共有 48 座码头及众多仓库。至 20 世纪 80 年代，十六铺还是很繁华（图 30-24～图 30-27）。

图 30-24 老码头图 1

图 30-25 老码头图 2

图 30-26 老码头图 3

图 30-27 老码头图 4

随着产业结构的调整和上海城市的发展，十六铺地区的原有码头、仓库、工厂都已隐退。因此，如何将这个区域的历史文化记忆保留下来，"老码头"就起了传承的使命。

在项目第一期施工时，挖出了一块海关地界碑，这块长 1.5m，宽 0.3m，厚 0.2m 的界碑，上面刻有"江海常关"字样。经考证，"江海关"即"江苏海关"，乃立于清康熙年间，为结束明初起实行的封闭海路的政策，沿海设立四大海关，其中"江海关"就设立于上海。此一发现使"上海老码头"这块土地更增加了历史的厚度。

"老码头"就选址在上海老码头真正的旧址上，与原上海油脂厂和临江的石库门旧式里弄住宅一起组成的区域。老码头、老仓库、老厂房、老住宅集聚在一起，充满了老上海历史文化的地气和底蕴。再与现代时尚元素的新建筑交相辉映，散发着浓郁的海派文化的氛围。此地与黄浦江的直线距离仅 50m。

"老码头"第一期面积为 25000m^2，在建第二期面积也相仿。一期项目分成两个区域：广场与创意园区。

以景观水池为中心的广场，花式喷水使整个环境显得十分灵秀、舒朗，柔情而宁静。时尚休闲广场的四周有各式主题餐厅、时尚酒吧、休闲茶坊。特色餐饮包括风味纯正的各国美食，如：精品中餐、美国、印度、希腊、法国、德国和东南亚等菜肴；风格各异的特色酒吧，如：橡木桶音乐酒吧、精品弄堂酒店、燕参屋等。

一座紧靠黄浦江边的 60m 长的 6 层船形砖木结构老仓库（是昔日上海滩"大亨"黄金荣的仓库），将改建成为超五星级酒店，但外貌如旧。

创意园区内入驻创意设计、创意零售、时尚商业、休闲产业，并形成一些尺度宜人的风情街。如：欧洲工艺品、家居展示、水晶世家、拼布艺术、手工制衣工作室、家具、雕塑、意大利桌面用品、时尚服装设计室、旅游纪念品交流平台、建筑设计公司等。

紧挨黄浦江畔的以上海历史文化为背景，独具个性的"老码头"已成为当前上海新的城市文化空间和时尚地标。

（四）外滩源的修复

外滩源位于黄浦江与苏州河交汇处，形似半岛，面朝东南，是外滩历史文化风貌保护区的核心区域（图 30-28 ～图 30-31）。"源"意为"发源地"，此有两层意思：一是指此地为外滩的起点，二是 1843 年上海开埠，英国、法国、美国等租界就是从这里开始向南、向西、向北发展。

外滩源是外滩发展之源。建于 1873 年的原英国驻上海总领事馆，则是外滩建筑之源。就是从此开始，向南逐渐形成了如今的"外滩万国建筑博览群"，向西形成"外滩源"区域。

外滩万国建筑博览群，北起建于 1907 年的外白渡桥，南至金陵东路，全长约 1.5km，共有 52 幢风格迥异的面朝黄浦江的大厦，都是从 19 世纪末至 20 世纪 20 ～ 30 年代陆续建成的。

外滩源，其范围是：中山东一路以西，滇池路以北，虎丘路以东，苏州河以南。土地面积约 9 万多平方米。当时，外滩源区域内汇集了许多近代历史建筑，各类设施云集，有 15 幢上海市优秀历史建筑及风格多样、流派纷呈的中外经典建筑，大部分都建于

图 30-28　外滩源（原英领馆东）

图 30-29　外滩源（原英领馆西）

图 30-30　外滩源（圆明园路街景）

图 30-31　外滩源（划船俱乐部）

1920 ～ 1936 年之间。例如，主要的建筑和机构有：安培、美丰等洋行，英国、瑞典、奥地利等国驻沪领事馆，新永安教堂、犹他教堂，光陆大戏院、兰心大戏院，中国基督教青年会全国协会及基督教女青年会，银行公会，派拉蒙、福克斯、华纳兄弟等电影公司，上海最早博物馆，图书馆亚洲文会，划船总会，广学会和《万国公报》，中华博学会、中华民国拒毒会、沪江商学院等著名学会机构，抗战胜利后联合国驻沪机构，兰心、真光、广学、亚洲文会、协进、益丰等大楼，西方各国基督教各宗派 30 多个机构，大量国际商贸、征信和媒体机构等。因此，这个区域是集金融、商业、贸易、经济、办公、外交、文化、学术、体育、宗教于一体的，上海当时最繁华、繁荣的中心。

根据"重现风貌，重塑功能"的保护开发方针，修旧如旧地恢复整个历史街区内众多的优秀历史建筑，并注入新的内涵加以利用，为现代社会和人民大众服务。所谓"修旧如旧"，即：不改变建筑原状，尽量恢复原材、原色、原态、原物，以充分体现出建筑的历史风貌和历经岁月的沧桑之美感。

经数年努力，外滩源一期工程的核心区域已修复，并在 2010 年 4 月 30 日正式对公众开放。

1. 恢复的主要历史建筑

原英国驻上海总领事馆——建于 1873 年，是一幢文艺复兴风格古典砖木混合结构的别墅，有典型的外廊与券窗。现名为"外滩源 1 号"，成为开放性社交接待与艺术展示场所，是一所高级的会所。

亚洲文会大楼——建于 1932 年，5 层楼，是中国传统建筑风格与西方建筑形式相结合的典型，在建筑装饰中采用了八卦窗和古典围栏等中国传统元素。原是英国皇家亚洲文会在上海设立的研究东亚文化和自然物产的学术机构，现名为"上海外滩源美术馆"，国内外大型艺术展览与表演，系列高端沙龙、讲座都可在此举行。

联合教堂——建于 1886 年，又名新天安堂，是一座著名的侨民教堂。现完全按照原样修复。有关部门拟在此设立颁发结婚证书，结婚情侣可在此拍结婚照，并步入婚姻殿堂，在广场上还可放飞鸽子。

教会公寓——原牧师等神职人员的宿舍，现改为咖啡馆，在此可设宴招待参加婚礼的亲朋好友。

划船俱乐部——建于 1903 年，原名划船总会，是培养中国第一代水上运动员的地方，是中国近代史上最早的体育设施之一，今后拟辟为"外滩源历史文化展览馆"。

2. 外滩源公共绿地

以外滩源 1 号连同联合教堂、教会公寓、划船俱乐部为中心，在其周围开辟了拥有 2.4hm² 的大绿地，并与苏州河边亲水平台相连。大草坪内有 27 棵参天大树，平均树龄超过 100 年，最老的古树有 250 岁。大绿地最南边是清军在第一次鸦片战争时期抗击外敌的炮台遗址。古树、大草坪、亲水平台与苏州河水面，形成了一个开放性的公共大绿地。

3. 圆明园路特色景观步行街

步行街全长 276m，宽 16m，沿街有 8 幢保护和保留的历史建筑，自南至北一字排开，面朝黄浦江，分别是：益丰大楼、安培洋行、圆明园公寓、中华基督教女青年会全国协会、哈密大楼、协进大楼、兰心大楼和真光大楼。其中真光大楼是 20 世纪 30 年代由匈牙利建筑师邬达克设计。过去都是洋行、新闻、文化、宗教、行政、外交等办事机构，这些风格迥异、装饰各有特色的老建筑仍保持了 20 世纪 20 ~ 30 年代的式样和风貌，十分和谐地屹立在一起。各大楼的底层将引入品牌专卖店、文化娱乐休闲场所、咖啡、酒吧、餐厅等设施。路面铺设深色九龙清花岗石，近绿地一侧种植了北美鹅掌楸。步行街与外滩源公共绿地相连，街景雅致、宁静，历史文化气息很浓郁，充满了异国情调和怀旧的氛围。

上述历史建筑中，原英国领事馆、联合教堂、划船俱乐部与外白渡桥等组成了一个上海百年历史建筑群，是外滩源之源；与公共大绿地、苏州河亲水平台和圆明园路景观步行街等组合是外滩源历史文化风貌区的核心部分。

保护、传承、更新、利用后的"外滩源"，将是原味的近代历史建筑风貌区，又是高端商务时尚商业、金融办公区与公共文化、社交、休闲、观光、旅游区等三个功能浑然一体的区域。

外滩源是历史留给上海的一笔巨大的建筑艺术和历史文化的财富。外滩源的修复是一件"寻根溯源"的工程，在特定的历史地段上，发掘深厚的历史文化沉淀，修复历史记忆，还原历史风貌，恢复原有脉络和肌理，重塑文化空间，重现当年人文自然历史景观和环境风貌的城市文化艺术工程。

从以上所列举的上海石库门旧式里弄住宅、花园别墅、工业遗产和外滩源等历史遗存的保护、传承、利用的实践充分证明了以下几点：

1）历史文化传统中含有现代生命力和发展力的内涵。

2）历史的空间能承载今天的文明。

3）传统历史文化遗存在保护和利用下能创造出属于时代的城市新文化。

4）历史文化的留存与城市未来的发展可以找到完美的结合，可以得到连贯，历史的记忆能保存，旧城的文脉能延续，旧区的肌理能保留。

5）保护与开发双双驱动了文化的繁荣。

上海世博会城市最佳实践区总规划师唐子来教授认为："城市历史文化遗产是未来城市发展的战略资本，是城市特色的重要载体。"

上海世博会之《上海宣言》认为："在尊重文化传统和保护文化多样性的基础上进行文化创新，为城市和人类发展提供持久动力。"

（五）重视生态文明的修复和生态环境的建设

经济发展、社会进步、环境改善这一复合系统必须相互协调，综合发展。这一可持续发展的理念已逐渐为人们所认识。

中国传统文化中顺应自然、回归自然、道法自然的"天人合一"的理念已与现代的"生态"理念相互融合在一起。一种新的人与自然关系的价值理论已建立起来了，尤其是人们已认识到自然对人类精神提升的价值。因此，在城市更新中，追求人与自然相互融合的境界，呼唤人与自然和谐共存的理念，已提到甚为迫切的需求。生态、绿色、自然、低碳的理念已成为当前城市更新的重要目标之一。而且有些工程开始用艺术的形式和美学的力量来思考，努力提升工程的美学品位和精神价值。

1. 外滩的综合治理工程

"黄浦江两岸综合开发"确定的发展目标是"让绿色重返浦江，让市民回归自然"（图30-32～图30-35）。

图30-32 外滩（外白渡桥）

图30-33 外滩建筑群

图 30-34　外滩（金融牛）

图 30-35　外滩（气象信号台）

　　原外滩地区的道路交通高度密集拥堵，沿江的中山东一路是有 11 条车道的快速干道，北通横跨苏州河的吴淞路闸桥，南与延安路高架"亚洲第一弯"相连接，完全是个"交通枢纽"。中山东一路曾是当年市区"三纵三横"主干道系统的"一纵"。经综合治理改建后，拆除吴淞路闸桥及延安路高架之弯道，将路面上 70% 的过境交通纳入地下 6 条快速车道，地面上仅留 4 个车道供客运和公交车专用，再加 2 条应急车道。扩大了滨江休闲广场和绿化用地，公共活动空间比原来增加 40%，绿化面积达 2.33 万 m²，比现状增加 10%。滨水区域将以全新的面貌登场，增设四大广场：①黄浦公园广场，与外滩源大绿地连成一片。②陈毅广场将成为观赏外滩历史建筑和节庆活动的新场所。③金融广场上将设置一座充满活力的"金融牛"雕塑，以突出外滩金融文化的氛围和推进外滩金融集聚带的建设，该雕塑作品由纽约"华尔街公牛"的设计师莫迪卡创作。金融广场上还将装置金融信息屏，即时播放股票、外汇等金融信息。④外滩气象信号台广场将在具有 100 多年历史的气象信号台内展示上海城市历史记忆和外滩历史变迁的史料。

　　综合整治后的外滩将从过去以车为主的空间变为以人为主的空间，真正做到了还江于民，还外滩于民。把城市的公共空间还给真正的主人翁：人。使长期淹没在繁忙拥堵交通中的"万国博览建筑群"重获新生，还其原来的历史风貌特色和宁静、优雅的环境，大大提升了外滩的地区形象和环境品质，成为一个内涵丰富的休闲游览的滨水景观区域，一个由江景、绿化、休闲广场和历史建筑多元化格局相映生辉的美丽的外滩。是一张上海城市文化的新名片。

　　外滩的综合治理是一件典型的生态文明、生态环境与历史人文环境的修复工程，是一件回归自然、回归外滩文化原生价值的工程。

　　俄罗斯专家认为："广场、公园、步行区等公共空间，是城市居民除了工作场所和住宅之外的'第三处空间'，发达的公共空间不但打造城市生活的高质量，而且还将改变城市的结构。"

　　2. 苏州河沿岸的开发

苏州河在20世纪70年代末，市区河段终年黑臭，成为一条"死河"。1998年，上海启动了苏州河综合治理工程建设，经过十余年的努力，苏州河面貌得到了根本的改观，彻底告别黑臭，河流开始变清，水中河虾重现。近年来还在河边建造了不少高层住宅，呈现一派生气勃勃的气象。

经产业结构调整和经济转型，沿苏州河两岸，大量的工厂都已搬迁或关闭，这些原属中国民族工业和展示上海工业文明的老厂房、老仓库、老码头等近代历史建筑，都作为工业遗产得到了保护，留下了历史的记忆。有的还赋予了新的内涵和功能加以利用，成为一个个新的创意产业园区或各类型博物馆。

2002年，上海市政府颁布了《苏州河滨河景观规划》。

目前苏州河市区段涉及5个区，各区的开发建设与建设重点都有其独自的思考。对苏州河沿岸开发的设想不尽相同，也都有各自的打算。

如各区的苏州河段都有不同的名称，就足以证明：静安区取名"蝴蝶湾"，普陀区称"苏州河十八湾"，长宁区叫"苏河第一湾"，闸北区为"苏河湾"。

但苏州河是一个整体，不应割裂规划，否则就难以避免各区河段的规划和开发的重复性、思路的局限性，并造成资源和人力、物力、财力的巨大浪费，也影响苏州河的总体形象。

应对苏州河市区段的旅游资源的整合与对景观的开发有整体定位和统筹规划，然后由各区按规划逐步开发建设。这样就能充分发挥好苏州河的旅游和休闲的价值。

苏州河是上海的一条景观河流，苏州河两岸的建设，要充分发掘苏州河的历史文化底蕴，发挥苏州河自然景观资源的优势。应着重于构筑成生态廊道和生态自然景观的营造；要恢复河川原有的自然生态氛围，再现"白浪重返，鸢飞鱼跃"的宁静、幽雅，自然的画面；要切实保护和优化沿河两岸自然生态和人文生态系统，河流应重点展示人与水体和谐共生，城市与自然和谐共存的环境和氛围。

首先应满足广大市民能亲近河流观水、亲水和傍水的需求，打通沿岸的公共通道，让市民共享河滨的公共空间和城市景观。全线贯通水上旅游路线，让河流造福于民。不宜将苏州河沿岸当作发展经济的肥沃土壤，借开发苏州河之名，在岸边大搞房地产开发，兴建大量的高层公寓和高端商务商业等大楼，以至于使苏州河成为两岸高楼林立的峡谷式廊道，挤压苏州河的历史文脉和文化形象。务必要使苏州河两岸多多洋溢着"文"和"静"的气息，尽量淡化"商"和"闹"的氛围。

苏州河两岸的综合整治或建设应视作为是一个生态环境、生态文明的修复工程，应让其尽可能回归自然、顺应自然、亲近自然，使苏州河的历史文化底蕴、人文景观与水系景观得到充分的诠释和演绎，成为上海滨河文化休闲观光旅游胜地，一个令人喜爱的城市公共活动空间，成为一张城市文化的新名片。

上海世博会之《上海宣言》认为："城市应尊重自然，优化生态环境"，"共同创造人与环境和谐相处的生态文明"。

参与《上海宣言》起草的上海图书馆馆长吴建中认为，人们都意识到"征服自然式的城市模式已走到尽头，今后的城市必须尊重自然、尊重传统、尊重人"，"更多以人为本，重视居民作为城市主人的理念，更突出城市文明成果的人人共享"。

　　经济发展到一定阶段，人们开始认识到文化对于一个城市的价值和意义，文化发展对于城市发展和建设的重要性。城市的面貌、精神、风格、品位、个性、特色、魅力、审美、文明、进步，城市的吸引力、竞争力和创造力都必须要得到文化的支撑和提升，文化的滋养和驱动。

　　而今上海的城市发展和建设，其城市的面貌将不再是"水泥森林"般的高楼林立的再现，而是努力塑造与文化紧密结合的城市文化形象。一个个传统与现代并存共融，具有深邃文化底蕴和内涵的高品质的城市公共空间不断面世。

　　由传统—现代—未来相互交织构成的多元文化和谐相处，尊重和保护文化的多样性，是上海这座城市充满活力和魅力的源泉；是从容大气、开放包容、视野广阔，海纳百川、博采众长、兼容并蓄的海派文化的特征和本质所在。

　　一个可持续发展的城市、宜居的城市、和谐的城市、现代化的城市，必然会对传统历史文化建筑和遗存进行有效的保护和有力的传承。可持续发展、宜居、和谐、现代化——这四者是相互紧密联系的一个整体。

参考资料：

　　《人民日报》、《解放日报》、《新民晚报》等刊登的大量有关城市、环境、文化、自然、生态、科技、传统历史文化遗产保护及上海世博会的论坛、研讨、专论和专题报道。

2010 年 11 月 2 日初稿

2011 年 9 ～ 10 月，修改定稿

附录 1
"民心工程"的呼唤

《上海人大》月刊特约记者　马美菱

也许可以这样毫不夸张地说，登上任何一个制高点俯览上海市区全景，都会令人遗憾地看到远远近近、成片成块的棚户简屋。大概是没有一个统一计算标准的缘故，谁也说不清全上海到底有多少棚户。

掩隐在高楼大厦之下、繁华商店背后的棚户，使上海这个国际大城市的形象显得多么难堪；而那些在简陋破旧、环境极差的房子里生活了几十年的群众，居住条件又有多么困难！

于是，在今年的上海市九届人大四次会议上，棚户改造成了人们议论的热点，更有代表将此称之为"民心工程"，而南市区代表团13位代表提交的关于《加快棚户区改造要制定切实有效措施和特殊政策》的议案，也经大会主席团讨论立为正式议案，将摆上市人大常委会的审议日程。也许我们可以就此满怀希望：实践多年却又始终步履艰难的"民心工程"，将进入一个崭新的阶段。

一、要总结棚户改造的经验教训

记者在"改造棚户区"的议案上曾看到这样一段话：加快棚户区的改造迫切需要提上政府的议事和工作日程，要认真总结以往棚户区改建的经验教训，更重要的是要以深化改革和突破传统观念的思想，制定切实有效的措施和特殊的政策。那么具体说来到底要抓紧做些什么工作呢？日前，记者找到了议案的领衔代表陈业伟。陈业伟早年毕业于同济大学，曾多年从事旧房改造工作，如今又在危房数占全市1/4的南市区担任分管城建的副区长，显然，如何改变棚户面貌这个课题，已压在他心头多年了。

"要加快改棚步伐，首先必须总结经验教训。"陈业伟代表开门见山地谈起了上海过去几十年改造棚户区的步子为何慢。他认为，过去，国家实行福利型、无偿分配、低租金的住房政策，事实证明，由于财力、物力的限制，这条路难以走顺，也使我国的住宅建设速度总也快不起来。纵观世界各国解决住房问题的基本经验可以看出，几乎所有国家都把居民的消费导向购买住房，作为解决住房问题的极为有效的途径。我们也只有充分调动国家、集体、个人三方面的积极性，推行住房制度改革，多方筹集资金，才能确保今后合理的建房速度和规模。

无论是作为代表还是副区长，陈业伟都和棚户区的居民有较多的接触，他发现，迫切需要解决居住困难的住户都有买房的愿望。一位在老城厢住了36年的退休工人曾急切地说："我们8口之家住在一间带阁楼的15.4m^{2}的房间里，我宁可购买一套住宅，也不愿再等待很长时间求得分配。"沉思片刻，陈业伟说："加快棚户改造，要在建造方式上做文章，千方百计降低造房成本。"记者不由得想起了几年前轰轰烈烈开工，后来却几经波折的西凌家宅旧区改造工程，这个基地为了解决居民的回迁和参建单位得益问题，采用了高层、多层高密度的办法，要兴建15幢高层住宅，结果造成基地造价高，建设周期长，动迁户在外过渡时间很长的困境。陈业伟说，这个基地已给我们一个很深的教训：老的改造模式是路子越走越窄，我们必须在指导思想、观念、做法上勇于开拓，在探讨、摸索的过程中，加快制定相应的政策。

二、棚户改造难度高任务重

记得在已经通过的上海市十年规划和"八五"计划纲要中有这样一段振奋人心的话："要在本世纪末，把上海建成高度文明的社会主义现代化国际城市。要达到这样一个目标，必须实事求是地看上海到时候是否符合了多方面的世界性的标准。"对此，陈业伟的看法是，这个指标必然包括：工业、农业、医学、科技、教育文化、人民收入等各方面，但如果城市建设的面貌改变不大，那么就会影响到上海这个国际城市的形象。

当然，改造棚户区既是各方面关心的"热点"、群众生活的"苦点"，也是政府工作的"难点"。以南市区为例，目前相对成片的棚户简屋就有95块，"八五"期间将重点改造群众呼声很高的棚户危房地区、严重积水地区共16块，照此推算，要运用有限的资金，在20世纪末完成棚户改造，难度很高，任务十分艰巨。

无疑，改造棚户区还将是一个长期的过程，但是在这个过程中，究竟要达到怎样一个棚户改造的目标？陈业伟认为，规划部门应当把全市的棚户理一理，制定出一个切实可行的棚户改造规划，使之与我们建设一个现代化的国际城市的步伐相适应。并且根据当前的财力和居住水平，认真探讨一些问题，比如：居住水平的提高是逐步过渡、分段进行，还是一步到位；旧区改造是一次完成还是按经济的逐步发展、社会的不断进步、人民生活水平的提高而不断改造；有限的资金是高标准建房为少数人服务，还是标准适宜地为最大限度的居民服务。

三、目前应采取的措施

陈业伟认为，在改造棚户的过程中，一定要克服慢慢来、束手无策的思想，只要有针对性地采取倾斜、扶贫、特殊政策，改造棚户是大有希望的。分析各国解决住房的经验，陈业伟觉得，政府对住房建设不应单纯是资金的投入，而应当更多地进行宏观调控。迅速和完整地制定切合国情和民情的各种配套政策。他屈指数来，目前应当采取的措施涉及各个方面。①控制适合国情的住宅建筑面积标准和建设方式。②制定专门的棚户区拆迁安置法规。③制定合理的土地价格，以发挥级差地租的作用，有助于棚户区土地使用功能的调整和动迁及房地产的综合开发。④增加财政补贴，发放贴息或半贴息贷款。⑤为亏损和微利企业及低收入家庭提供长期低息的贷款。⑥建立"棚户区改造特种基金"，凡在棚户区改造中利用级差地租优势、商品房开发及土地批租等得益和获取的利润，应提取部分列入棚户改造的特种基金。⑦对于棚户简屋区中的危房，市房产局应拨出相应的解危资金，用于改造。⑧为棚户区综合改建应提供相应的补贴基地，而征地费亦应是廉价的。⑨新区住宅建设和旧区棚户改造要结合起来，新区要在土地、房源、资金方面带动旧区棚户改造。⑩对棚户较多，城建基础较差，财力不足的区，应实行倾斜和"扶贫"的政策。陈业伟总结说，以法规形式制定必要的措施和政策。旨在运用政府的宏观调控来多渠道筹集资金，多方式加快改造棚户区及降低棚户区改造的成本。这也将从另一方面增强群众购房的承受力。

交谈中，陈业伟特别谈到迅速成立住宅银行和建立完善的住宅建设的金融体系和资金市场的重要性。他说，很多国家都有一个经验：住房的建设投资不是主要依靠政府的年度拨款，而是充分发挥和依靠银行在住房建设中的积极作用，建立、完善住房建设的资金市场，由银行通过推行住房储蓄、发行股票和债券等形式筹集资金，对迫切需要解决住房困难的居民和亏损、微利企业进行贷款，给予不同程度的优惠。比如：匈牙利，银行就向建房和买房的居民提供贷款，并根据不同情况，确定不同的贷款数量、利率和偿还期。

四、棚户改造要有统一规划

陈业伟还提出，棚户区的改造是牵动面很广的系统工程，涉及城市总体规划布局、棚户改造及其土地使用功能的调整规划等一系列问题。旧区的棚户区改造既要与新区的住宅建设相结合，又要与疏解旧区过密人口、易地安置相结合，与调整、搬迁和居住区相互混杂的污染工厂相结合，与发展经济、扩大第三产业相结合。可见上海的旧市区改建任务很重，量大面广，不建立一套有效的运行机制和相应机构，难以胜任重责，因此建议市政府建立"市区改建局"这一专门机构。

要使旧区改造走上良性循环的道路，还要有一个较长的过程。陈业伟显然也注意到了这一点，因此，他最后又对记者说："目前关键是要运用有限的资金，有重点、有规划地选择一些能反映上海这个现代化国际城市形象的地区首先进行改造，选点、选址时要打破绝对平均主义，区域性界限，以确保重点。"

至今，上海还没有一个改造棚户区的统一规划。陈业伟在谈话时，多次表露出这样一种思想。他说，这个规划，实在是不能一拖再拖了，否则，再像过去那样各搞各的，不但棚户改造的步子迈不大，还将影响上海市的整个发展布局。"不过，只要各方面重视起来，提到重要议事日程上，棚户改造问题还是可以解决的。"陈业伟说得颇有信心。而他"琢磨"出来的这许多建议和想法，也足以表明陈业伟代表是不负人民群众重托的。

刊登于《上海人大》月刊 1991 年第 8 期

注：作者系《文汇报》资深记者。

附录 2
不断探索、求真是他一生的愿望与追求

上海资深专栏作家 孙孟英

当翻开陈业伟的人生履历时，映入眼帘的是：原上海市南市区人民政府副区长，国家注册城市规划师，高级城市规划师，上海市第九、十届人大代表，上海市建委科技委员会、城乡规划委员会委员，上海市城市科学研究会理事，上海市人类居住科学研究会顾问，上海市房产经济学会理事及中国管理科学研究院学术委员会特约研究员等十余个头衔。

常言道："千里之行，始于足下，合抱之木，生于毫末"。陈业伟在城市规划方面几十年来所做的工作和取得的成绩，这同他"要成就一件大事业，就应该从细微的小事中努力做起"的务实作风及勤奋、刻苦、好学的精神分不开的。

一、青年时代立大志

陈业伟 1933 年出生在上海，新中国成立后不久，风华正茂的陈业伟进入同济大学学习，他珍惜来之不易的大学生活，立志要"勤奋学习，刻苦钻研，努力向上"。他认为只有好好学习，有了真才实学才能真正为我们的社会主义新中国的建设添砖加瓦，作出贡献。

青年时期的陈业伟有着纯正的理想和美好的憧憬，用他的原话道："青年时代的我年轻气盛、意气风发、充满理想，立志要努力学习，今后为国家的城市规划与建设作出应有贡献，同时还要著书立说。"这是陈业伟的人生追求与目标，更是他的愿望和理想。20 世纪 50 年的中国盛兴对英雄人物的崇拜，其中《钢铁是怎样炼成的》一书成了当时中国青年的必读之物，英雄奥斯特洛夫斯基（保尔·柯察金）那段名言深深地铭记在了陈业伟的心头之中而至今还能倒背如流："人生最宝贵的是生命，生命属于我们只有一次，一个人的生命是应当这样度过的；当回首往事的时候，他不因虚度年华而悔恨，也不因碌碌无为而羞耻。"陈业伟暗暗给自己立下了"誓愿"：不做平庸人，要做有用人；不虚度年华，要与时俱进；不人云亦云，要独立思考。

陈业伟每天都坚持读书、看报，不断思考问题，写读书笔记、研究心得，同时还养成了剪报、摘录等习惯，他一日不看书不读报，心里总感到空空荡荡不踏实和有一种失落感。由于陈业伟从青年时代就养成了好的学习方法和阅读习惯，从而积累了许多宝贵资料、读书心得、构思片断，为他以后撰写文章及著书立说打下了坚实牢固的基础。

陈业伟的阅读面很广，除专业书以外，对经济、历史、文化、艺术、美学乃至历史文化遗存的保护、宏观调控、可持续发展、多元文化和文化的多样性等方面的书也都很感兴趣，并努力从中汲取养料，与城市规划和旧城更新改建联系起来思考。

陈业伟就是这样一个充满激情与理想，追求与上进，勤奋与好学的有事业性的人。

二、为官一任，为民讲真话

为官一任，为民说话，为民办事，为民解难，才不枉一生为人，不辜负人民的信任。这是陈业伟在出任上海南市区人民政府副区长时立下的"誓言"，他不但是这么说，这么做，而且知难而上，努力实践，勇于探索。

亲历亲为，是陈业伟担任副区长时的一贯工作作风，也是他为官的风格与务实精神。陈业伟担任南市区副区长时分管城市建设工作。因历史原因，当时南市区的城市现状是：破旧、简陋、落后，建筑密集、居住拥挤，旧住宅和棚户众多，工厂与居住混杂。然而，讲究务实的陈业伟走马上任的第一件事就是要"深入下基层"，用古人之言："耳闻之不如目见之，目见之不如足践之，足践之不如手辨之。"只有亲自去看、问、听，才能了解到真实的第一手所需要的"资料"。由于在任副区长前，已在区城市建设办公室负责城市规划工作多年，曾对本区的建筑与居住做过大规模的现状调查，故对区情甚为熟悉。南市老城厢的小街小巷之多、之小、之旧，占全市之首，旧建筑和棚户之多也占全市之首，许多居民所居住的都是一些20世纪30～40年代所建的老房子，简陋的棚户简屋，一遇刮风下雨就是"外面大雨，屋内小雨"，真可谓生活在"水深火热"之中，使耳闻目睹这一切的陈业伟深感"痛心"。然而，陈业伟再深入了解后又得知居住旧房棚户的居民都是家庭贫困的"老工人"或低收入"中年工人"，虽然房产市场上不乏有许多商品房出售，但对于那些低收入家庭来说昂贵的房价根本买不起，住高价商品房对弱势群体来说简直是"天方夜谭"，几乎无人敢有这种"奢侈"之想。

一心为百姓所想的陈业伟在担任上海市第九、十届人大代表的十年时间里，针对南市区的建设、棚户区改建、房地产开发及中低收入工薪阶层的住房困难等问题，向大会提了不少提案和议案，如："加快豫园旅游区的建设"，"加快棚户区改造要制定切实有效措施和特殊政策"等。

在陈业伟自己看来，作为市人大代表必须要想百姓之想，急百姓之所急，掌握和了解弱势群体的疾苦与需求。他经过深思熟虑写出了有新思路、新观点、新策略的两个提案：《要建立广大中低收入工薪阶层住房建设和供应的保障制度》及《要达到"居者有其屋"的目标必须切实提高中低收入工薪阶层购买住房的支付能力》。陈业伟在提案中这样写道：要建立以中低收入工薪阶层为对象的具有社会保障性质的住房建设和供应体系；同时积极发展住房金融，建立为中低收入工薪阶层购房的长期低息或贴息抵押贷款体系。为了使这两个体系能得到保证与落实，陈业伟还提出了：上海应该制定地方性《住宅法》。具体有6项内容：①住宅建设的计划、投资、建设、流通、评估、价格、销售、市场交易和物业管理等都应该纳入法制轨道。②确定各类住宅的投资结构、建设比例和每年供应量。③凡建造平价房、微利房、解困房，政府和银行要给予政策优惠。④对适合中低收入者的经济住宅，要控制价格及定向销售对象。⑤制定"商品房"抵押贷款法。⑥切实保障新居住区建设具有良好的居住环境和生活质量。当陈业伟把自己的提案在上海市第十届人民代表大会第二、第三次会议（1994年4月和1995年4月召开）发言时，引起了很大的关注与热议，上海的各大新闻媒体如：《新民晚报》、《解放日报》、《文汇报》、《房地产报》、《新闻报》及上海电视台、上海人民广播电台等纷纷对此进行了采访和报道，对陈业伟的富有新意的提案给予了高度评价，代表们称他为有超前意识和思路的人大代表。

陈业伟是一个非常谦虚和低调之人，他坚持深入基层了解社会的方方面面，当他发现在上海的城市建设与房地产开发过程中忽视对生态环境的保护与对绿化的建设，使城市"热岛效应"进一步加剧，不利城市居民生活等城市病问题时，他再次进行了深入思考，并提出了"宁可食无肉，不可居无绿"的注重城市环保和生态的口号，并再次写出了富有创意和独到见解的提案——《房地产开发要保障生态环境的权益及市中心要大力建设街头绿地》的议案。陈业伟在提案中着重强调了3条措施：①有关部门应尽快提出发展城市建设中的绿化规划和实施措施计划，要使房地产开发与旧区改造、市政建设相结合，推出公共绿地与建设广场、雕塑、喷水池及精品道路相结合。②建立土地开发的绿线制度，使城市中心有足够的绿色空间。③要在全市倡导和积极开展街头绿地精品"作品"的评比，奖励在城市改造中绿化工作做得好的有关部门和房产开发商企业。此提案在1996年2月的上海市第十届第四次人代会上提出。《新民晚报》、《青年报》、《解放日报》、《文汇报》、《房地产报》、上海电视台等诸多媒体对此进行了采访和报道。

近年来，国家在制定大力建造经济适用房的有关政策和实施方案中，无不蕴含着陈业伟十多年前所提出的"思路"，更有一种"似曾相识之感"。

三、勇于探索写出篇篇好力作

踏上副区长岗位的陈业伟变得更加睿智与成熟，他权力在握却没有把权变成"私人之势"高高在上，而是时刻把为民办实事放在了第一位，同时还时刻不忘"著书立说"，他把自己在工作中看到与发现的"城市病"与"老顽症"都一一记录下来，在一边解决的过程中一边进行探索、研究与分析，把一个一个难题立在了自己的脑海里进行反复思攻，并把自己的经验与解决问题的过程、方法与结果加以总结、提炼，写成一篇篇有自己见解与观点的学术论文。

20世纪80年代中期，正是我国改革开放建设"四个现代化"处于最火热的高涨期，上海处处都在大兴土木造高楼、拓道路、拆旧房，一派大干快上的好景象。然而，由于在城市改建与发展中缺少科学的整体规划、布局与设计，使城市的改建不够合理与完美，那种只讲经济效益，忽视社会效益、环境效益与绿化生态效益的景象甚为普遍，这就背离了一个现代化城市所具备的标准。陈业伟面对有些地方在城市改建中对大量生态及优秀的传统历史文化遗存被毁坏时，心里有一种说不出的难受，为此他奋笔疾书，写出了一篇具有现实针对性的文章——《人·环境·城市——城市现代化漫话》。陈业伟在这篇论文中简洁阐述了世界现代化城市的先进理念、形态、内涵、环境、意境及构成要素等概貌，城市必须与生态自然环境融汇一体，在物质、精神、文化、艺术、审美等方面广泛满足人们的需求，让市民生活得充分舒畅、安逸和愉悦，诗意般的栖居。陈业伟的这篇论文在国内外很有影响力的《自然》杂志上发表，引起了广泛的关注，认为该论文对研究和探索现代化城市规划与建设的远景构想很有想象力，具有一定的启迪作用。

20世纪90年代，社会上掀起了一股经商热潮，芸芸众生忙着下海扒分，许许多多人在物欲横流的时代里为了冰箱、空调、车子、房子及票子而奔波、追逐、竞争，一切都是为了一己之利。然而，也有不少人，他们不追求这些物质的东西，他们追求理想和事业，他们始终坚守这一信念：人总是要有点志气，要有所作为，要对社会有所贡献。陈业伟就是这样一个把理想和事业看得比金钱还要重的人。

20世纪90年代起，上海市人民政府为了加快城市建设的步伐，不断改善老城厢和老城区中低档收入居民的居住条件，对市区内的一些棚户、危房、简屋及居住密度高的脏乱差地段进行了动拆迁改建，其目的是改善居住条件、提高居民的居住环境和生活质量。但是，由于当时缺乏对城市改建的经验和合理的科学规划，结果是旧区住宅改建是愈改愈密集，又因资金短缺，棚户区的改造速度不够理想，使"为民工程"被打了折扣。善于探索的陈业伟及时看到这一问题的症结所在，通过观察研究与思考，写出了一篇《上海旧区住宅改建的新对策》，文中提出了四个观点：①确立旧区棚户改造新的指导思想和规划原则。②加快棚户区改造要制定切实有效的政策。③承认差别，推行"多元化"概念。④建立专门的棚户改造和旧房改建的机构。同时还提出了旧区改建中必须做到的三个结合：浦西的旧区改建要与浦东新区的住宅建设相结合，浦西的旧区改建要与移地安置、疏解旧区过密人口、降低密度、改善环境相结合，有条件的旧区改建一定要与利用土地的级差地租进行房地产经营或土地批租、发展第三产业相结合，这篇论文是陈业伟多年来大量实践和研究旧城棚户区改建的全面总结，该论文在1991年第6期的《城市规划》杂志上发表，深受专家及各方面的重视和认同，认为这篇论文立意高、思路广、观点新，对实践工作有很好的指导意义。

不蹉跎岁月，不虚度年华，人生要有一定的价值和作用，这是陈业伟对人生的一种感悟。退休后的陈业伟虽然离开了领导岗位，但是他的精神状态依旧高扬、心态良好、情绪乐观、意志坚定，每天仍坚持看报、看书、思考、研究及探索。在此后的十多年里，陈业伟仍笔耕不止，先后在《城市规划学刊》、《城市规划》、《规划师》、《现代城市研究》等高端的专业杂志上发表了题为《上海旧城区更新改造的对策》、《旧城改造要加强城市规划的宏观调控作用》、《建筑群空间布局的艺术性》、《上海居住区规划建设的新发展》、《旧城改造与可持续发展》、《上海老城厢历史文化风貌区的保护》及《城市更新与文化传承》等多篇颇有深度、广度与力度的"佳作"。

四、古稀之年出佳著

古人云：功崇惟志，业广惟勤，已入古稀之年的陈业伟却是"老骥伏枥，志在千里；烈士暮年，壮心不已"。陈业伟的事业心与刻苦好学的意志没有随着年龄的老化而衰退。工作和生活在南市区这片土地上达半个多世纪的陈业伟，对这块风水宝地深有感情，总想为弘扬具有700多年历史的上海老城厢优秀的传统历史文化传承做点什么。2004年，陈业伟在《城市规划学刊》2004 年第 5 期上发表了题为《上海老城厢历史文化风貌区的保护》论文在受到广泛关注和认同后，时值 71 岁的陈业伟突然"青春勃发"，要完成青年时立志著书立说的雄心壮志——写书，以圆自己的最大心愿，这也是他一生中梦寐以求的夙愿。

写书？是写人、写景，还是写物。经过冥思苦想一番之后，陈业伟决定写"景"——豫园。豫园是一座建于明代，距今已有 450 多年历史的"江南名园之冠"，是以"奇秀甲天下"而闻名海内外的名胜古迹，它深厚的历史文化内涵及幽美的建筑风貌吸引了许多中外游客，数百年来多少文人墨客为它吟诗、题字赞美，但没有一个文人全方位系统地写过它。可是，要想以豫园作为写书的"题材"，其工程量之大是不言而喻的：首先要了解豫园的起源、历史价值、建筑风格、文化底蕴、艺术特性、审美价值及中国古典园林的深刻内涵。其次需要花费大量的精力去挖掘历史资料，一个年已古稀的老人能行吗？精力、脑力、智力、心力、体力，能承受得起吗？！他深信有志者事竟成，用他隐藏在心里的一句话：燕雀安知鸿鹄之志哉。

2005 年夏，胸怀著书立说大志的陈业伟迈出了撰写《豫园》一书的"远征之路"：他一次一次地去豫园实地考察，对每一座楼、堂、阁、观，每一座小桥、曲径，每一座假山、堆石、立峰，每一个亭、榭、廊、舫、轩、台，每一个池塘、小溪和每一棵古树名木进行"探视"，从左看到右，从上看到下，从里看到外，从前看到后，从近看至远，把所有的风格与特色尽收眼帘之中。陈业伟一次次去图书馆，在"书山文海"中寻找有关豫园的历史资料。从 2004 年 8 月 3 日至 2010 年 9 月 30 日，在 6 年多时间里，陈业伟共有 64 次到豫园摄影，拍摄各类照片 4000 多张，经反复分类筛选到 304 幅，积累书报资料数十万字，为他完成写书打下了扎实的"铺垫"。然而，陈业伟在这多年的搜集资料中，可谓历经艰辛，饱尝辛劳；为了拍摄豫园某些景点的全景，他爬高落低几次险些发生意外。多年的写作期间，无论是滴水成冰的严寒，还是流火喷金的酷暑，哪怕是感冒发烧都不"休战"，白天、晚上坚持收集资料、看书、思考、研究、写作。

苍天不负苦心人，有志者事竟成。在陈业伟的不懈努力与奋力拼搏下，一部 21 万余字拥有 200 多幅照片和图片的书——《豫园》终于完稿，整整花了 3 年时间。陈业伟看着一沓沓用手一字一字写出的文稿，真是万分激动与感慨，这是他心血的结晶啊，特别是当陈业伟在 2009 年 2 月 2 日拿到出版社给他的精致漂亮的样书时，更是万分激动，仿佛做梦般地不相信自己的眼睛，不相信自己青年时著书立说的梦想能成真，更重要的是陈业伟的《豫园》一书，填补了至今无人全方位系统写豫园这一中国传统文人山水园林的空白。

高兴，除了高兴还是高兴；兴奋，除了兴奋还是兴奋；激动，除了激动还是激动，这是陈业伟手拿自己书时的由衷欣喜。这天夜晚，陈业伟手捧新书如同双手抱着自己宠爱有加的"孩子"一样，心情久久不能平静，思绪万千，浮想联翩，夜不安寐，提笔写道：写作是辛苦、艰苦、清苦、痛苦与劳累之活，但写作又是一件快乐、愉悦、兴奋之事，体现出了人生的价值与作用，为后人留下了有意义、有价值的精神财富。

2010 年，陈业伟的这本《豫园》专著被列入《全国大中专教学用书汇编》。由此可见，《豫园》一书是何等的有"教书育人"的价值。

眼下，现年 78 岁的陈业伟仍然像年轻人一样朝气蓬勃、意气风发，正在编辑一本论文集，他要把数十年来所撰写和发表的论文汇编成书，取书名为《旧城改建与文化传承》。此外，陈业伟还一直在研究"住宅区建筑群空间布局的艺术性与结构的多元化"这一课题，期盼在他的耄耋之年能完成，真可谓是生命不息，工作不止。

　　人生天地间，若白驹过隙，忽然而已，但人生把握好时间，利用好时间，把有限的生命用在了有意义的事业上，人生就会闪光发亮，人的一生就有价值。这就是陈业伟对人生的理解与感悟。

　　笔者真诚期待老有所为的陈业伟另两部大作能早日问世，以求先读为快。

2011 年 2 月

　　注：中国民主建国会上海市黄浦区委员会在开展学习教育活动期间，特组织"学传统，写传记"活动。邀请上海资深专栏作家孙孟英造访陈业伟，并撰写《不断探索、求真是他一生的愿望与追求》。

后　记

　　《旧城改建与文化传承》专著汇集了作者30年来对上海旧城居住区改建和棚户区改造由实践到理论，进行比较全面、系统、梳理性的研究。纵观发表于不同年份的30篇论文，反映了上海旧区改建经历了若干个发展阶段，呈现出旧区改建内涵的不断深化和丰富，认识的不断提升和演进，理念的不断发展和完善。也记录了30年来上海旧区改建所走过的历程和轨迹、发展的阶段和脉络。30篇论文涉及旧区改建、规划理念、建筑布局、历史保护与文化传承等几个方面，其主线是旧城改建。有些论文从不同的命题和角度，为进一步发掘旧城改建的底蕴，拓展旧城改建的视野，有感而写。

　　回顾30年来对旧区改建的探索是循序渐进、有条不紊的研究过程，通过大量的实践，总结了具有普遍性和规律性的问题，并上升到理论的过程。

　　1）从最基础的问题着手：旧城居住区的现状调查，棚户区居住质量的评定方法。

　　2）进行旧区改建的一些问题的研究和实例的剖析。

　　（1）工业用地布局的调整规划；

　　（2）加快旧区住宅建设的有效途径的探讨；

　　（3）旧区住宅建设的新对策；

　　（4）旧城区更新改造的对策；

　　（5）上海居住区规划建设的新发展。

　　3）从早期只重视建筑面积的数量指标，片面追求经济效益为主的大拆大建的粗放型旧区改建模式到要求经济效益、社会效益与环境效益必须兼顾，提高居住质量、生活质量与居住环境质量。努力提升居住区规划建设的文化、生态、科技、艺术、美学的含量。旧区改建必须融入城市现代化的理念和保护生态环境的意识。

　　4）旧城改建须进一步加强城市规划的宏观调控作用，必须走"经济—社会—生态（自然）"复合系统的相互协调，综合发展的可持续发展之路。

　　5）要重视老城厢历史文化风貌区的保护，必须将优秀的历史文化建筑和遗存保留、保护和传承好，并与现代城市和现代生活兼容并蓄，相得益彰，共融并存，互为生辉，形成一个和谐的整体。

由于充分展开了想象力，在某些论文中带有预见性和前瞻性的设想和建议，在当前上海的城市建设中得到了印证和实践，如保障性住宅体系的建设，作为上海老外滩的延伸部分南外滩的开发等等。

旧城改建量大面广，内容丰富复杂，任重道远。需要作长期的努力去研究发展中所产生的新问题和面临的新需求。要在创新思维，突破传统观念和已有知识的束缚，在与时俱进的精神推动下，不断吸取新的规划理念，探索多元解决问题的方法和途径。

2012 年 3 月 1 日